中国可持续能源项目能源基金会资助

中国建筑节能发展报告
（2012年）
——可再生能源建筑应用

住房和城乡建设部科技发展促进中心

中国建筑工业出版社

图书在版编目(CIP)数据

中国建筑节能发展报告(2012年)——可再生能源建筑应用/住房和城乡建设部科技发展促进中心. —北京:中国建筑工业出版社,2013.3

ISBN 978-7-112-15211-7

Ⅰ. ①中… Ⅱ. ①住… Ⅲ. ①建筑—节能—研究报告—中国—2012②再生能源—应用—建筑工程—研究报告—中国—2012 Ⅳ. ①TU111.4②TU18

中国版本图书馆CIP数据核字(2013)第045993号

太阳能、浅层地能等可再生能源资源潜力大,环境污染低,可持续利用率高,是有利于人与自然和谐发展的重要能源。我国可再生能源资源十分丰富。推动可再生能源规模化应用是促进建筑节能的重要内容,对缓解城乡建设领域能耗需求、调整能源结构具有十分重要的现实意义。

本书以可再生能源建筑规模化应用为主线,介绍了国内外可再生能源建筑应用发展历程与现状;阐述了我国可再生能源建筑应用中长期发展目标的提出及实施路径;总结了"十一五"期间我国实施可再生能源建筑应用示范的成效和科研成果;同时结合实践案例和相关检测数据,首次对建筑领域中太阳能光热、光伏发电及地源热泵应用技术的系统运行指标及效益进行评价分析。

* * *

责任编辑:张文胜 田启铭
责任设计:张 虹
责任校对:党 蕾 关 健

中国建筑节能发展报告(2012年)
——可再生能源建筑应用
住房和城乡建设部科技发展促进中心
*
中国建筑工业出版社出版、发行(北京西郊百万庄)
各地新华书店、建筑书店经销
北京天成排版公司制版
北京建筑工业印刷厂印刷
*
开本:787×1092毫米 1/16 印张:14¼ 字数:342千字
2013年3月第一版 2013年3月第一次印刷
定价:**39.00**元

ISBN 978-7-112-15211-7
(23284)

编 委 会

主　任： 仇保兴

副主任： 陈宜明　武　涌　曾晓安　韩爱兴　杨　榕　梁俊强

委　员： 王建清　张福麟　陈　新　仝贵婵　何任飞　孙　志
向弟海　闫　林　王志雄　汪又兰　胥小龙

主　编： 梁俊强

副主编： 戚仁广　郝　斌

编写组：（以姓氏笔画为序）
马文生　王利锋　仝丁丁　任　远　刘　刚　刘　珊
刘幼农　许海松　李现辉　李璇旗　肖　晨　何　涛
沈仁君　邹坤坤　赵亚莉　赵树栋　郝　斌　姚春妮
殷　帅　郭梁雨　戚仁广　章文杰　梁　薇　梁传志
梁俊强　程　杰　谢　慧

主编单位： 住房和城乡建设部科技发展促进中心
中国建筑节能协会太阳能建筑一体化专业委员会

参编单位： 珠海兴业绿色建筑科技有限公司
广东金刚玻璃科技股份有限公司
武汉日新科技股份有限公司
汉能光伏发电集团
宁夏银星能源股份有限公司
浙江昱能光伏科技集成有限公司
山东力诺瑞特新能源有限公司
深圳市嘉普通太阳能有限公司
山东科灵空调设备有限公司
劳特斯（江苏）空调有限公司
山东宏力空调设备有限公司
上海东方延华节能技术服务股份有限公司

序

我国是能源需求大国，2011 年全年能源消费总量达到 34.8 亿吨标准煤，“十一五”期间能源消费总量增加近 10 亿吨标准煤。经济增长方式转变和能源供应结构调整是我国必须面对和解决的问题。党中央、国务院高度重视新能源与可再生能源推广，明确提出 2020 年非化石能源占一次能源消费比例达到 15% 的战略目标，要完成这一目标，包括水电、核电以及太阳能、风能、地热能都面临着巨大发展前景，但推广的任务也十分艰巨。

发达国家城镇化发展历程表明，随着城市化率的提高，建筑领域的能耗和排放均会相应增长，建筑终端能耗会占到全社会总能耗的 40% 左右。当前我国正处于城镇化迅速发展时期，城镇化进程加快必将引起建筑用能的持续增长，加剧能源供求矛盾和环境污染状况。国务院《能源发展“十二五”规划》和《“十二五”节能减排综合性工作方案》明确要求，到 2015 年我国能源消费总量控制在 40 亿吨标准煤，单位国内生产总值能耗比 2010 年下降 16%。完成这一目标，建筑领域节能减排举足轻重。

我国太阳能年辐照总量超过 4200MJ/m^2 的地区占国土面积的 76%，是世界上太阳能资源最丰富的大国之一。在地表水、浅层地下水、土壤中可采集的低温能源十分丰富，利用潜力巨大。太阳能和浅层地能都属于低品位能源、热值不高，按照分级用能原则，这些能源最能满足建筑生活用能的需要。比如我国约有 100 亿 m^2 的建筑屋顶可用于光伏发电，如果 10% 的屋顶安装光伏发电设备，其发电量就相当于一个三峡电站。因此，大力推进太阳能、浅层地能等可再生能源在建筑中应用，是解决建筑用能最经济合理的选择。推动可再生能源建筑规模化应用是促进建筑节能的重要内容，对缓解城乡建设领域能耗需求，调整能源结构具有十分重要的现实意义。

住房和城乡建设部高度重视可再生能源在建筑领域的推广和应用工作，从 2006 年起，会同财政部门先后组织实施了可再生能源建筑应用示范和“太阳能屋顶计划”。2009 年，启动了可再生能源建筑应用城市和农村地区示范，实现由点及面，加大集中连片推广力度。截至 2011 年底，全国城镇太阳能光热应用面积和浅层地能应用面积分别比 2009 年增长 82.3%、72.7%，光伏建筑应用新增装机容量在 2GW 以上，可再生能源建筑应用呈现规模化发展态势。

为进一步推进建筑节能和可再生能源建筑规模化应用，在住房和城乡建设部建筑节能与科技司指导下，住房和城乡建设部科技发展促进中心组织相关人员以可再生能源建筑应用为主题，编写了《中国建筑节能发展报告(2012 年)》。年度报告介绍了国内外可再生能源建筑应用发展历程与现状；阐述了我国可再生能源建筑应用中长期发展目标的提出及实施路径；总结了“十一五”期间我国实施可再生能源建筑应用示范的经验做法和成效；同时结合实践案例和相关检测数据，首次对太阳能光热、光伏发电及地源热泵等技术在建筑领域应用的系统能效进行评价分析。

借本书出版发行之际，向在为推动我国建筑节能减排领域和可再生能源建筑应用发展而努力工作、积极改革、大胆实践的同志们表示诚挚的谢意，也衷心地希望本书的出版能够为促进我国可再生能源建筑应用产业的蓬勃发展做出贡献！

住房和城乡建设部副部长

2013 年 3 月

前　言

"十一五"期间，住房城乡建设部会同财政部确定从项目示范、到城市示范、再到全面推广的"三步走"战略，采取示范带动，政策保障，技术引导，产业配套的工作思路，推进可再生能源在建筑领域的应用，规模化效应逐步显现，五大体系建设成效显著。截至2012年底，共实施了386个可再生能源建筑应用示范项目、608个太阳能光电建筑应用示范项目、93个可再生能源建筑规模化应用城市、198个示范县、16个示范镇、6个示范区以及2个省级集中推广重点区。截至2011年底，全国城镇太阳能光热应用面积21.5亿m^2，浅层地能应用面积2.4亿m^2，超额完成"十一五"实现替代常规能源1100万吨标准煤目标。

在住房和城乡建设部、财政部的共同推动下，示范带动效应显著，可再生能源建筑应用呈现加速发展的良好局面。2011年是"十二五"开局之年，财政部、住房城乡建设部进一步加大了可再生能源建筑应用的推广力度，创新示范形式，丰富示范内容。地方各级可再生能源建筑应用管理机构已初步健全，形成了省、市、县三级联动共同推进的良好局面；各地纷纷出台相关政策法规，建立强制与激励结合的推广模式；可再生能源建筑应用水平逐步提高，覆盖设计、施工、验收、运行管理等各环节的技术标准体系日益完善。

住房和城乡建设部下发的《"十二五"建筑节能专项规划》中，明确提出了开展可再生能源建筑应用集中连片推广的工作目标，力争在"十二五"期间，新增可再生能源建筑应用面积25亿m^2，形成常规能源替代能力3000万吨标准煤。一是重点选择在部分可再生能源资源丰富、地方积极性高、配套政策落实的区域，实行集中连片推广，到2015年重点区域内可再生能源消费量占建筑能耗的比例达到10%以上。二是继续做好可再生能源建筑应用省级示范、城市示范及农村县级示范；三是鼓励在绿色生态城、低碳生态城(镇)、绿色重点小城镇建设中，将可再生能源建筑应用作为约束性指标，实施集中连片推广。

本书是我们自2011年以来出版的第二本年度报告。2011年《中国建筑节能发展报告(2010年)》出版后，得到了全社会的热情关注和支持。随着节能减排、尤其是建筑节能工作被社会重视程度的日益提高，报告也越来越显示出其在建筑节能领域的影响作用。为此从2012年起，《中国建筑节能发展报告》针对我国建筑节能的政策体系和推进领域，分别对可再生能源建筑应用、既有建筑节能、建筑用能系统运行节能等内容进行梳理和总结，以丛书形式面向读者，供广大建筑节能工作者参考和借鉴。

本书分上下两篇共7章。上篇的第1章对"十一五"以来建筑节能和绿色建筑工作的成就进行了系统的梳理和总结；第2章对"十二五"建筑节能发展的方向、目标、路径和工作重点进行了分析。下篇的第3章分析了国内外能源发展现状，并对我国能源发展战略目标和重点进行了解读；第4章阐述了我国可再生能源建筑应用中长期发展目标及实施路径；第5章结合实践案例和相关检测数据，对太阳能光热、光伏发电及地源热泵等技术在建筑领域应用进行了评价分析；第6章对我国可再生能源建筑应用的做法和经验进行了概况和总结；第7章记录了2010年6月到2012年5月我国建筑节能领域发生的大事。

参加本书撰写的有：第1章梁传志、赵树栋、赵亚莉；第2章梁传志、殷帅、任远；第3章梁俊强、戚仁广、程杰、仝丁丁；第4章郭梁雨、刘幼农、李现辉、姚春妮；第5章李现辉、郝斌、郭梁雨、姚春妮；第6章马文生、李璇旗；第7章肖晨、沈仁君、邹坤坤；附录1郝斌、刘珊、章文杰；附录2刘珊、章文杰、谢慧、王利锋、梁薇；附录3刘珊、谢慧、姚春妮；附录4李现辉、郝斌、何涛、许海松、刘刚；附录5郭梁雨、刘幼农、李现辉、姚春妮、马文生、肖晨。本书由梁俊强审查并提出修改意见。本书部分章节是“十二五”国家科技支撑计划“高效组合式建筑节能”子课题“高效节能型太阳能光伏屋顶和幕墙系统技术研究”的部分成果。在本书的撰写过程中，得到了住房和城乡建设部建筑节能与科技司、财政部经济建设司领导的全力支持，提出很多具体修改意见，并得到了美国能源基金会的资助，在此表示诚挚的感谢！

由于时间仓促、编写水平有限，本书难免有疏漏和不足之处，敬请读者给予批评指正。

编写组

2013年2月

目　录

上篇　“十一五”以来建筑节能总体情况

下篇　可再生能源建筑应用

上　　篇

“十一五”以来建筑节能总体情况

我国建筑节能工作始于20世纪80年代，经过不断的努力工作，建筑节能取得了长足的进展，尤其在“十一五”时期，建筑节能各项重点工作推进效果明显。本篇对“十一五”期间和2011年建筑节能发展的主要成果进行系统梳理和总结。对2011年建筑节能和绿色建筑发展重大政策进行分析解读，提出“十二五”期间建筑节能和绿色建筑发展目标、路径、主要任务。

第1章 “十一五”以来建筑节能和绿色建筑工作的成就

“十一五”以来建筑节能工作迎来了快速发展时期，这一时期，建筑节能和绿色建筑工作最鲜明的特点就是快速、全面发展，从城镇建筑节能到探索农村建筑节能；从新建建筑节能监管，拓展到北方采暖地区既有居住建筑节能改造；从重视设计和施工阶段的节能监管，延伸到了政府办公建筑和大型公共建筑节能监管领域，不断深化可再生能源建筑应用方式，大力引导绿色建筑的发展，致力于把人民群众满意作为衡量工作好与坏的重要标志，全心全意打造人民满意工程、民生工程和民心工程。

1.1 “十一五”期间建筑节能的目标顺利完成

“十一五”期间建筑节能工作的主线是围绕国务院确定的节能减排任务目标开展的。2007年，国务院发布《关于印发节能减排综合性工作方案的通知》（国发［2007］15号），提出了不同领域节能减排工作的目标和任务的总体要求。针对建筑节能工作也提出了更高、更具体的要求。对于新建建筑节能工作，明确提出施工阶段执行节能强制性标准的比例达到95%以上，并实施低能耗、绿色建筑示范项目30个。对于既有建筑节能工作，提出了在北方采暖地区实施既有居住建筑供热计量及节能改造1.5亿m^2的工作目标。在大型公共建筑节能监管方面，要求加强节能运行管理与改造，并实施政府办公建筑和大型公共建筑节能监管体系建设。可再生能源是实现住房城乡建设领域节能减排的重要举措，“十一五”期间国务院对可再生能源建筑应用提出了更高目标，即推广可再生能源在建筑中规模化应用示范项目200个。此外，还包括墙材革新方面的任务要求(见表1-1)。

建筑节能“十一五”期间主要指标完成情况　　表1-1

指标	国务院提出的目标	完成情况
新建建筑节能	施工阶段执行节能强制性标准的比例达到95%以上	施工阶段执行节能强制性标准的比例为95.4%
低能耗、绿色建筑示范项目	30个	实施了217个绿色建筑示范工程，113个项目获得了绿色建筑评价标识
北方采暖地区既有居住建筑供热计量及节能改造	1.5亿m^2	1.82亿m^2
大型公共建筑节能运行管理与改造	实施政府办公建筑和大型公共建筑节能监管体系建设	完成能耗统计33000栋，能源审计4850栋，公示了近6000栋建筑的能耗状况，对1500余栋建筑的能耗进行动态监测。在北京、天津、深圳、江苏、重庆、内蒙古、上海、浙江、贵州等9省市区开展能耗动态监测平台建设试点工作。启动了72所节约型校园建设试点

续表

指标	国务院提出的目标	完成情况
可再生能源在建筑中规模化应用示范推广项目	200个	386个可再生能源建筑应用示范推广项目、210个太阳能光电建筑应用示范项目、47个可再生能源建筑应用示范城市、98个示范县
农村节能	—	新建抗震节能住宅13851户，既有住宅节能改造342401户，建成600余座农村太阳能集中浴室
墙体材料革新	产业化示范	新型墙体材料产量超过4000亿块标砖，占墙体材料总产量的55%左右，新型墙体材料应用量3500亿块标砖，占墙体材料总应用量的70%左右

围绕国务院确定的住房城乡建设领域节能减排目标，住房城乡建设部积极安排部署，以专项工作为主要抓手，强化体系建设，从标准规范、科技支撑、宣传培训、产业扶持等方面支撑建筑节能工作。经过五年不懈努力，到2010年底，新建建筑施工阶段执行节能强制性标准的比例达到95.4%；组织实施低能耗、绿色建筑示范项目217个，启动了绿色生态城区建设实践；完成了北方采暖地区既有居住建筑供热计量及节能改造1.82亿m^2；推动政府办公建筑和大型公共建筑节能监管体系的建设与改造；开展了386个可再生能源建筑应用示范推广项目，210个太阳能光电建筑应用示范项目，47个可再生能源建筑应用示范城市和98个示范县的建设。探索农村建筑节能工作。新型墙体材料产量占墙体材料总产量的55%以上，应用量占墙体材料总用量的70%。建筑节能实现了“十一五”期间节约1亿吨标准煤的目标任务。

1.2 建筑节能体系建设跃上了新的台阶

“十一五”期间，建筑节能工作推进的路径是以专项工作为重点，体系建设为支撑，发布了一系列的政策、标准、导则、办法，组织了重大科研项目，积极开展培训。“十一五”以来，可以说建筑节能支撑体系建设跃上了新的台阶。

1.2.1 建筑节能有法可依，法规体系不断健全

“十一五”期间，作为指导建筑节能工作的《中华人民共和国节约能源法》经修订后于2008年4月颁布执行，《节约能源法》修订后专门设置一节七条，规定建筑节能工作的监督管理和主要内容(见表1-2)。

《节约能源法》对建筑节能要求的要点　　表1-2

监管主体	国务院建设主管部门负责全国建筑节能的监督管理工作； 地方各级人民政府建设主管部门负责本行政区域内建筑节能的监督管理工作； 建筑节能的国家标准、行业标准由国务院建设主管部门组织制定，并依照法定程序发布
节能规划	县级以上地方各级人民政府建设主管部门会同同级管理节能工作的部门编制本行政区域内的建筑节能规划； 建筑节能规划应当包括既有建筑节能改造计划

续表

新建建筑节能监管	建筑工程的建设、设计、施工和监理单位应当遵守建筑节能标准； 不符合建筑节能标准的建筑工程，建设主管部门不得批准开工建设；已经开工建设的，应当责令停止施工、限期改正；已经建成的，不得销售或者使用； 建设主管部门应当加强对在建建筑工程执行建筑节能标准情况的监督检查
住房销售	房地产开发企业在销售房屋时，应当向购买人明示所售房屋的节能措施、保温工程保修期等信息，在房屋买卖合同、质量保证书和使用说明书中载明，并对其真实性、准确性负责
室内温度、热量控制	使用空调采暖、制冷的公共建筑应当实行室内温度控制制度； 国家采取措施，对实行集中供热的建筑分步骤实行供热分户计量、按照用热量收费的制度； 新建建筑或者对既有建筑进行节能改造，应当按照规定安装用热计量装置、室内温度调控装置和供热系统调控装置
可再生能源、墙体材料革新、节能设备	国家鼓励在新建建筑和既有建筑节能改造中使用新型墙体材料等节能建筑材料和节能设备，安装和使用太阳能等可再生能源利用系统
罚则	建设单位违反建筑节能标准的，由建设主管部门责令改正，处二十万元以上五十万元以下罚款； 设计单位、施工单位、监理单位违反建筑节能标准的，由建设主管部门责令改正，处十万元以上五十万元以下罚款；情节严重的，由颁发资质证书的部门降低资质等级或者吊销资质证书；造成损失的，依法承担赔偿责任； 房地产开发企业违反本法规定，在销售房屋时未向购买人明示所售房屋的节能措施、保温工程保修期等信息的，由建设主管部门责令限期改正，逾期不改正的，处三万元以上五万元以下罚款；对以上信息作虚假宣传的，由建设主管部门责令改正，处五万元以上二十万元以下罚款

《节约能源法》的修订为建筑节能工作的开展提供了法律基础，在此基础上指导和规范建筑节能工作的行政法规《民用建筑节能条例》也于2008年10月颁布实行。作为《节约能源法》的下位法，《民用建筑节能条例》规定得更加明确和细化，条例共六章四十五条，详细规定了建筑节能的监督管理、工作内容和责任，并确定了一系列推进建筑节能工作的制度(见表1-3)。

《民用建筑节能条例》规定的主要制度　　表1-3

民用建筑节能条例	第一章　总则	民用建筑节能规划制度
		民用建筑节能标准制度
		民用建筑节能经济激励制度
		国家供热体制改革
	第二章　新建建筑节能	建筑节能推广、限制、禁用制度
		新建建筑市场准入制度
		建筑能效测评标识制度
		民用建筑节能信息公示制度
		可再生能源建筑应用推广制度
		建筑用能分项计量制度
	第三章　既有建筑节能	既有居住建筑节能改造制度
		国家机关办公建筑节能改造制度
		节能改造的费用分担制度
	第四章　建筑用能系统运行节能	建筑用能系统运行管理制度
		建筑能耗报告制度
		大型公共建筑运行节能管理制度

《民用建筑节能条例》的颁布执行，全面推进了建筑节能工作，同时也推动了全国建筑节能工作法制化，各地积极制定本地区的建筑节能行政法规，河北、陕西、山西、湖北、湖南、上海、重庆、青岛、深圳等地出台了建筑节能条例。15个省(区、市)出台了资源节约及墙体材料革新相关法规，24个省(区、市)出台了相关政府令，形成了以《节约能源法》为上位法，《民用建筑节能条例》为主体，地方法律法规为配套的建筑节能法律法规体系。

解读一 《民用建筑节能条例》的出台背景和要点

建筑节能潜力巨大，但是在《民用建筑节能条例》出台之时，建筑节能却存在着一系列问题。首先是民用建筑节能标准难以落到实处。原建设部在2000~2004年对民用建筑节能设计标准实施情况进行了调查，结果显示在设计阶段约有50%左右的项目没有按民用建筑节能标准区设计。其次，既有建筑节能改造举步维艰。尽管北方采暖地区既有建筑高耗能的问题突出，但是由于既有建筑存在产权形式多样、结构形式复杂、改造标准不一、改造费用筹集困难等诸多因素，改造进展缓慢。三是公共建筑特别是国家机关办公建筑和大型公共建筑耗电量过大。据统计，2003年，包括国家机关办公建筑在内的公共建筑能源消耗量为6335万吨标准煤，占全国能源消耗总量的3.6%，且增长速度远远高于全国能源消耗量的增长速度。为了解决上述问题，迫切需要通过立法加强对民用建筑节能的管理，提高能源利用效率。《民用建筑节能条例》颁布后，对新建建筑、既有建筑和用能管理提出了明确的要求。

对于新建建筑节能，强调对新建建筑节能实施全过程的监管。加强对新建建筑的节能管理，是从源头上遏制新建筑能源过度消耗，防止边建设高能耗消耗建筑、边进行节能改造的有效途径。为此，《民用建筑节能条例》在不增加新的行政许可的前提下，对新建建筑节能建立全过程的监管，主要体现在规划许可阶段、设计阶段、建设阶段、竣工验收阶段、商品房销售阶段和保修阶段。

对于既有建筑节能，强调对既有建筑节能改造，明确改造资金筹措渠道和责任主体。既有建筑节能改造工作是民用建筑节能的一个重点和难点。一方面，由于需要改造的既有建筑数量多，对资金需求量较大，这是既有建筑节能改造难以推进的主要原因之一；另一方面，既有建筑的所有权分散，很难明确筹措改造费用的责任主体。因此，《民用建筑节能条例》针对不同产权类型的建筑明确了改造资金筹措渠道和责任主体。

《民用建筑节能条例》的创新点在于将建筑节能由设计、施工阶段向运行、管理，即运营阶段延伸。针对建筑物用能系统运行管理，提出供热及耗能量超过标准将被治理。县级以上地方人民政府节能工作主管部门应当会同同级建设主管部门确定本行政区域内公共建筑重点用电单位及其年度用电限额。国家机关办公建筑和大型公共建筑采暖、制冷、照明的能源消耗情况应当依照法律、行政法规和国家其他有关规定向社会公布。

1.2.2 标准规范体系不断完善

“十一五”期间建筑节能标准规范体系不断完善，基本涵盖了设计、施工、验收、运行管理等各个环节，涉及新建居住和公共建筑、既有居住和公共建筑节能改造。颁布了适应我国严寒和寒冷地区、夏热冬冷和夏热冬暖地区居住建筑和公共建筑节能设计标准。同时，各地结合本地区实际，对国家标准进行了细化，部分地区执行了更高水平的新建建筑节能标准(见表1-4)。把先进成熟的技术产品纳入工程技术标准和标准图，通过标准引导技术进步。上海、天津、重庆、江苏、浙江、深圳等地制定了具有前瞻性的绿色生态示范城区及绿色建筑评价标准，发挥了标准的规范和引导作用。

"十一五"期间建筑节能领域颁布执行的主要国家、行业标准规范　　表1-4

标准名称	编号	颁布年度
严寒和寒冷地区居住建筑节能设计标准	JGJ 26—2010	2010年
夏热冬冷地区居住建筑节能设计标准	JGJ 134—2010	2010年
民用建筑太阳能光伏系统应用技术规范	JGJ 203—2010	2010年
太阳能供热采暖工程技术规范	GB 50495—2009	2009年
地源热泵系统工程技术规范	GB 50366—2009	2009年
供热计量技术规程	JGJ 173—2009	2009年
建筑节能施工质量验收规范	GB 50411—2007	2007年
绿色建筑评价标准	GB/T 50378—2006	2006年

解读二　建筑节能标准体系

建立和完善建筑节能标准体系是中国推动建筑节能工作的重要手段，从20世纪80年代起，我国就开始为民用建筑建立相应的建筑节能标准。1986年，原建设部发布了中国第一部民用建筑节能设计标准，即《民用建筑节能设计标准(采暖居住建筑部分)》JGJ 26—86，并在1996年执行了《民用建筑节能设计标准(采暖居住建筑部分)》JGJ 26—95，即业内提到的50%标准。2010年，《严寒和寒冷地区居住建筑节能设计标准》(JGJ 26—2010)开始执行，代替了原来的50%标准，并将相对节能率提高到65%。

在积极推进北方采暖地区新建建筑节能标准的同时，南方建筑节能工作也在蓬勃开展。夏热冬冷、夏热冬暖地区也迫切需要制定相应的建筑节能标准来推进本区域的建筑节能工作。2001年，原建设部发布了《夏热冬冷地区居住建筑节能设计标准》(JGJ 134—2001)，2003年又发布了《夏热冬暖地区居住建筑节能设计标准》(JGJ 75—2003)，两部标准的发布使夏热冬冷、夏热冬暖地区新建建筑节能设计标准相对节能率提高到50%，同时也使居住建筑节能设计标准覆盖了我国主要气候区域。

公共建筑与居住建筑相比，能耗特点与能耗水平都有非常大的差别，原建设部在完善居住建筑节能设计标准的同时，也将重点瞄准了公共建筑节能设计，并于2005年批准发布了《公共建筑节能设计标准》(GB 50189—2005)，使新建公共建筑相对节能率站在了50%的水平线上。

在关注设计阶段节能标准的同时，针对施工阶段节能标准执行率不高的问题。2007年原建设部颁布执行《建筑节能工程施工质量验收规范》(GB 50411—2007)，使建筑节能标准延伸到了施工阶段。至此，中国民用建筑节能标准体系已初步形成。

1.2.3 科技支撑与创新能力不断增强

"十一五"期间国家科技支撑计划把建筑节能、绿色建筑、可再生能源建筑应用等作为重点，在建筑节能与新能源开发利用、绿色建筑技术，既有建筑综合改造、地下空间综合利用等方面突破了一系列关键技术，研发了大批的新技术、新产品、新装置，促进了建筑节能和绿色建筑科技水平的整体提升。其中，"建筑节能关键技术研究与示范"项目围绕降低建筑能耗、提高能源系统效率、新能源开发利用等关键技术及促进建筑节能工作的政策保障等方面开展研究，在降低北方地区采暖能耗、长江流域室内热湿控制能耗和大型公共建筑能耗三方面取得了重点突破，形成了完整的技术体系、产品系列和政策保障机制，并在示范工程中实现预定的节能目标。研究开发的节能型围护结构复合型节能材料构造、长江流域住宅室内热湿环境低能耗控制技术、高温离心冷水机组等，具备较高的经济效益和社会效益。在无锡、北京、张家口等地建立了29个试验示范基地，提升了节能降耗关键技术研究能力，培育了一批生产各类建筑节能产品的企业，带动了建筑节能咨询管理、节能技术服务等产业发展。"可再生能源与建筑集成技术研究与示范"项目建设了389万m^2的可再生能源与建筑集成示范工程，研究了太阳能光热光电利用技术、地源热泵技术和其他可再生能源复合技术应用。开展了400项太阳能光热技术、地源热泵技术、太阳能光伏技术等可再生能源建筑应用示范，示范面积约4000万m^2，总峰瓦值约9000kWp。"现代建筑设计与施工关键技术研究"项目围绕绿色建筑设计、高效施工技术及技术保障与集成方面开展相关研究，在地下空间逆作法施工集成技术、绿色建筑综合评价指标体系、新型组合构件、多重组合混凝土剪力墙抗侧力体系研究等方面取得重要进展。在国家科技支撑计划支持建筑节能研究开发的同时，各地围绕建筑节能工作发展需要，结合地区实际，也积极筹措资金，安排科研项目，解决建筑节能工作中迫切需要解决的重大障碍和关键问题，同时也为建筑节能深入发展提供科技储备。

1.2.4 宣传培训丰富多样

"十一五"期间，住房城乡建设部积极组织开展《节约能源法》、《民用建筑节能条例》的宣传贯彻活动，每年定期组织"国际绿色建筑与建筑节能大会"，搭建国内外建筑节能和绿色建筑领域专家学者的交流平台，树立了良好威望和品牌。同时，以节能宣传周、无车日、节能减排全民行动、绿色建筑国际博览会等活动为载体，利用各种媒体，采取专题节目、设置专栏以及宣贯会、推介会、现场展示、发放宣传册等多种方式，广泛宣传建筑节能的重要意义和政策措施，提高了全社会的节能意识。

各地住房城乡建设主管部门不断加大建筑节能培训力度，组织相关单位的管理和技术人员，对建筑节能相关法律法规、技术标准进行培训，有效提升了建筑节能管理、设计、施工、科研等相关人员对建筑节能的理解和执行能力。

1.2.5 产业支撑体系逐步建立

在推进建筑节能工作中，住房城乡建设部在推进建筑节能工作的同时，注重形成产业支撑，拉动产业，形成新的增长点。相继颁布了可再生能源建筑应用、村镇宜居型住宅、既有建筑节能改造等技术推广目录，引导建筑节能相关技术、产品、产业发展；实施可再生能源建筑规模化应用示范和太阳能光电建筑应用示范项目，带动了太阳能光伏发电等可再生能源相关行业发展；通过建立建筑节能能效测评标识及绿色建筑评价标识制度，推动了建筑节能第三方能效服务机构的发展；积极落实国务院加快推行合同能源管理促进节能服务产业发展的意见，培育建筑节能服务市场，加快推行合同能源管理，重点支持专业化节能服务公司提供节能诊断、设计、融资、改造、运行管理一条龙服务。

1.3 建筑节能形成工作重点，取得了重大进展

“十一五”期间建筑节能和绿色建筑发展取得了巨大成就，建筑节能和绿色建筑重点工作不断推进。

1.3.1 新建建筑执行建筑节能标准比例不断提高，节能建筑比例不断增大

截至2011年，全国城镇新建建筑设计阶段执行节能50%强制性标准基本达到100%，施工阶段的执行比例为95.5%。分别比2005年提高了42个百分点和71个百分点(见表1-5)。“十一五”以来累计建成节能建筑面积62.47亿m^2(见图1-1)，共形成5900万吨标准煤的节能能力。

“十一五”期间新建建筑节能强制性标准执行情况　　表1-5

年度	设计阶段执行节能强制性标准比例(%)	施工阶段执行节能强制性标准比例(%)
2006年	95.7	53.8
2007年	97	71
2008年	98	82
2009年	99	90
2010年	99.5	95.4
2011年	100	95.5

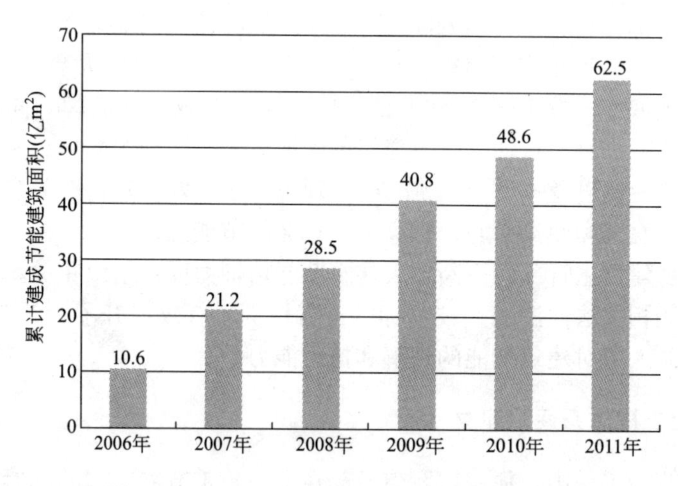

图1-1　2006~2011年累计建成节能建筑面积

1.3.2 北方采暖地区既有居住建筑供热计量及节能改造不断推进

为落实《国务院关于印发节能减排综合性工作方案的通知》（国发［2007］15 号）明确提出的“十一五”期间推动北方采暖区既有居住建筑供热计量及节能改造 1.5 亿 m^2 的工作任务。财政部、住房城乡建设部积极研究，部署落实。以 2007 年底，财政部印发的《北方采暖区既有居住建筑供热计量及节能改造奖励资金管理暂行办法》（财建［2007］957 号）和 2008 年住房城乡建设部发布的《关于推进北方采暖地区既有居住建筑供热计量及节能改造工作的实施意见》（建科［2008］95 号）为标志，北方采暖地区既有居住建筑供热计量及节能改造工作正式启动。经过四年不懈努力，北方采暖地区既有居住建筑供热计量及节能改造逐步打开局面。截至 2011 年底，北方 15 省(区、市)及新疆生产建设兵团共计完成既有居住建筑供热计量及节能改造面积 3.14 亿 m^2(见图 1-2)。2011 年北京、天津、内蒙古、吉林、山东等 5 个与财政部、住房城乡建设部签约的重点省(区、市)共计完成改造面积 7400 万 m^2，其中，内蒙古、吉林、山东超额完成年度改造任务，累计实施供热计量改造面积占城镇集中供热居住建筑面积比例超过 10% 的省份有河北、吉林、青海、天津、黑龙江(见表 1-6)。

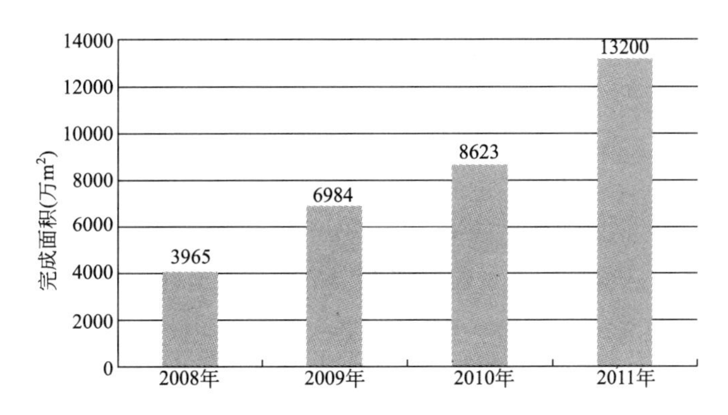

图 1-2　2008～2011 年度北方采暖地区既有居住建筑供热计量及节能改造任务完成情况(万 m^2)

“十一五”期间北方采暖地区既有居住建筑供热计量及节能改造面积统计表　　表 1-6

地区	完成面积(万 m^2)
北京	2031
天津	1381
河北	3341
山西	467
内蒙古	1327
辽宁	1445
大连	500
吉林	1300
黑龙江	1681

续表

地区	完成面积(万 m^2)
山东	1820
青岛	304
河南	380
陕西	208
甘肃	353
青海	53
宁夏	200
新疆	1249
兵团	133
合计	18173

1.3.3 国家机关办公建筑和大型公共建筑节能监管体系建设逐步推进

国家机关办公建筑和大型公共建筑节能监管体系建设工作启动，是以2007年原建设部发布《关于加强国家机关办公建筑和大型公共建筑节能管理工作的实施意见》（建科[2007] 245号)、财政部印发《国家机关办公建筑和大型公共建筑节能专项资金管理暂行办法》（财教[2007] 558号)为标志的。国家机关办公建筑和大型公共建筑节能监管系统包括四个主要部分，即能耗统计、能源审计、能效公示、能耗定额和超定额加价，国家机关办公建筑和大型公共建筑能耗监管平台建设，公共建筑节能改造以及节约型校园建设工作。“十一五”以来，国家机关办公建筑和大型公共建筑节能监管系统建设全面开展。一是能耗统计、能源审计、能效公示工作全面开展，截至2011年底，全国共完成国家机关办公建筑和大型公共建筑能耗统计34000栋，能源审计5300栋，能耗公示6700栋建筑(见表1-7)。二是从2008年开始逐步推进国家机关办公建筑和大型公共建筑节能监管平台建设工作，先后确定了北京、天津、深圳、江苏、内蒙古、重庆、上海、浙江、贵州、黑龙江、山东、广西和青岛、厦门14个省市区作为能耗动态监测平台建设试点，对2100余栋建筑进行了能耗动态监测。三是逐步确定天津、重庆、深圳、上海作为公共建筑节能改造重点城市，启动公共建筑节能改造工作。四是从2008年开始启动了节约型校园监管体系建设，截至2011年共建设清华大学等“节约型校园”高校114所，启动浙江大学等4所高校作为节能改造示范。

“十一五”期间国家机关办公建筑和大型公共建筑节能监管体系建设情况　　表1-7

年份	累计能耗统计(栋)	累计能源审计		累计能耗公示(栋)	累计能耗动态监测(栋)	新增节约型高校示范(所)
		公建(栋)	高校(所)			
2008年	11607	768	59	827	324	12
2009年	17752	2175		2441	434	18
2010年	33133	4848		5949	1563	42
2011年	34000	5300		6700	2100	42

1.3.4 可再生能源建筑应用快速推进

可再生能源建筑应用是住房城乡建设部推进建筑节能的重要工作领域。“十一五”以来，住房城乡建设部会同财政部确定从项目示范、到城市示范、再到全面推广的“三步走”战略，采取示范带动，政策保障，技术引导，产业配套的工作思路，推进可再生能源在建筑领域的应用，规模化效应逐步显现。2006 年，原建设部、财政部联合颁布《关于推进可再生能源在建筑中应用的实施意见》（建科［2006］213 号）和《财政部、建设部关于可再生能源建筑应用示范项目资金管理办法》（财建［2006］460 号），开始启动项目示范，逐步启动了 386 个可再生能源建筑应用示范项目。2009 年，为扶植光伏产业健康发展，财政部、住房城乡建设部联合发布《关于加快推进太阳能光电建筑应用的实施意见》（财建［2009］128 号）、《太阳能光电建筑应用财政补助资金管理暂行办法》（财建［2009］129 号）和《关于印发太阳能光电建筑应用示范项目申报指南的通知》（财办建［2009］34 号），启动了太阳能光伏建筑应用示范项目，即“金屋顶”工程。2009 年，财政部、住房城乡建设部发布《关于印发加快推进农村地区可再生能源建筑应用的实施方案的通知》（财建［2009］306 号）、《关于印发可再生能源建筑应用城市示范实施方案的通知》（财建［2009］305 号），启动可再生能源建筑应用集中示范，即城市示范和农村示范。2010 年发布《关于组织申报 2010 年可再生能源建筑应用城市示范和农村地区县级示范的通知》（财办建［2010］34 号），继续推进可再生能源城市示范和农村示范。进入“十二五”，财政部、住房城乡建设部再次联合发布《关于进一步推进可再生能源建筑应用的通知》（财建［2011］61 号），扩大了可再生能源建筑应用集中连片示范的范畴。在关注可再生能源建筑应用的同时，住房城乡建设主管部门积极扶植产业发展，着力形成新的产业增长点。2007 年，住房城乡建设部发布《关于组织申报可再生能源建筑应用产业化基地的通知》（建办科函［2007］478 号）引导产业化推进可再生能源建筑应用，并于 2010～2012 年发布可再生能源建筑应用推广文件中组织了产业化基地的申报。

经过不懈努力，截至 2011 年底，全国城镇太阳能光热应用面积 21.5 亿 m^2，浅层地能应用面积 2.4 亿 m^2，光电建筑已建成装机容量达 535.6MW（见表 1-8 和表 1-9）。2009 年批准的可再生能源建筑应用示范城市的项目平均开工率超过 80%，示范县项目平均开工率超过 90%；2010 年批准的可再生能源建筑应用示范城市的项目平均开工率 50%，示范县的项目平均开工率超过 55%。

“十一五”期间可再生能源建筑应用面积（装机容量） **表 1-8**

年份	太阳能光热建筑累计应用面积（亿 m^2）	浅层地能热泵技术累计应用建筑面积（亿 m^2）	太阳能光电建筑累计应用装机容量（MW）
2006	2.3	0.265	—
2007	7	0.8	—
2008	10.3	1	—
2009	11.79	1.39	420.9
2010	14.8	2.27	850.6
2011	21.5	2.4	535.6
常规能源替代量	2000 万吨标准煤		

“十一五”期间中央财政支持可再生能源建筑应用情况　　表 1-9

分类	项目个数
可再生能源建筑应用示范项目	386
太阳能光电建筑应用示范项目	210
可再生能源建筑应用示范市县	47 个城市、98 个县
合计	—

1.3.5　绿色建筑发展迅速

一是绿色建筑的标准体系不断建立。2006 年 6 月 1 日正式实施《绿色建筑评价标准》，建立了节地与室外环境、节能与能源利用、节水与水资源利用、节材与材料资源利用、室内环境质量与运营管理(住宅建筑)、全生命周期综合性能(公共建筑)六大指标，为开展绿色建筑评价标识工作提供了依据。全国多个省市针对各地实际情况，因地制宜地出台了当地的绿色建筑评价标准。二是示范项目建设不断推进。“十一五”以来组织启动了“100 项绿色建筑示范工程与 100 项低能耗建筑示范工程”。三是启动了绿色建筑星级标识。为完善绿色建筑评价标准机制，成立绿色建筑评审专家委员会，将建筑评价标识为一星、二星、三星绿色建筑。截至 2011 年底，全国共有 353 个项目获得了绿色建筑评价标识，建筑面积 3488 万 m^2，其中 2011 年当年有 241 个项目获得绿色建筑评价标识，建筑面积达到 2500 万 m^2。四是绿色生态城区探索不断深入，并取得了初步成效。天津市滨海新区、深圳市光明新区、唐山市曹妃甸新区、江苏省苏州市工业园区、无锡太湖新城等绿色生态城区建设实践已经取得初步成效。

从绿色建筑推广的效果来看，在节能、节地、节水、节材和环保方面取得了显著的效果，表 1-10 展示了部分绿色建筑星级标识项目所展示出来的“四节一环保”效果。另外，从地域分布来看，江苏、上海、广东、浙江、北京等省市获得绿色建筑标识项目较多，贵州、云南、海南、甘肃、内蒙古等省区尚未开展此项工作。

绿色建筑的“四节一环保”潜力　　表 1-10

统计分析项目数量(个)	79 个，其中 42 个公建，37 个住宅
星级	一星 17 个，二星 38 个，三星 24 个
面积(万 m^2)	697.6
开发利用地下空间(万 m^2)	151.1
住区平均绿地率	37.6%
建筑平均节能率	58.34%
节能量①	0.45 亿千瓦时(折标煤 1.54 万吨/年)
减排 CO_2	4.04 万吨/年
非传统水源平均利用率	15.2%
非传统水源利用量(万吨/年)	140.05
可再循环材料平均利用率	7.74%
可再循环材料平均利用量(万吨)	1812.62

续表

一星级	住宅项目增量成本(元/m^2)	60
	公共建筑项目增量成本(元/m^2)	30
	静态回收期	1~3 年
二星级	住宅项目的增量成本(元/m^2)	120
	公共建筑项目增量成本(元/m^2)	230
	静态回收期	3~8 年
三星级	住宅项目的增量成本(元/m^2)	300
	公共建筑项目增量成本(元/m^2)	370
	静态回收期	7~11 年

① 与节能50%的“参照建筑”相比较。

1.3.6 墙体材料革新与农村建筑节能稳步推进

据不完全统计，2010 年全国新型墙体材料产量超过 4000 亿块标砖，占墙体材料总产量的 55% 以上，新型墙体材料应用量 3500 亿块标砖，占墙体材料总应用量的 70% 左右，完成国务院确定的墙材革新发展目标。

部分省市对农村地区建筑节能工作进行了探索。

第2章 “十二五”期间建筑节能和绿色建筑发展目标与路径

2.1 “十二五”期间建筑节能和绿色建筑的发展方向与目标

进入“十二五”，建筑节能和绿色建筑的发展迎来了更好的机遇。从政策发布来看，2011年的开年之初，《国民经济和社会发展“十二五”规划纲要》发布，对“十二五”期间节能减排的总体发展提出了要求。从政策导向上强调健全节能减排激励约束机制。优化能源结构，合理控制能源消费总量，健全节能减排法律法规和标准，强化节能减排目标责任考核，把资源节约和环境保护贯穿于生产、流通、消费、建设各领域各环节，提升可持续发展能力。从产业发展上强调，大力发展节能环保、新一代信息技术、生物、高端装备制造、新能源、新材料、新能源汽车等战略性新兴产业。节能环保产业重点发展高效节能、先进环保、资源循环利用关键技术装备、产品和服务。从节能减排重点领域上强调，突出抓好工业、建筑、交通、公共机构等领域节能，并在重大工程中安排建筑节能改造工程。

2011年8月，国务院印发《“十二五”节能减排综合性工作方案》(以下简称“方案”)对“十二五”期间我国节能减排目标、任务和措施进行了总体规划。建筑节能作为与工业节能、交通节能并行的三大节能领域，也在该方案中给予了重点表述。一是强调了节能减排的目标责任。将全国节能减排目标合理分解到各地区、各行业。健全节能减排统计、监测和考核体系。建立和完善建筑、交通运输、公共机构能耗统计制度以及分地区单位国内生产总值能耗指标季度统计制度，完善统计核算与监测方法，提高能源统计的准确性和及时性。二是强调了对部门的问责。与“十一五”时期相比，节能减排问责首次面向了部门，方案提出涉及节能减排的有关部门每年要向国务院报告节能减排措施落实情况。作为建筑节能和绿色建筑主管部门——住房和城乡建设部也将成为节能减排工作的考核对象。三是提出对建筑节能和绿色建筑的要求。实施重点工程，实施包括北方采暖地区既有居住建筑供热计量和节能改造4亿m^2以上，夏热冬冷地区既有居住建筑节能改造5000万m^2，公共建筑节能改造6000万m^2等建筑节能工程在内的重点工程。加强用能管理，在建筑以及城乡建设和消费领域全面加强用能管理，切实改变敞开口子供应能源、无节制使用能源的现象。全面推进建筑节能，制定并实施绿色建筑行动方案，从规划、法规、技术、标准、设计等方面全面推进建筑节能。新建建筑严格执行建筑节能标准，提高标准执行率。推进北方采暖地区既有建筑供热计量和节能改造，实施“节能暖房”工程，改造供热老旧管网，实行供热计量收费和能耗定额管理。做好夏热冬冷地区建筑节能改造。因地制宜地大力发展风能、太阳能、生物质能、地热能等可再生能源，推动可再生能源与建筑一体化应用。推广使用新型节能建材和再生建材，继续推广散装水泥。加强公共建筑节能监管体系建设，完善能源审计、能效公示，推动节能改造与运行管理。研究建立建筑使用全寿命周期管理制度，严格建筑拆除管理。加强城市照明管理，严格防止和纠正过度装饰和亮化。宾馆、商厦、写字楼、机场、车站等要严格执行夏季、冬季空调温度设置标准。公共机构新建建筑实行更加严格的建筑节能标准。加快公共机构办公区节能改造，完成办公建筑节能改造 6000 万 m^2。深化供热体制改革，全面推行供热计量收费。

2011 年 12 月，住房和城乡建设部研究制定了《住房城乡建设部关于落实〈国务院关于印发“十二五”节能减排综合性工作方案的通知〉的实施方案》（以下简称“实施方案”），并印发各省、自治区住房城乡建设厅，直辖市建委（建交委），新疆生产建设兵团建设局。

实施方案指出，一要充分认识住房城乡建设领域节能减排工作的重要性和紧迫性，树立高度的政治责任感和使命感，创新工作机制，扎实地开展工作，确保完成节能减排工作任务，实现节能减排“十二五”规划目标。二要把节能减排各项工作目标和任务逐级分解落实，明确责任；要成立主要负责人任组长的节能减排工作领导小组，强化政策措施的执行，加强对工作进展情况的监督考核；三要分年度对节能减排工作目标责任履行情况进行专项考核，公布考核结果。

实施方案明确提出了住房城乡建设领域“十二五”期间节能减排的总体目标。节能目标：到“十二五”期末，建筑节能形成 1.16 亿吨标准煤的节能能力。其中，发展绿色建筑，加强新建建筑节能工作，形成 4500 万吨标准煤的节能能力；深化供热体制改革，全面推行供热计量收费，推进北方采暖地区既有建筑供热计量及节能改造，城镇居住建筑单位面积采暖能耗下降 15% 以上，形成 2700 万吨标准煤的节能能力；加强公共建筑节能监管体系建设，推动节能改造与运行管理，力争公共建筑单位面积能耗下降 10% 以上，形成 1400 万吨标准煤的节能能力。推动可再生能源与建筑一体化应用，形成常规能源替代能力 3000 万吨标准煤。减排目标：到“十二五”期末，基本实现所有县和重点建制镇具备污水处理能力，全国新增污水日处理能力 4200 万 t，新建配套管网约 16 万 km，城市污水处理率达到 85%，形成化学需氧量削减能力 280 万 t、氨氮削减能力 30 万 t。城市生活垃圾无害化处理率达到 80% 以上。同时，实施方案也指出了贯彻落实“十二五”节能减排综合性工作方案的九个方面的举措。一是调整优化建设领域发展方式。坚决抑制高耗能、高排放行业过快增长。加强新建建筑节能监管。积极推进建设领域能源结构调整。促进可再生能源建筑应用。二是实施建筑节能重点工程。包括全面推进绿色建筑发展，推动北方采暖地区既有居住建筑供热计量及节能改造，启动夏热冬冷地区既有建筑节能改造，实施公共建筑节能改造，实施农村危房节能改造，推进城镇污水处理设施及配套管网建设。三是加强节能减排管理。严格建筑节能管理，强化城市交通领域节能减排管理，积极推进城市照明节能，促进农村节能减排。四是实施循环经济重点工程。包括推进资源综合利用。促进垃圾资源化利用。推进节水型城市建设。五是加快节能减排技术开发和推广。包括加快节能减排技术研发和推广应用，加强节能减排国际交流合作。六是完善节能减排经济政策。包括推进价格和环保收费改革，完善财政税收政策，推行污染治理设施建设运行特许经营。七是强化节能减排监督检查。包括健全法律法规，完善节能和环保标准，强化城镇污水处理厂和生活垃圾处理设施运行管理和监督。加强节能减排执法检查。八是推广节能减排市场化机制。加快推进民用建筑能效测评标识工作，加大绿色建筑评价标识实施力度，加强建筑节能服务体系建设。九是加强节能减排能力建设与宣传教育。强化节能减排管理能力建设。加强节能减排宣传教育。

2.2 “十二五”期间建筑节能发展的发展路径与重点

2.2.1 发展路径

“十二五”期间，建筑节能发展与“十一五”期间相比既有延续又有不同，从发展路径来看，推进建筑节能和绿色建筑工作展现了五个新的特点。

1. 绿色化推进

未来五年，住房城乡建设部将积极促进建筑节能向绿色、低碳转型。将考虑不同建筑类型的特点，将节水、节地、节能、节材以及环保等绿色指标纳入城市规划和建筑的规划、设计、施工、运行和报废等全寿命周期各阶段监管体系中，最大限度地节能、节地、节水、节材，保护环境和减少污染。开展绿色建筑集中示范，引导和促进单体绿色建筑建设，推动既有建筑的改造，试点绿色农房建设。

2. 区域化推进

未来五年，住房城乡建设部将积极引导建筑节能工作按区域推进，注重因地制宜，发挥综合效益。充分评估各地区建筑用能需求和资源环境特点，结合当地实际制定区域内建筑节能政策措施，因地制宜地推动建筑节能工作深入开展。以区域推进为重点，规模化发展绿色建筑，将既有建筑节能改造与城市综合改造、旧城改造、棚户区改造结合起来，集中连片地开展可再生能源建筑应用工作。

3. 产业化推进

立足国情，借鉴国际先进技术和管理经验，提高建筑节能和绿色建筑技术和管理自主创新能力，突破制约建筑节能发展的关键技术，形成具有自主知识产权的技术体系和标准体系。推动创新成果工程化应用，引导新材料、新能源等新兴产业的发展，限制和淘汰高能耗、高污染产品，培育节能服务产业，促进传统产业升级和结构调整，推进建筑节能的产业化发展。

4. 市场化推进

“十一五”期间，建筑节能工作是自上而下地由政府主导来推进的，“十二五”期间，住房城乡建设部将引导建筑节能由政府主导逐步发展为市场推动，加大支持力度，完善政策措施，充分发挥市场配置资源的基础性作用，提升企业的发展活力，构建有效市场竞争机制，加大市场主体的融资力度。

5. 统筹兼顾推进

统筹兼顾地推进建筑节能就是要既管好增量，又要控制好存量。控制增量，是指提高新建建筑能效水平，加强新建建筑节能标准执行的监管。控制好存量，是指提高建筑管理水平，降低运行能耗，实施既有建筑节能改造。注重建筑节能的城乡统筹，农房建设和改造要考虑新能源应用和农房保温隔热性能的提高，鼓励应用可再生能源、生物质能，因地制宜地开发应用节能建筑材料，改进建造方式，保护农房特色。

2.2.2 重点任务和工程

1. 新建建筑方面

（1）提高建筑能效标准。严寒、寒冷地区，夏热冬冷地区要将建筑能效水平提高到65%建筑节能标准，有条件的地方要执行更高水平的建筑节能标准和绿色建筑标准。

（2）建立建筑节能全寿命监管机制。包括城乡规划部门要就设计方案是否符合民用建筑节能强制性要求征求同级建设主管部门的意见。严格执行新建建筑立项阶段建筑节能的评估审查。土地招拍挂出让规划条件中，要对建筑节能标准和绿色建筑的比例做出明确要求。加大对地级、县级地区执行建筑节能标准的监管和稽查力度，对不符合节能减排有关法律法规和强制性标准的工程建设项目，不予发放建设工程规划许可证和通过施工图审查，不得发放施工许可证。严格执行建设单位、设计单位、施工单位不得在建筑活动中使用列入禁止使用目录的技术、工艺、材料与设备的要求。严格执行民用建筑能效测评标识和民用建筑节能信息公示制度。对建筑用能情况进行调查统计和评估分析、设置建筑能源管理岗位，提高从业人员水平，降低运行能耗。建立建筑报废审批制度，不符合条件不予拆除报废，需拆除报废的建筑所有权人、产权单位应提交拆除后的建筑垃圾回用方案，促进建筑垃圾再生回用。

（3）实行能耗指标控制。强化建筑特别是大型公共建筑建设过程的能耗指标控制，应根据建筑形式、规模及使用功能，在规划、设计阶段引入分项能耗指标，约束建筑体形系数、采暖空调、通风、照明、生活热水等用能系统的设计参数及系统配置，避免片面追求建筑外形，防止用能系统设计指标过大，造成浪费。实施能耗限额管理。在能耗统计、能源审计、能耗动态监测工作的基础上，建立各类型公共建筑的能耗限额标准，并对公共建筑实行用能限额管理，对超限额用能建筑，采取增加用能成本或强制改造措施。

（4）大力推广绿色设计、绿色施工，广泛采用自然通风、遮阳等被动技术，抑制高耗能建筑建设，引导新建建筑由节能为主向绿色建筑“四节一环保”的发展方向转变。

2. 既有居住建筑节能改造方面

（1）继续实施北方采暖地区既有居住建筑供热计量及节能改造。住房城乡建设部将与各地签订既有居住建筑供热计量及节能改造任务协议。启动“节能暖房工程”重点市县。鼓励用3~5年的时间节能改造重点市县全部完成节能改造任务。

（2）试点夏热冬冷地区和夏热冬暖地区节能改造。以建筑门窗、遮阳、自然通风等为重点，在夏热冬冷地区和夏热冬暖地区进行居住建筑节能改造试点。

3. 公共建筑节能监管方案

（1）继续鼓励有条件的地方建设公共建筑能耗监测平台，对重点建筑实行分项计量与动态监测，强化公共建筑节能运行管理，到2015年实现20个以上省(自治区、直辖市)公共建筑能耗监测平台建设，对5000栋以上公共建筑的能耗情况进行动态监测，建成覆盖不同气候区、不同类型公共建筑的能耗监测系统，实现公共建筑能耗可监测、可计量。加强高校节能监管，规划期内建设200所节约型高校，形成节约型校园建设模式。提高节能监管体系管理水平。

（2）继续实施重点城市公共建筑节能改造。到2015年，启动和实施10个以上公共建筑节能改造重点城市。改造重点城市在批准后两年内应完成改造建筑面积不少于400万m^2。

（3）推动高校、公共机构等重点公共建筑节能改造。到2015年，启动50所高校节能改造示范。积极推进中央本级办公建筑节能改造。

4. 加快可再生能源建筑领域规模化应用

（1）做好可再生能源建筑应用省级示范。在可再生能源资源丰富、建筑应用条件优越、地方能源建设体系完善、已批准可再生能源建筑应用相关示范实施较好的省（区、市），打造可再生能源建筑应用省级集中连片示范区。

（2）做好可再生能源建筑应用城市示范及农村县级示范。示范市县在落实具体项目时，要做到统筹规划，集中连片。已批准的可再生能源建筑应用示范市县要抓紧组织实施，在确保完成示范任务的前提下进一步扩大推广应用，新增示范市县将优先在集中连片推广的重点区域中安排。

（3）鼓励在绿色生态城、低碳生态城（镇）、绿色重点小城镇建设中，将可再生能源建筑应用作为约束性指标，实施集中连片推广。

（4）优先支持保障性住房、公益性行业及公共机构等领域可再生能源建筑应用。在资源条件、建筑条件具备的情况下，保障性住房要优先使用太阳能热水系统。支持在中央部门及其直属单位建筑领域推广应用可再生能源。

5. 大力推动绿色建筑发展

（1）将绿色理念纳入城乡规划。建立包括绿色建筑比例、生态环保、公共交通、可再生能源利用、土地集约利用、再生水利用、废弃物回用等内容的指标体系，作为约束性条件纳入区域总体规划、控制性详细规划、修建性详细规划和专项规划的编制，促进城市基础设施的绿色化，并通过土地出让、转让实现绿色指标体系。

（2）实施绿色建筑集中示范区。在城市规划的新区、经济技术开发区、高新技术产业开发区、生态工业示范园区、旧城更新区等实施100个以规模化推进绿色建筑为主的绿色建筑集中示范城（区）。

（3）政府投资的办公建筑和学校、医院、文化等公益性公共建筑，直辖市、计划单列市及省会城市建设的保障性住房，以及单体建筑面积超过2万m^2的机场、车站、宾馆、饭店、商场、写字楼等大型公共建筑，2014年起执行绿色建筑标准。

（4）引导房地产开发类项目自愿执行绿色建筑标准，鼓励房地产开发企业建设绿色住宅小区。到2015年，北京市、上海市、天津市、重庆市，江苏省、浙江省、福建省、山东省、广东省、海南省，以及深圳市、厦门市、宁波市、大连市城镇新建房地产项目中50%达到绿色建筑标准。

解读三　绿色建筑发展所面临的机遇

党中央、国务院高度重视绿色建筑的发展。胡锦涛总书记在2005年就提出了“要大力发展节能省地型住宅，全面推广节能技术，制定并强制执行节能、节材、节水标准，按照减量化、再利用、资源化的原则，搞好资源综合利用，实现经济社会的可持续发展”。温家宝总理、李克强副总理都对绿色建筑的发展做出了重要批示。

城镇化、工业化为绿色建筑快速发展提供了发展的外部条件。我国城镇化发展迅速，2002~2011年，我国城镇化率以平均每年1.35个百分点的速度发展，城镇人口平均每年增长2096万人。2011年，城镇人口比重达到51.27%，比2002年上升了12.18个百分点，城镇人口为69079万人，比2002年增加了18867万人；乡村人口65656万人，减少了12585万人。全国新增建筑面积约20亿m^2。与此同时，工业化的迅速发展为绿色建筑快速发展提供了支撑。与传统建筑相比，工业化建筑节材20%以上，节能15%以上，节水近20%。建筑工业化能够降低资源消耗，提高建造过程工作效率，缩减人力成本，推进节能降耗。

6. 新型材料的推广应用

大力发展安全耐久、节能环保、施工便利的新型建材。加快发展集保温、防火、降噪、装饰等功能于一体的与建筑同寿命的建筑保温体系和材料。积极发展加气混凝土制品、烧结空心制品、防火防水保温等功能一体化复合墙体和屋面、复合墙板、低辐射镀膜玻璃、断桥隔热门窗、太阳能光伏发电或光热采暖制冷一体化屋面和墙体、遮阳系统等新型建材及部品。推广应用再生建材。引导发展高强混凝土、高强钢，大力发展商品混凝土。深入推进墙体材料革新，推动“禁实”向纵深发展。在全国范围选择确定新型节能建材产品技术目录，并依据产品质量、施工质量、节能效果等因素对目录进行动态调整。研究建立绿色建材认证制度，引导市场消费行为。开展新型建材产业化示范和资源综合利用示范工程的建设。

7. 推广绿色照明应用

积极实施绿色照明工程示范，鼓励因地制宜地采用太阳能、风能等可再生能源为城市公共区域提供照明用电，扩大太阳能光电、风光互补照明应用规模。

2.3　建筑节能与能源、可再生能源的关系

2.3.1　节约发展、清洁发展是必由之路

历史告诉我们，西方发达国家在实现其现代化、工业化的过程中是靠大量消耗能源资源来推动的，其普遍经历了高消耗、高污染、高浪费的历史发展阶段，过程的代价是巨大的，教训是深刻的。它们以占世界15%的人口，消耗了全球60%的能源和50%的矿产资源，并造成了严重的环境污染和生态危机。世界著名的马斯河谷事件、多诺拉事件、洛杉矶光化学烟雾事件、伦敦烟雾事件、四日市哮喘事件等“八大公害事件”都发生在这些国家。这样一种增长模式、发展道路，在当代遭到了普遍的质疑和反思。1972年，罗马俱乐

部所撰写的研究报告——“增长的极限”，认为在传统的工业化道路和模式支配下，人类粗放的经济增长方式和人口激增，已经导致严重的资源短缺、环境污染、生态破坏和气候恶化，人类社会必将遭受自然的报复，人类文明的发展将无可避免地陷入困境。

与此同时，我国正面对资源约束趋紧、环境污染严重、生态系统退化的严峻形势。从资源角度看，资源约束矛盾突出。我国人均能源资源拥有量在世界上处于较低水平，煤炭、石油和天然气的人均占有量仅为世界平均水平的67%、5.4%和7.5%。与此相对应，我国能源消费增长较快，而且人均能源消费水平还比较低，仅为发达国家平均水平的1/3。随着经济社会发展和人民生活水平的提高，未来能源消费还将大幅增长，资源约束还将不断加剧。从环境、生态看，全国地表水总体为轻度污染，湖泊(水库)富营养化问题突出，水污染事件、空气污染事件频发，城市空气质量显著落后于发达国家。从土地资源来看，人均占有量很低。世界人均耕地0.37hm^2，中国人均仅0.1hm^2，人均草地世界平均为0.76hm^2，中国为0.35hm^2。发达国家1hm^2耕地负担1.8人，发展中国家负担4人，中国则需负担8人，其压力之大可见一斑。尽管中国已解决了世界1/5人口的温饱问题，但也应注意到，中国非农业用地逐年增加，人均耕地将逐年减少，土地的人口压力将越来越大。另一方面，水土流失严重，水土流失面积356.92万km^2，占国土总面积的37.2%；风力侵蚀面积195.70万km^2，占国土总面积的20.4%。如此严峻的资源、能源和环境压力，要求中国的发展必须是节约发展。

节约发展是国家发展战略的重要内容。目前这种高耗能、高污染、高浪费、低效益的发展模式，这种“竭泽而渔”式的发展已难以为继，已不可能实现我国的工业化、现代化，必须尽快实现向节约节能型的发展转变。充分认识能源资源的有限性、稀缺性，以最小成本实现能源资源的有效配置，以最小污染和能源资源的最小消耗获取最大效益，是节约资源和能源的要旨，更是科学发展的根本要求。党的“十八大”报告更提出把生态文明建设放在突出地位，实现中华民族永续发展。坚持节约资源和保护环境的基本国策。

2.3.2 可再生能源建筑应用是节能减排的重要领域

近年建筑能耗已经占到我国社会终端总能耗的30%，与工业节能、交通节能一起，是我国节能降耗的三大重点领域。与此同时，可再生能源建筑应用是建筑节能工作的重要领域。根据我国中长期能源规划，2020年之前，我国基本上可以依赖常规能源满足国民经济发展和人民生活水平提高的能源需要，到2020年，可再生能源的战略地位将日益突出，届时将需要可再生能源提供数亿吨乃至十多亿吨标准煤的能源。因此，我国发展可再生能源的战略目的是：最大限度地提高能源供给能力，改善能源结构，实现能源多样化，切实保障能源供应的安全。我国确立了到2020年使可再生能源占总能源的比重达到15%的目标。

2007年至少有60多个国家制订了促进可持续能源发展的相关政策，欧盟已建立了到2020年实现可持续能源占所有能源20%的目标。2007年，全球并网太阳能发电能力增加了52%，风能发电能力增加了28%。全球大约有5000万个家庭使用安放在屋顶的太阳能热水器获取热水，250万个家庭使用太阳能照明，2500万个家庭利用沼气做饭和照明。因此，可再生能源不仅是全球能源战略的重要选择，更是建筑节能的重要专项。

1. 可再生能源是我国节能规划的重点

建筑节能“十一五”期间指标完成情况中，可再生能源在建筑中规模化应用示范推广项目达到200个，其中包括386个可再生能源建筑应用示范项目、210个太阳能光电建筑应用示范项目、47个可再生能源建筑应用城市以及98个示范县。表明在“十一五”期间，可再生能源在建筑中应用是我国建筑节能规划的重点任务，也是重要评价指标。

在“十二五”建筑节能专项规划中，我国进一步加强可再生能源建筑应用，推动可再生能源与建筑一体化应用，提出新增可再生建筑应用面积25亿m^2，形成常规能源替代能力3000万吨标准煤，到2015年重点区域内可再生能源消费量占建筑能耗的比例将达到10%以上。其中重点任务是引导可再生能源建筑应用工作的区域推进，加快可再生能源建筑领域规模化应用，集中连片地开展可再生能源建筑应用工作，发挥综合效益。

2. 可再生能源建筑承担着节能减排的重要任务

“十一五”期间，我国可再生能源综合利用形成年替代常规能源2000万吨标准煤能力，占建筑节能“实现节约1亿吨标准煤的目标任务”的1/5。“十二五”期间提出的替代常规能源3000万吨标准煤，约占建筑节能“形成1.16亿标准煤节能能力”的1/4。可见可再生能源目标占实现建筑节能总目标的主要贡献率，并且逐步提升。

3. 可再生能源建筑应用政策支持有力

“十一五”期间，国家财政积极支持建筑节能工作，财政部、住房城乡建设部共同设立了“可再生能源建筑应用示范项目资金”、“国家机关办公建筑和大型公共建筑节能专项资金”、“北方采暖地区既有居住建筑供热计量及节能改造奖励资金”、“太阳能光电建筑应用财政补助资金”等多项建筑节能领域专项资金。中央财政共计安排资金近152亿元，用于支持北方采暖地区既有居住建筑供热计量及节能改造、可再生能源建筑应用、国家机关办公建筑和大型公共建筑节能监管体系建设等方面。其中，财政部又针对可再生能源建筑应用提出专项补贴，根据《可再生能源建筑应用城市示范实施方案》，对纳入示范的城市，中央财政将予以专项补助。资金补助基准为每个示范城市5000万元，最高不超过8000万元。对于农村地区可再生能源建筑应用，中央财政也针对各示范县制定了相应的补助标准。按照全国“十一五”期间47个可再生能源示范城市，“十一五”期间，中央财政下发到各城市的针对可再生能源建筑应用的资金约为33亿元；针对农村可再生建筑应用的财政补贴约为17亿元，而到2012年，太阳能光电建筑应用示范项目补贴将达12.87亿元。可再生能源建筑应用在建筑节能财政补贴中获得较大份额，市场前景广阔。

下　篇

可再生能源建筑应用

我国是世界上太阳能资源最丰富的大国之一，浅层地能也十分丰富，利用潜力巨大。在建筑领域进行规模化推广可再生能源的应用，通过利用建筑的载体来应用可再生能源，实现建筑节能、降低建筑能耗，是我国推进建筑节能工作的一个创新举措，也是我国实施能源战略的必然选择。自 2006 年以来，国家开展可再生能源建筑应用示范工作以来，五大体系建设成效显著，规模化效应逐步显现。本篇介绍了国内外可再生能源建筑应用发展历程与现状；阐述了我国可再生能源建筑应用中长期发展目标的提出及实施路径；总结了“十一五”期间我国实施可再生能源建筑应用示范的成效和科研成果；同时结合实践案例和相关检测数据，首次对建筑领域中太阳能光热、光伏发电及地源热泵应用技术的系统运行指标及效益进行评价分析。

第3章 我国能源发展战略

3.1 能源发展现状

3.1.1 国际能源发展现状

过去30年来，世界能源需求持续增长。1980年世界一次能源消费总量是66.2亿吨油当量，根据BP世界能源统计，2010年世界一次能源消费总量是119.8亿吨油当量，年均增长速度为2%。2011年世界一次能源消费总量增加到122.7亿吨油当量，比2010年增长了2.5%。随着发展中国家经济发展强劲的增长势头，世界能源消费格局也发生了重大变化，发达国家和发展中国家呈现出势均力敌的局面，广大发展中国家日益成为能源消费的增长主体。1980年经合组织国家(OECD)❶的能源消费量占世界总量的62.2%。如图3-1所示，2011年经合组织和非经合组织能源消费总量分别占世界能源消费总量的45%和55%，其中经合组织国家能源消费总量为55.28亿吨油当量❷，比2010年减少了0.8%；非经合组织的广大发展中国家能源消费总量为67.47亿吨油当量，比2010年增加了5.3%。根据世界经济发展和能源需求趋势，未来较长一段时间，世界能源需求总体仍将保持增长态势，发达国家能源消费总量将继续下滑，而广大发展中国家由于经济增长继续保持良好势头，能源需求将继续增长，能源消费将在增量和总量上都将继续超过发达国家。根据国际能源署(IEA)预测，在"新政策情景"❸下，到2035年，世界一次能源需求量将增加到约167亿吨油当量，年均增长率为1.2%。增幅较过去30年有所下降，非经合组织国家消费将超过90%的增量。

化石能源一直是世界能源供应格局中的主导者。1980年，在世界一次能源供应结构中，煤炭、石油和天然气化石能源所占比重高达85.1%，其中石油、煤炭、天然气的比重

---

❶ 经合组织：经济合作与发展组织简称经合组织(OECD)，是由30多个市场经济国家组成的政府间国际经济组织，旨在共同应对全球化带来的经济、社会和政府治理等方面的挑战，并把握全球化带来的机遇。成立于1961年，目前成员国总数34个，总部设在巴黎。成员国包括澳大利亚、奥地利、比利时、加拿大、捷克、丹麦、芬兰、法国、德国、希腊、匈牙利、冰岛、爱尔兰、意大利、日本、韩国、卢森堡、墨西哥、荷兰、新西兰、挪威、波兰、葡萄牙、斯洛伐克、西班牙、瑞典、瑞士、土耳其、英国、美国、智利、爱沙尼亚、以色列、斯洛文尼亚。

❷ 油当量是按标准油的热值计算各种能源量的换算指标，1吨油当量约为1.454285吨标准煤。

❸ 国际能源署(IEA)《世界能源展望2010》在新政策情景、当前政策情景、450情景三种情景下对世界能源消费总量进行预测。新政策情景指的是基于各国公布的政策承诺和计划下的情景，主要包括减少温室气体排放承诺以及逐步取消化石能源补贴的计划等。当前政策情景指的是假设各国的承诺都未能落实。450情景是指将大气层中的温室气体浓度控制在450ppm二氧化碳当量，以实现把全球温度上升限制在2℃的目标。虽然IEA具体预测结果还存在着诸多争议，但毫无疑问的是，世界能源需求的增长趋势将在相当长的时期内保持不变。

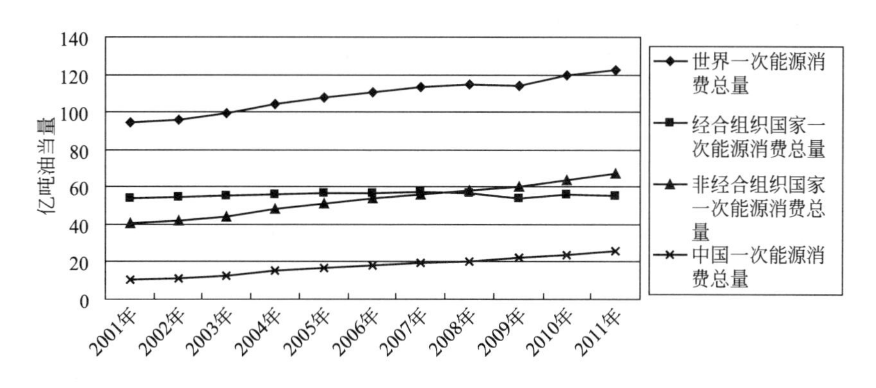

图 3-1　2001～2011 年世界一次能源消费总量变化图

（数据来源：BP 世界能源统计 2012）

分别为 43.4%、24.7%、17%。随着能源消费大幅增加，带来的环境和能源安全等问题也在与日俱增，近年来各国纷纷开发化石能源的替代能源，但是从总体上说，能源供应结构虽然有所变化，但化石能源主导的总体格局没有发生根本变化。据 BP 世界能源统计，2011 年化石能源所占比重高达87%，如图 3-2 所示，其中石油、煤炭、天然气的比重分别为 33%、23.7%、30.3%，而核能、水电、可再生能源所占的比重仅为 13%。据国际能源署预计，在“新政策情景”下，到 2035 年，世界能源供应中化石能源比重将下降到 74.7%，其中石油、煤炭、天然气的比重分别为 27.4%、24.27%、23.2%，出现化石能源基本三分天下的局面。可见，未来石油供应比重持续降低，煤炭比重基本持平，天然气比重持续稳步增加。

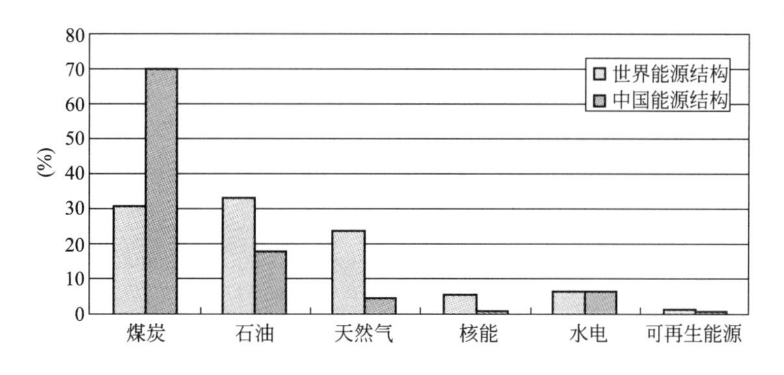

图 3-2　2011 年世界和中国能源消费结构图

（数据来源：BP 世界能源统计 2012）

随着全球变暖趋势日益严重，全球共同应对气候变化推动了低碳能源理念，在国际金融危机的大背景下，大力发展新能源产业逐渐成为世界各国实现经济可持续发展的重要路径，新能源产业已开始加速发展。美国、欧盟等各大经济体均将新能源产业作为培育新的经济增长点、解决金融危机和气候危机的战略路径，纷纷制定发展新能源的战略目标。以风能、太阳能、核能、生物质能等为代表的新能源将成为未来能源的发展方向，这已成为全球能源界的共识。欧盟制定了到 2020 年可再生能源消费比重达到 20%的目标，其中德国的目标是 18%，法国的目标是 23%，英国的目标是 15%。澳大利亚计划到2020年实现20%的电力供应来自于可再生能源。在制定新能源发展战略目标的同时，各国不断出台激励政策措施。2009年2月15日，美国总统奥巴马签署总额为7870亿美元的《美国复苏与再投资法案》，其中新能源为重点发展产业，主要包括发展高效电池、智能电网、碳捕获和碳储存、可再生能源等。其中，在1200亿美元的科研(含基建)计划中，新能源和提升能源使用效率占468亿美元，可再生能源及节能项目投入为199亿美元。欧盟制定了“环保型经济”的中期规划，计划筹措1050亿欧元，在2009年至2013年的5年时间中，全力打造具有国际水平和全球竞争力的“绿色产业”。据国际能源署预测，到2035年新能源和可再生能源占一次能源消费总量的比重将达到23.3%。

3.1.2　我国能源发展现状

自改革开放以来，我国能源需求不断增加，能源消费一直保持高于世界平均水平速度增长。改革开放到2000年，我国能源消费年均增长速度为4.4%，约为同期世界能源消费年均增速(1.5%)的3倍。2000年以后，我国经济社会发展迅速，城镇化、工业化快速推进，能源消费也步入了快车道，如图3-3所示。根据国家统计局数据分析，2000~2010年的十年间，能源消费年均增长8.4%，约为同期世界能源消费年均增速(2.26%)的3.6倍。2010年我国能源消费总量是32.5亿吨标准煤，从能源消费总量构成来看，原煤占消费总量的70.9%，比上年提高0.5个百分点；原油占消费总量的16.5%，比上年下降1.4个百分点；天然气占消费总量的4.3%，比上年提高0.4个百分点；水电、核电、风电占消费总量的8.3%，比上年提高0.5个百分点。国家统计局“2011年国民经济和社会发展统计公报”显示，我国2011年全年能源消费总量34.8亿吨标准煤，比上年增长7.0%。煤炭消费量增长9.7%；原油消费量增长2.7%；天然气消费量增长12.0%；电力消费量增长11.7%。

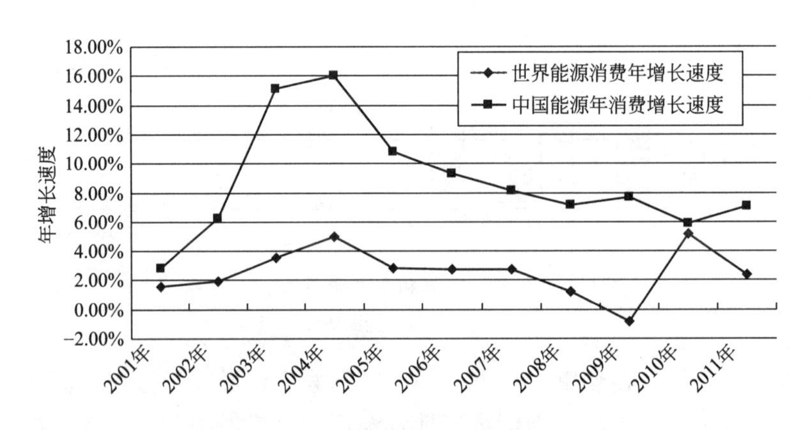

图3-3　中国与世界能源消费增长速度对比图

(数据来源：根据BP世界能源统计2012和国家统计局历年国民经济和社会发展统计公报整理)

伴随着能源需求的不断增长，我国能源生产量也在逐年增加，如图3-4所示。1978年我国能源生产总量约为6.3亿吨标准煤，1989年能源生产总量突破10亿吨标准煤，2005年能源生产总量突破20亿吨标准煤，2010年能源生产总量为29.9亿吨标准煤。2011年我国能源生产总量为31.8亿吨标准煤，其中原煤生产35.2亿吨，比上年增长8.7%；原油生产2.04亿吨，比上年增长0.3%；天然气生产快速增长，达到1030亿立方，比上年增长8.7%；电力装机容量10.6亿千瓦，年发电量4.7万亿千瓦时。

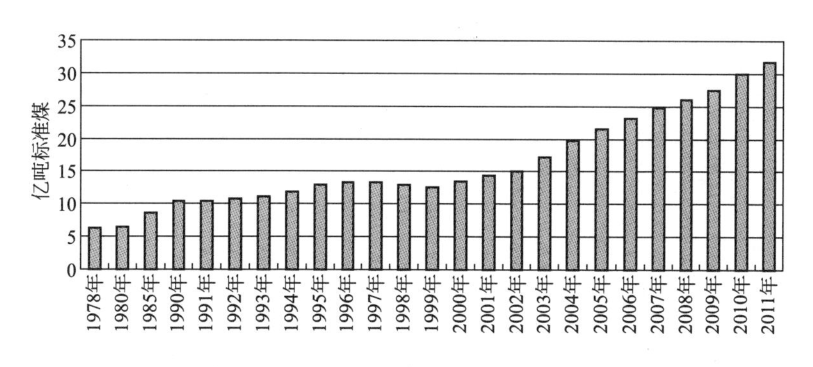

图3-4　1978～2011年中国能源生产总量

（数据来源：根据国家统计局历年国民经济和社会发展统计公报等数据计算整理）

可见，新中国成立60多年来，尤其是改革开放以来，我国能源发展取得了巨大成就，已经成为世界能源生产和消费大国。如图3-5所示，1992年我国能源生产总量为10.7亿吨标准煤，消费总量为10.9亿吨标准煤，消费总量首次超过了生产总量。之后，能源生产低于能源消费的趋势一直没有得到改变，而且差距越来越大。近30年来，我国能源消费年均增长5.8%。2010年我国能源消费总量已经成为世界第一，约占世界能源消费总量的20%。2011年我国能源消费总量和生产总量分别是1978年的6.1倍和5倍。

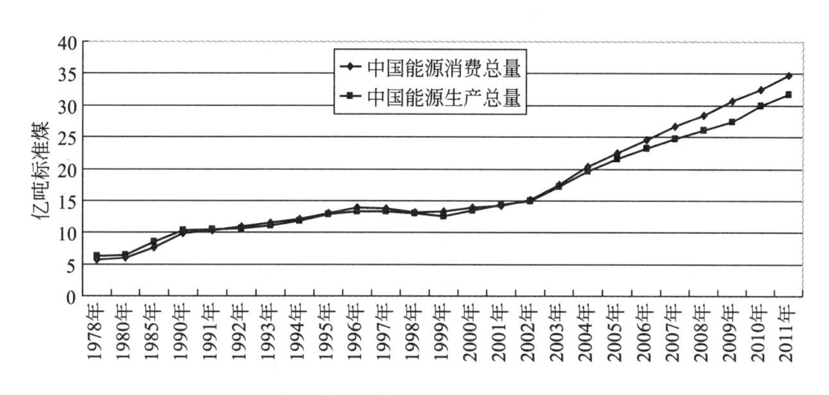

图3-5　中国能源消费总量和生产总量对比图

（数据来源：根据国家统计局历年国民经济和社会发展统计公报等数据计算整理）

在能源消费高速增长的同时，我国能源生产结构也在悄然发生改变，如图3-6所示。从能源生产总量构成来看，煤炭一直保持70%以上的主导地位，原油所占比例逐年下降，天然气和新能源所占比重逐年上升。2010年原煤占生产总量的76.8%，比上年降低0.5个百分点；原油占生产总量的9.6%，比上年降低0.3个百分点；天然气占生产总量的4.3%，比上年提高0.2个百分点；水电、核电、风电占生产总量的9.3%，比上年提高0.6个百分点。

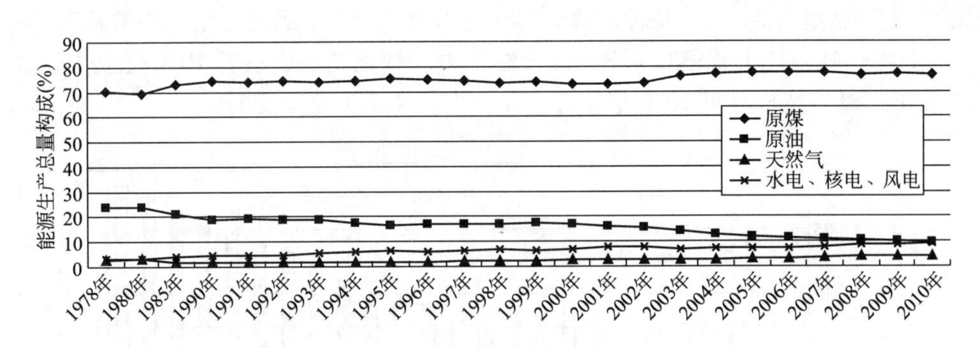

图 3-6　中国能源生产总量构成图

（数据来源：根据国家统计局历年国民经济和社会发展统计公报等数据计算整理）

自 2006 年国务院发布《关于节能工作的决定》后，我国把能源消耗强度降低和主要污染物排放总量减少确定为国民经济和社会发展的约束性指标，把节能减排作为调整经济结构、加快转变经济发展方式的重要抓手和突破口，节能减排取得突破性进展。“十一五”期间，我国以能源消费年均 6.6% 的增速支撑了国民经济年均 11.2% 的增长，能源消费弹性系数由“十五”时期的 1.04 下降到 0.59，节约能源 6.3 亿吨标准煤。单位国内生产总值能耗下降 19.1%，二氧化硫和化学需氧量排放分别下降 14.29%、12.45%，减少二氧化碳排放 14.6 亿吨，基本实现了“十一五”规划纲要确定的节能减排约束性目标。实施了建筑节能、绿色照明等节能改造工程，能耗大幅下降，火电供电煤耗由 370 克标准煤/kWh 降到 333 克标准煤/kWh，下降 10%；吨钢综合能耗由 688 千克标准煤降到 605 千克标准煤，下降 12.1%；水泥综合能耗下降 28.6%；乙烯综合能耗下降 11.3%；合成氨综合能耗下降 14.3%。建筑节能实现节约 1 亿吨标准煤的目标。淘汰落后小火电机组 8000 万 kW，每年可由此节约原煤 6000 多万吨。

为应对气候变化，各国普遍重视降低能源消费总量，减少温室气体排放。欧盟计划到 2020 年将温室气体排放量比 1990 年减少 20%，日本计划减少 25%，印度计划减少 20% ~ 25%。在 2009 年的哥本哈根气候变化大会上，国务院总理温家宝代表中国承诺，在 2005 年的基础上，到 2020 年将万元 GDP 碳排放量减少 40% ~45%[1]。加快发展新能源与可再生能源，不仅可以优化能源供应结构、促进能源资源节约、提高能源转化效率，还能够减少温室气体排放，更能带动产业结构优化，有利于保持经济长期平稳较快发展。为此，我国确定了到 2020 年可再生能源消费量达到消费总量的 15% 的战略目标。近年来，我国在发展新能源和可再生能源方面做了极大的努力，也取得了积极进展，在发展新能源领域已经取得了非常大的进展，在多个领域世界排名第一。根据国务院新闻办发布的中国能源政策(2012)，截至 2011 年底，我国全国水电装机容量达到 2.3 亿 kW，居世界第一。已投运核电机组 15 台、装机容量 1254 万 kW，在建机组 26 台、装机容量 2924 万 kW，在建规模居世界首位。风电并网装机容量达到 4700 万 kW，居世界第一。光伏发电增长强劲，装机容量达到 300 万 kW。太阳能热水器集热面积超过 2 亿 m^2。积极开展沼气、地热能、潮汐

[1] GDP 碳排放指的是产生万元 GDP 排放的二氧化碳数量，亦称碳强度。降低碳强度只是降低单位 GDP 排放二氧化碳的数量，二氧化碳总量并不一定减少。碳强度体现了发展中国家在面对气候变化时“发展优先”的原则。

能等其他可再生能源推广应用。非化石能源占一次能源消费的比重达到8%，每年减排二氧化碳6亿吨以上。

3.1.3 我国能源发展面临的挑战

能源发展是国民经济和社会发展的基础。过去30年里，我国经济高速增长，能源消费急剧增加，能源产业取得了长足发展。我国已经成为世界上最大的能源生产国，初步形成了多元化的能源供应体系，为经济长期平稳发展提供了有力保障。但是由于我国能源资源禀赋不高、人均拥有量较低，能源发展面临着诸多挑战。

一是资源禀赋不高，难以满足能源快速增长需求。中国人口众多，人均能源资源拥有量仅为发达国家平均水平的1/3，2011年人均消费量达到2.6吨标准煤，比2006年提高了31%，但在世界上仍处于较低水平。煤炭、石油和天然气的人均占有量仅为世界平均水平的67%、5.4%和7.5%。“十一五”时期，我国能源消费年均增长6.6%，能源消费的过快增长给经济运行造成了诸多压力，煤电油运持续紧张，安全事故时有发生。随着经济社会发展和人民生活水平的提高，未来能源消费还将大幅增长，资源约束不断加剧，能源供应日趋紧张。如图3-7所示，能源消费和能源生产差额将逐年增大。

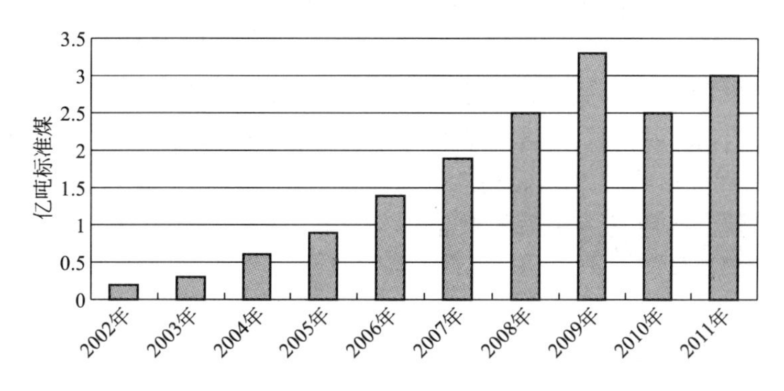

图3-7 中国能源消费总量与生产总量的差额变化图

（数据来源：根据国家统计局历年国民经济和社会发展统计公报等数据计算整理）

二是节能减排形势严峻。“十一五”期间节能目标设定为单位GDP能耗下降20%左右，实际完成19.1%，基本完成设定目标。“十一五”期间，第三产业增加值占国内生产总值的比重低于预期目标，重工业占工业总产值的比重由68.1%上升到70.9%，高耗能、高排放产业增长过快，结构节能目标没有实现，产业结构调整进展缓慢。2011年是“十二五”开局之年，国家发展改革委设定的年度节能目标是完成单位GDP能耗下降3.5%，但实际单位GDP能耗下降仅为2.01%。根据国家统计局公布的2011年国民经济和社会发展统计公报，2011年国内生产总值比上年增长9.2%，而能源消费总量比上年增长7.0%，能源消费弹性系数为0.77[1]。相关研究表明，只有能源消费弹性系数下降到0.5以下，我国的环境和资源才能支撑经济可持续发展。2011年预期目标没有全部完成，主要原因是没有实现经济发展方

[1] 能源消费弹性系数，是指一个国家或地区某一年度一次能源消费量增长率与经济增长率之比，反映了能源消费与经济增长的相互关系。能源弹性系数基本计算公式为：能源弹性系数=能源量的增长率/经济总量的增长率。

式转变，增长的方式比较粗放，结构调整滞后，特别是重化工业比重较大。可以预见，随着工业化、城镇化进程加快和消费结构升级，我国能源需求呈刚性增长，受国内资源保障能力和环境容量制约，加之产业结构调整缓慢，节能减排工作难度将不断加大。

三是环境压力不断增大。我国能源以煤炭为主，截至2009年底，我国探明的煤炭资源储量为13097亿吨，占一次能源总量的90%以上，煤炭在中国能源生产与消费中占支配地位。20世纪60年代以前我国煤炭的生产与消费占能源总量的90%以上，70年代占80%以上，80年代以来煤炭在能源生产与消费中的比例占75%左右。2010年能源消费中煤炭所占比重为76.8%，近年来，虽然其他种类的能源增长速度较快，但仍处于附属地位。在世界能源由煤炭为主向以油气为主的结构转变过程中，我国仍是世界上极少数几个能源以煤为主的国家之一。化石能源特别是煤炭的大规模开发利用，对生态环境造成严重影响。大量耕地被占用和破坏，水资源污染严重，二氧化碳、二氧化硫、氮氧化物和有害重金属排放量大，臭氧及细颗粒物(PM2.5)等污染加剧。据国际能源署统计，煤炭的使用是最大的碳排放量源头，占总量的44%；石油的碳排放量占36%；天然气占20%。未来相当长时期内，煤炭等化石能源在我国能源结构中仍占主体地位，保护生态环境、应对气候变化的压力日益增大。

四是能源安全堪忧。近年来能源对外依存度上升较快，如图3-8所示，石油对外依存度从2001年31%逐年上升至2011年的57%。自1993年我国由石油出口国变成石油净进口国后，石油进口量不断增加。2010年我国石油净进口2.46亿吨，2011年更是增加到2.63亿吨。近十年来，我国石油进口来源高度依赖中东、非洲等不安全地区，从中东进口约占50%，从非洲进口约占30%。马六甲海峡是我国石油生命线，我国进口原油近80%要通过马六甲海峡，当前马六甲海峡政治形势复杂多变，使得我国石油进口变得更加脆弱，能源安全形势严峻。

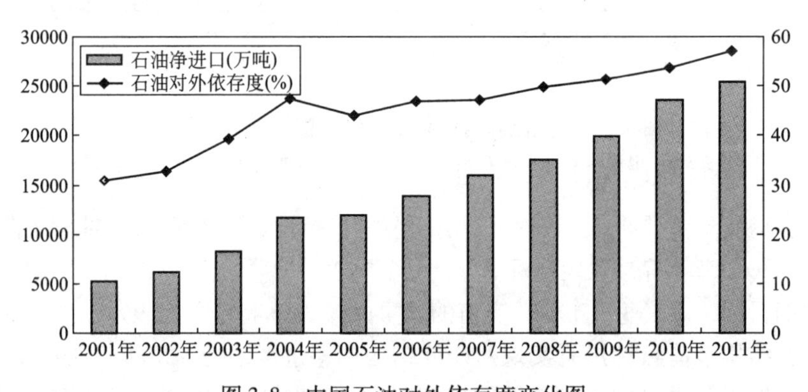

图3-8 中国石油对外依存度变化图

（数据来源：根据国家统计局、国家发展改革委、海关总署等相关数据计算整理）

3.2 我国能源发展战略和目标

3.2.1 我国能源发展战略

维护能源资源长期稳定可持续利用，是我国的一项战略任务。目前我国经济已经走到了一个必须转型的关键期，我国能源必须走科技含量高、资源消耗低、环境污染少、经济效益好、安全有保障的发展道路。为此，我国能源发展也必须科学合理地制定发展战略，实现转型升级，全面实现节约发展、清洁发展和安全发展，以推动能源可持续发展。

2007 年 12 月国务院新闻办发布《中国的能源状况与政策》白皮书，首次向国内外全面介绍了中国能源发展现状、能源发展战略和目标以及政策措施。时隔五年之后，2012 年 10 月，国务院新闻办再次发布《中国的能源政策(2012)》白皮书，从我国能源发展现状、能源发展政策和目标、全面推进能源节约、大力发展新能源和可再生能源、推动化石能源清洁发展、提高能源普遍服务水平、加快推进能源科技进步、深化能源体制改革、加强能源国际合作等九个方面对我国能源政策进行了详细阐述。

我国能源政策的基本内容是：坚持“节约优先、立足国内、多元发展、保护环境、科技创新、深化改革、国际合作、改善民生”的能源发展方针，推进能源生产和利用方式变革，构建安全、稳定、经济、清洁的现代能源产业体系，努力以能源的可持续发展支撑经济社会的可持续发展。

节约优先。实施能源消费总量和强度双控制，努力构建节能型生产消费体系，促进经济发展方式和生活消费模式转变，加快构建节能型国家和节约型社会。

立足国内。立足国内资源优势和发展基础，着力增强能源供给保障能力，完善能源储备应急体系，合理控制对外依存度，提高能源安全保障水平。

多元发展。着力提高清洁低碳化石能源和非化石能源比重，大力推进煤炭高效清洁利用，积极实施能源科学替代，加快优化能源生产和消费结构。

保护环境。树立绿色、低碳发展理念，统筹能源资源开发利用与生态环境保护，在保护中开发，在开发中保护，积极培育符合生态文明要求的能源发展模式。

科技创新。加强基础科学研究和前沿技术研究，增强能源科技创新能力。依托重点能源工程，推动重大核心技术和关键装备自主创新，加快创新型人才队伍建设。

深化改革。充分发挥市场机制作用，统筹兼顾，标本兼治，加快推进重点领域和关键环节改革，构建有利于促进能源可持续发展的体制机制。

国际合作。统筹国内国际两个大局，大力拓展能源国际合作范围、渠道和方式，提升能源“走出去”和“引进来”水平，推动建立国际能源新秩序，努力实现合作共赢。

改善民生。统筹城乡和区域能源发展，加强能源基础设施和基本公共服务能力建设，尽快消除能源贫困，努力提高人民群众用能水平。

相比较 2007 年《中国的能源状况与政策》白皮书，《中国的能源政策(2012)》白皮书中关于我国能源政策的明显变化就是增加“深化改革”和“改善民生”两项内容。

深化改革。随着能源消费快速增加，能源领域涌现了许多新的问题和挑战，但在政府管理体制和方式、价格形成机制和财税政策、资源管理和行业管理等方面却难以适应这些新问题和挑战。如煤炭价格市场化和电力价格政府定价的矛盾、电力上网机制导致可再生电力和分布式能源上网难的问题、油气价格调整机制滞后的问题、能源行业垄断的问题等。因此，深化改革是我国能源发展的内在要求。改革的方向就是能源市场化，充分发挥市场配置资源的基础性作用。

改善民生。保障和改善民生是我国能源发展的根本出发点和落脚点。2011 年我国人均一次能源消费量达到 2.6 吨标准煤，比 2006 年提高了 31%，但城乡差异、区域差异等不平衡现象日趋严重。在能源政策中增加改善民生，其目的就是能源发展要以人为本，提高能源基本服务均等化水平，让能源发展成果更多地惠及全体人民。

3.2.2 我国能源发展主要目标

《中华人民共和国国民经济和社会发展第十二个五年规划纲要》提出：到2015年，中国非化石能源占一次能源消费比重达到11.4%，单位国内生产总值能源消耗比2010年降低16%，单位国内生产总值二氧化碳排放比2010年降低17%。

《能源发展"十二五"规划》提出：到2015年，一次能源消费总量控制目标为40亿吨标准煤，用电总量控制在6.3万亿kWh；非化石能源比重提高到11.4%，非化石能源发电装机比重达到30%，天然气消费比重提高到7.5%，煤炭消费比重降低到65%左右；国内一次能源供应能力为43亿吨标准煤，其中国内生产能力36.6亿吨标准煤，能源自给率85%左右，石油对外依存度控制在61%以内。

《节能减排"十二五"规划》提出：到2015年，全国万元国内生产总值能耗下降到0.869吨标准煤，比2010年的1.034吨标准煤下降16%（比2005年的1.276吨标准煤下降32%）。"十二五"期间，实现节约能源6.7亿吨标准煤。2015年，全国化学需氧量和二氧化硫排放总量分别控制在2347.6万吨、2086.4万吨，比2010年的2551.7万吨、2267.8万吨各减少8%，分别新增削减能力601万吨、654万吨；全国氨氮和氮氧化物排放总量分别控制在238万吨、2046.2万吨，比2010年的264.4万吨、2273.6万吨各减少10%，分别新增削减能力69万吨、794万吨。

另外，我国政府承诺，到2020年非化石能源占一次能源消费比重将达到15%左右，单位国内生产总值二氧化碳排放比2005年下降40%～45%。

3.3 我国能源发展战略重点

3.3.1 深入推进节能减排，合理控制能源消费总量

节约资源是我国的基本国策。我国人口众多、资源相对不足，要实现能源资源永续利用和经济社会可持续发展，必须走节约能源的道路。自2006年国务院发布了《关于加强节能工作的决定》后，2007年发布了《节能减排综合性工作方案》，提出"十一五"时期节能20%，减少污染物排放10%。2011年和2012年国务院发布了《"十二五"节能减排综合性工作方案》和《节能减排"十二五"规划》，提出"十二五"时期节能16%，减少全国化学需氧量和二氧化硫排放总量8%、减少氨氮和氮氧化物排放10%。强调节能优先、合理控制能源需求，这是解决我国目前能源问题的现实手段。把节能摆在突出位置，通过转变经济发展方式、优化经济结构、淘汰落后产能等措施，可以大大有效减少不合理能源消费。

一是合理控制能源消费总量。研究建立能源消费总量调控目标和分解落实机制，既保障合理用能，又形成了"倒逼"机制，限制了过度用能。强化节能目标责任制和评价考核制度，将节能目标完成情况和节能措施落实情况作为地方领导班子和领导干部综合考核评价的重要内容，纳入政府绩效管理和国有企业业绩管理，实行问责制和"一票否决制"。

严格实行节能评估审查制度，严肃查处各种违规审批行为，对未通过能评的项目，依法不予审批、核准，项目不得开工建设。建立能源消费总量预测预警机制，对能源消费增长过快的地区及时实行预警调控。

二是调整优化产业结构。长期以来，我国能源效率偏低的主要原因就是经济增长方式粗放、高耗能产业比重过高。因此，坚持把转变发展方式、调整产业结构和工业内部结构成为节能的战略重点。调整产业结构必须严格控制低水平重复建设，加速淘汰高耗能、高排放落后产能。加快运用先进适用技术改造提升传统产业。提高加工贸易准入门槛，促进加工贸易转型升级。改善外贸结构，推动外贸发展从能源和劳动力密集型向资金和技术密集型转变。推动服务业大发展，培育发展战略性新兴产业，加快形成先导性、支柱性产业。

三是加强重点领域用能管理。继续大力推进节能降耗工作，加强工业、建筑、交通等重点领域用能管理。提高工业用能效率，推广钢铁、石化、有色、建材等重点行业节能减排先进适用技术，淘汰落后设备和技术，大力发展绿色建筑，全面推进建筑节能。建立健全绿色建筑标准，推行绿色建筑评级与标识。推进既有建筑节能改造，实行公共建筑能耗限额和能效公示制度，建立建筑使用全寿命周期管理制度，严格建筑拆除管理。制定和实施公共机构节能规划，加强公共建筑节能监管体系建设。推进北方采暖地区既有建筑供热计量和节能改造，实施“节能暖房”工程，改造供热老旧管网，实行供热计量收费和能耗定额管理。倡导绿色交通，加快发展轨道交通，大力发展公共交通，鼓励低碳出行。

3.3.2 调整能源消费结构，大力发展新能源和可再生能源

大力发展新能源和可再生能源，是推进能源多元清洁发展、培育战略性新兴产业的重要战略举措，也是保护生态环境、应对气候变化、实现可持续发展的迫切需要。新能源和可再生能源的开发利用，对增加能源供应、改善能源结构、促进环境保护具有重要作用，是解决能源供需矛盾和实现可持续发展的战略选择。《中华人民共和国国民经济和社会发展第十二个五年规划纲要》提出，到“十二五”末，非化石能源消费占一次能源消费比重将达到11.4%，非化石能源发电装机比重达到30%。《可再生能源中长期发展规划》提出，到2020年可再生能源消费量达到能源消费总量的15%的发展目标。

一是积极发展水电。我国水能资源丰富，技术可开发量5.42亿kW，居世界第一。按发电量计算，我国目前的水电开发程度不到30%，仍有较大的开发潜力。实现2020年非化石能源消费比重达到15%的目标，一半以上需要依靠水电来完成。

二是安全高效发展核电。目前我国核电发电量仅占总发电量的1.8%，远远低于14%的世界平均水平。继续坚持科学理性的核安全理念，把“安全第一”的原则严格落实到核电规划、选址、研发、设计、建造、运营、退役等全过程。完善核电监管体系，健全和优化核电安全管理机制，落实安全主体责任。到2015年，我国运行核电装机容量将达到4000万kW。

三是有效发展风电。风电是现阶段最具规模化开发和市场化利用条件的非水可再生能源。我国是世界上风电发展最快的国家，“十二五”时期，坚持集中开发与分散发展并举，优化风电开发布局。到2015年，我国风电装机将突破1亿kW，其中海上风电装机达到500万kW。

四是积极利用太阳能。我国太阳能资源丰富，开发潜力巨大，具有广阔的应用前景。“十二五”时期，我国坚持集中开发与分布式利用相结合，推进太阳能多元化利用。到2015年，我国将建成太阳能发电装机容量2100万kW以上，太阳能集热面积达到4亿m^2。

3.3.3 增加能源供应，保障能源安全

长期以来，我国能源自给率一直保持在90%以上，能源需求的快速增加主要依靠国内供应。根据《能源发展“十二五”规划》，到2015年，我国一次能源消费总量控制目标为40亿吨标准煤，国内一次能源供应能力为43亿吨标煤，其中国内生产能力36.6亿吨标煤，能源自给率为85%左右，石油对外依存度控制在61%以内。由于化石能源一直是我国能源供应的主体，新能源和可再生能源开发利用刚刚起步，所以化石能源仍将是稳定能源供应的主要选择。

一是加强国内能源资源勘探开发。煤炭是我国的基础能源。一方面，我国应加大煤炭资源勘察力度，推进煤炭基地建设。截至2010年底，全国煤炭保有查明资源储量13412亿吨，比2005年增加约3000亿吨，其中西部地区占全国增量的90%以上，为煤炭开发战略西移奠定了基础。另一方面，应树立煤炭科学产能的新概念，合理控制煤炭开发规模和开采强度，坚持科学布局、集约开发、安全生产、高效利用、保护环境的发展方针，煤炭的洗选、开采和利用必须改变粗放形态，走安全、高效、环保的科学发展道路。加大油气资源勘探开发，确保石油稳产，增大天然气的比重，尤其是页岩气开发及综合利用。根据2012年国土资源部发布的系统调查评价页岩气资源的报告显示，我国陆域页岩气地质资源潜力为134万亿立方米，可采资源潜力为25万亿立方米(不含青藏区)。据预测，到2020年，我国页岩气产量有望突破1000亿立方米，在天然气消费中的比重将占到26%。

二是加大能源基础设施建设。按照加快西部、稳定中部、优化东部的原则，加强“西煤东调”、“北煤南运”、“西电东送”等国家骨干能源输送通道建设，显著提高跨区输送能力。建设原油进口通道，推进西北、东北和西南三大原油进口通道建设，完善成品油输送管网，加快天然气长输干线建设。2011年我国石油储备能力为3.62亿桶，初步形成40天消费量的储备能力，但与国际能源署最低标准90天相比仍差一半多，与美国150天的储备能力更是相差甚远。为保障能源安全，“十二五”时期，还要重点完善能源储备体系，增强应急保障能力。

三是提高普遍服务能力。大力推进农村能源建设，加强农村能源基础设施建设，推进农村电网建设和改造，大力发展农村生物质和可再生能源示范工作。加强边疆、偏远地区能源建设，重点解决无电人口用电问题，改善用能条件。

四是开展广泛能源国际合作。坚持能源领域对外开放，不断优化投资环境，保障投资者合法权益。继续实施“走出去”战略，鼓励国内企业参与国际能源合作，进一步扩大利用国外能源资源，积极拓宽海外能源通道，提高海上运输通道的安全性。

3.3.4 加快科技进步，提高能源效率

我国能源生产量和消费量均已居世界前列，我国能源工业大而不强，虽然我国能源科技水平有了显著提高，但与发达国家相比，仍存在较大差距，自主创新的基础比较薄弱，核心和关键技术落后于世界先进水平，一些关键技术和装备依赖于国外引进。科技是能源

发展的动力源泉，通过无限的科技创新，能够改变有限的资源约束现状。因此，我国应更加重视科技创新，加快建设和完善适合中国特点的、产学研一体化的能源科技创新体系。2011 年，我国发布《国家能源科技“十二五”规划》，确定了勘探与开采、加工与转化、发电与输配电、新能源等四大重点技术领域，全面部署建设“重大技术研究、重大技术装备、重大示范工程及技术创新平台”四位一体的国家能源科技创新体系。

一是加强能源科学技术研发。在基础科学领域，超前部署一批对能源发展具有战略先导性作用的前沿技术攻关项目，争取在能源基础科学研究领域取得突破。依托行业骨干企业和科研院所，以应用为导向，鼓励开展先进适用技术研发应用。

二是推进能源装备技术进步。依托重大技术装备工程，加强技术攻关，完善综合配套，建立健全能源装备标准、检测和认证体系，提高重大能源装备设计、制造和系统集成能力。进一步完善政策支持体系，重点推进关键设备技术进步，积极推广应用先进技术装备，提高能源装备自主化水平。

三是实施重大科技示范工程。围绕能源发展方式转变和产业转型升级，加大资金、技术、政策支持力度，建设重大示范工程，推动科技成果向现实生产力转化。

四是完善能源技术创新体系。完善国家对技术创新平台的支持政策体系，充分发挥企业的创新主体作用，做好创新成果的推广应用。引导科研机构、高等院校的科研力量为企业技术创新服务，更好地实现产学研有机结合。

3.3.5 深化能源体制改革，激活市场活力

按照市场经济体制的要求，稳步推进能源体制机制改革，进一步提高能源市场化程度，完善相关政策措施，完善能源宏观调控体系，推进能源生产和利用方式变革。

一是加强能源立法。近年来，我国制定修订了《可再生能源法》、《节约能源法》等法律法规，能源法制建设取得了长足进步，但能源法律法规体系仍需要完善。下一步，应结合国际先进经验，尤其是能源消费大国和能源资源大国的立法经验，研究制定《能源法》，根据新的能源形势，积极审查修改《电力法》、《煤炭法》。

二是完善市场体制机制。推进能源市场化改革，在法律允许的范围内，放开能源市场，鼓励民间资本参与能源资源勘探开发、建设和运营。继续推进电力体制改革，开展输配分开试点，主辅分离。深化煤炭流通体制改革，逐步取消电煤重点合同。推进价格机制改革，逐步建立反映资源稀缺程度、市场供求关系和环境成本的能源价格形成机制，发挥价格对市场调节作用。积极推进电价改革，开展大用户电力直接交易和竞价上网试点，完善输配电价形成机制，改革销售电价分类结构，推进居民用电阶梯价格。完善成品油价格形成机制，理顺天然气与可替代能源的比价关系。

三是加强能源市场监督和管理。综合运用规划、政策、标准等手段，加强能源行业管理，减少政府对微观事务的干预，简化行政审批事项。加强对垄断行为和不正当竞争行为的监管，建立公开、公平、科学、有效的监管体系。加强能源统计预测管理，健全能源统计、监测和预测预警体系。深化能源资源税费综合改革，推进资源税由从量定额征收改为从价定率征收，建立资源地生态补偿机制，强化消费环节税收调节。完善节能财政激励政策，加大财政专项资金投入，从化石能源资源收益中提取一定比例建立可再生能源发展专项资金。逐步建立碳排放交易市场，推动低碳清洁能源发展。

第 4 章　国家可再生能源建筑应用发展历程和目标

4.1　背景和意义

大量化石能源消耗带来的资源枯竭和环境问题已不断引起各国的重视，其中大气中 CO_2 浓度升高带来的全球气候变化已成为不争的事实，特别是近年来引起了全世界范围的高度关注。可持续发展思想逐步成为国际社会共识，可再生能源开发利用受到世界各国的高度重视，许多国家将开发利用可再生能源作为能源战略的重要组成部分，提出了明确的可再生能源发展目标，制定了鼓励可再生能源发展的法律和政策，可再生能源得到迅速发展。

我国作为新兴大国，能源的可持续发展事关经济社会发展的全局。改革开放 30 多年来，我国经济发展速度迅猛，GDP 总值和一次能源消费量逐年增长，如图 4-1 所示。在依赖大量消耗化石能源资源创造巨大物质财富的同时，我国的能源资源和环境问题也越来越突出。随着近年来国家对节能工作的重视，全国万元国内生产总值（GDP）能耗自 2008 年起正逐步呈现出了递减的好趋势。

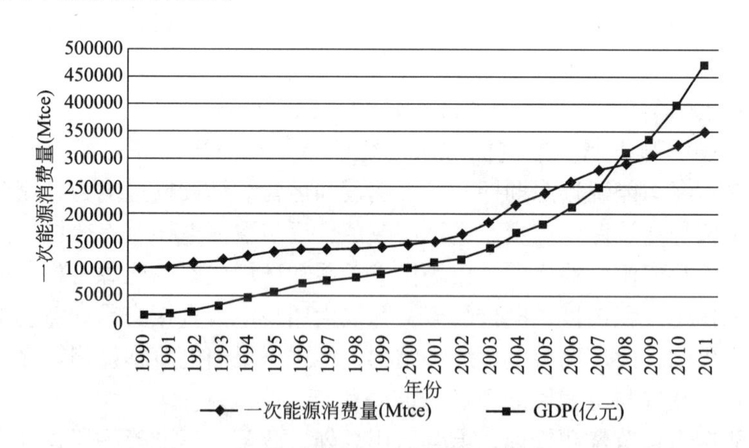

图 4-1　我国 GDP 总值与一次能源消费量变化情况

（数据来源：国家统计局与国家能源局网站）

具体到建筑领域，建筑耗能已与工业耗能、交通耗能并列，成为我国能源消耗的三大"耗能大户"，建筑能耗占社会能耗的比重以每年增加一个百分点的速度快速增长，由此建筑能耗的刚性增长趋势是不可否认的，主要原因有以下几点：

（1）我国工业化、城镇化快速发展。城镇化水平的提高，必然带来建筑、交通等各类能耗的增长，如图 4-2 所示。根据第十一届全国人民代表大会上温总理作的政府工作报告，我国城镇化率超过 50%，这是我国社会结构的一个历史性变化。随之而来，城乡居民生活水平慢慢从生存型向舒适型转变，对居住环境的舒适性要求逐渐提高，由此导致建筑能耗持续上升。在建筑面积不断增长的同时，建筑能耗总量以及建筑能耗占社会总能耗的比例也在逐年增长，其中建筑面积与建筑能耗增长情况如图 4-3 所示。

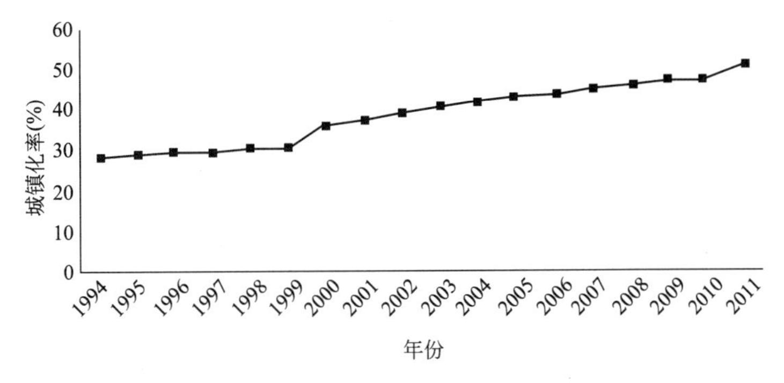

图 4-2　我国城市化进程曲线

（数据来源：《中国统计年鉴》）

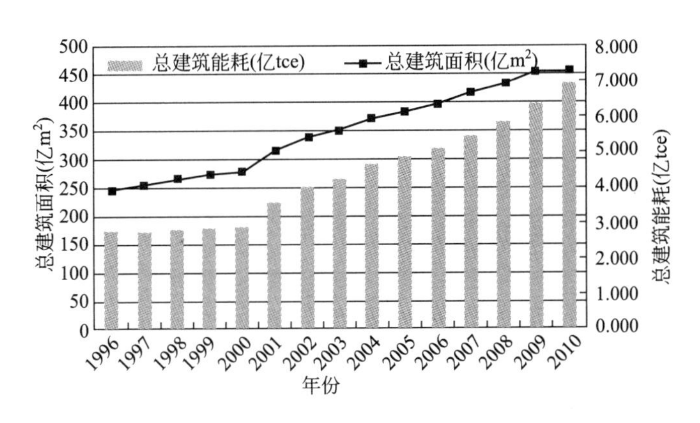

图 4-3　建筑面积与建筑能耗增长情况

（数据来源：《中国建筑节能年度发展研究报告 2012》）

（2）人民生活水平不断提高和全球气候变化。我国大部分地区冬季要采暖、夏季要制冷的趋势将不可避免。我国长江流域对建筑舒适性要求不断提高，冬季对采暖的要求不断增多。夏热冬冷地区采用电力采暖方式的电力消耗（不包括小煤炉等非电能耗，以及炭火盆等非商品能源消耗）从 1996 年的不到 1 亿 kWh，到 2010 年增长为 390 亿 kWh。2010 年城镇住宅能耗（不含北方采暖）为 1.64 亿 tce，占建筑总能耗的 24.1%，其中电力消耗 3820 亿 kWh，非电商品能耗（燃气、煤炭）0.42 亿 tce（见图 4-4）。

（3）产业结构调整将带来建筑用能的提高。当前，我国将着力提高第三产业在三次产业中的比重，服务业将呈现快速发展趋势，伴随着写字楼、商场等各种规模的公共建筑数量迅速增长，建筑能耗总量将快速增长。2010 年公共建筑面积约为 79 亿 m^2，占建筑总面积的 17%，能耗（不含北方采暖）为 1.74 亿 tce，占建筑能耗的 25.6%。2000～2010 年公共建筑面积增加了 1.4 倍，平均的单位面积能耗从 2001 年的 18.3kgce/m^2 增加到 2010 年

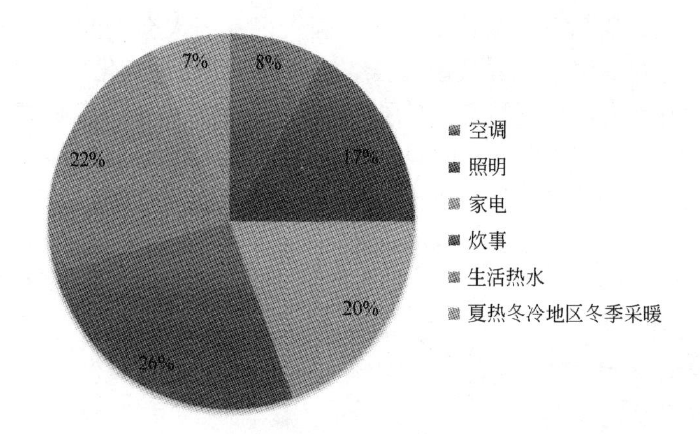

图 4-4　2010 年城镇住宅各终端用能途径的能耗

的 22.1kgce/m^2，增加了 1.2 倍，是增长最快的建筑用能分类(见图 4-5)。

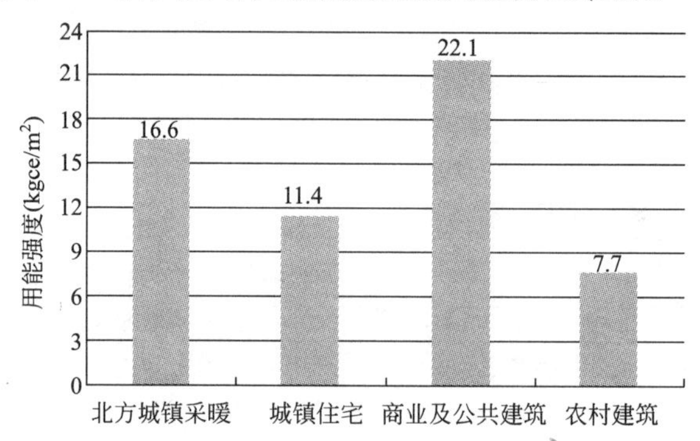

图 4-5　2010 年五个用能分类的用能强度

(数据来源:《中国建筑节能年度发展研究报告 2012》)

(4) 农村建筑用能增长迅速。农村用的商品能源占全部能源的比重迅速增加，生活用能超过生产用能。商品能源在农村生活用能的总量快速增加，成为全社会建筑用能增长重要组成部分。2000 ~ 2009 年，农村年生活能源消费总量呈逐年增加趋势，农村生活能源消费量 10 年增幅超过全国平均水平，2009 年农村生活能源消费总量为 13119.2 万 tce，占全国生活能源消费总量的 38.77%。农村年人均生活能源消费量从 2000 年的 76kgce 增加到 2009 年的 184kgce，增长幅度 142.11%，高于全国年人均生活能源消费增长量(见图 4-6)。

建筑是节能减排的重要载体，降低对化石能源的消耗、提高能效是实现可持续发展的主要途径。可再生能源包括水能、生物质能、风能、太阳能、地热能和海洋能等，资源潜力大，环境污染低，可持续利用率高，是有利于人与自然和谐发展的重要能源。我国太阳能、浅层地能等资源十分丰富，在建筑中应用的前景十分广阔。作为可再生能源应用的主要领域，在建筑领域进行规模化推广可再生能源的应用，通过利用建筑的载体来应用可再生能源，实现建筑节能，降低建筑能耗的目的，是我国推进建筑节能工作的一个创新举措。

自 2006 年起，住房城乡建设部与财政部开始在全国范围内开展可再生能源建筑应用示范，包括太阳能、浅层地能在建筑领域的应用。2009 年，根据党中央、国务院“扩内

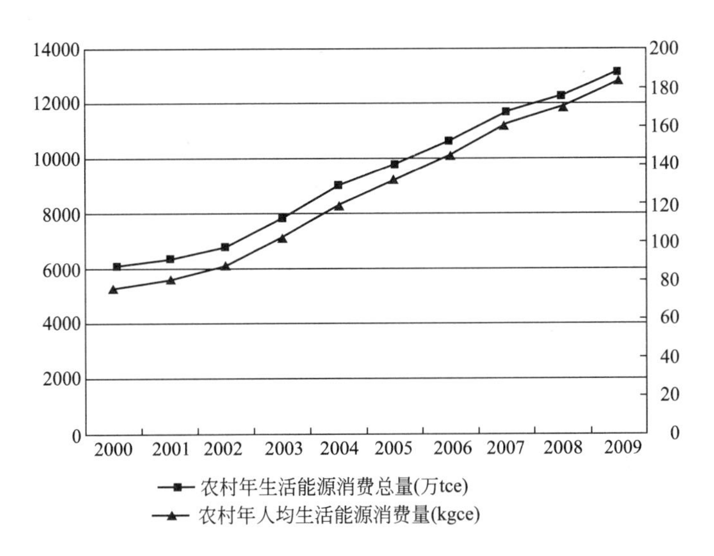

图 4-6　2000～2009 年农村生活能源消费情况
（数据来源：《中国农村生活能源发展报告（2000—2009）》）

需、保增长、调结构、促民生”的战略部署和可再生能源建筑应用发展形势的需要，以启动我国“太阳能屋顶计划”为切入点，开展了太阳能光电建筑应用示范。同时，启动了可再生能源建筑应用城市示范和农村地区示范工作，标志着我国推进可再生能源建筑应用工作从抓单个项目示范到抓区域整体推进，统筹兼顾城市与农村，推进模式实现跨越，其意义有以下几点：

（1）推进可再生能源在建筑中应用是贯彻落实科学发展观，调整能源结构，保证国家能源安全的重要举措。可再生能源是重要的战略替代能源，对增加能源供应，改善能源结构，保障能源安全，保护环境有重要作用，是建设资源节约型、环境友好型社会和实现可持续发展的重要战略措施。利用太阳能、浅层地能等可再生能源解决建筑的采暖空调、热水供应、照明等，是可再生能源应用的重要领域，对替代常规能源，促进建筑节能具有重要意义。

（2）推进可再生能源在建筑中应用是实施国家能源战略的必然选择。我国太阳能年辐照总量超过 4200MJ/m^2 的地区占国土面积的 76%，是世界上太阳能资源最丰富的大国之一。在地表水、浅层地下水、土壤中可采集的低温能源十分丰富，利用潜力巨大。太阳能和浅层地能都属于低品位能源、热值不高，按照分级用能原则，这些能源最能满足建筑生活用能的需要。因此，大力推进太阳能、浅层地能等可再生能源在建筑中应用，是解决建筑用能最经济合理的选择。

（3）推进可再生能源在建筑中应用是满足能源需求日益增长，改善人民生活质量，提高建筑用能效率的现实要求。我国工业化、城镇化进程正处于快速发展时期，随着群众生活改善，在夏热冬暖的南方地区和夏热冬冷的过渡地区，夏季空调电耗急剧攀升，原本不属于采暖区域的城镇也开始建设供热系统，广大农村地区越来越多地改用煤、天然气、电等商品能源，建筑用能呈现不断增长趋势。依靠可再生能源解决建筑新增用能需求，不仅能满足人民群众改善居住质量的要求，而且也能有效缓解我国能源供需矛盾。

(4) 推进可再生能源在建筑中应用是实现“保增长、扩内需、调结构”的宏观调控目标的有效途径。近年来，可再生能源建筑应用技术水平不断提升，应用面积迅速增加，部分地区已呈现规模化应用势头，通过开展可再生能源建筑应用规模化应用示范，有利于发挥地方政府的积极性和主动性，加强技术标准等配套能力建设，形成推广可再生能源建筑应用的有效模式；有助于拉动可再生能源应用市场需求，促进相关产业发展；有利于促进实现“保增长、扩内需、调结构”的宏观调控目标。同时，推动太阳能光电技术在城乡建设领域的规模化、专业化应用，可以有效带动高新技术及节能环保领域的资金投入，可以促进建材、化工、冶金、装备制造、电气、建筑安装、咨询服务等多个产业实现调整升级，对于实现产业结构调整，促进经济增长方式转变，扩大就业，具有十分重要的现实意义。

(5) 推进可再生能源在建筑中应用是保障与改善民生的重要举措。近年来，我国农村地区建筑用能迅速增加，尤其北方地区农村建筑采暖以生物质能源为主的模式，正逐渐被以煤炭等化石能源为主的模式所替代，农村建筑节能形势严峻。广大的农村地区太阳能、浅层地能等可再生能源资源丰富、应用条件优越、发展空间巨大。通过在农村地区加快推进可再生能源建筑应用，可节约与替代大量常规化石能源；可以加快改善农村民房、农村中小学、农村卫生院等公共建筑供暖设施，保障与改善民生；可以带动清洁能源等相关产业发展。

4.2 发展历程

4.2.1 太阳能建筑应用

1. 太阳能热水

太阳能热水是我国在太阳能热利用领域最早研发并形成产业化的一项技术，迄今为止，经历了三个发展阶段。

(1) 起步阶段(20 世纪 50 年代 ~70 年代初)

我国对太阳能热水器的开发利用始于 1958 年，当时由天津大学和北京市建筑设计院研制开发的自然循环太阳能热水器，分别用于天津大学和北京天堂河农场的公共浴室，成为我国最早建成的太阳能热水工程；但由于当时的计划经济背景以及住房分配制度等因素的影响，后来的发展速度十分缓慢，除有少数个别的应用项目外，太阳能热水器的制造产业完全是空白。

(2) 产业化形成阶段(20 世纪 70 年代末 ~90 年代初)

20 世纪 70 年代末席卷世界的能源危机，使以太阳能为代表的可再生能源，因其作为煤炭、石油等化石能源替代品的地位和作用，受到世界各国的普遍重视。当时我国正处于“文革”结束、迎来科学技术春天的大好时机，从而使得太阳能热水器作为一个新兴但又幼小的新能源产品行业出现，得到了政府的重视和支持，并逐步发展壮大。

20 世纪 80 年代，我国在太阳能集热器的研制开发方面取得的一批科技成果，直接促进了我国太阳能热水器的产业化成长和家用太阳能热水器市场的形成；其中最重要的成果是光谱选择性吸收涂层全玻璃真空集热管的研制开发。

1979 年，中国科学院硅酸盐研究所、清华大学等单位分别研制成全玻璃真空集热管雏形，特别是以殷志强教授为首的清华大学课题组，经过坚持不懈的努力，于 1984 年成功开发研制了用于太阳能真空集热管、具有自主知识产权的专利技术“磁控溅射渐变铝—氮/铝太阳能选择性吸收涂层”，并积极推动该项成果的不断创新、应用及产业化，使我国在太阳能热水器的核心技术方面达到了国际领先水平。该专利技术先后获得了国家发明三等奖、国家科技进步二等奖和世界太阳能大会维克斯事业成就奖等多个奖项，使太阳能集热管的大规模生产和商业化应用成为可能。

此外，北京市太阳能研究所自 20 世纪 80 年代中期与原西德道尼尔公司合作研制、开发了热管真空集热管和集热器，主要解决的攻关内容有：玻璃管口与热管冷凝段的玻璃—金属封接工艺、热管设计与制造工艺、吸热翅片的选择性吸收涂层以及与热管冷凝段连接的联箱结构等，使制造成本大大低于了国外同类型产品。

（3）快速发展、推广普及阶段(20 世纪 90 年代末至今)

20 世纪 90 年代后期，我国的太阳能热水器产业发展迅速，太阳能集热器、热水器生产企业有 3000 多家，骨干企业百余家，其中大型骨干企业 20 多家。生产量由 1998 年的 350 万 m^2/年增长到 2011 年的 5760 万 m^2/年；热水器的总保有量由 1998 年的 1500 万 m^2 增长到 2011 年的 1.94 亿 m^2，年平均增长率分别为 24% 和 21%。目前，我国是世界公认最大的太阳能热水器市场和生产国，太阳能热水器的总产量和保有量世界第一，占世界总使用量的比例超过 50%，如图 4-7 ~ 图 4-9 所示。

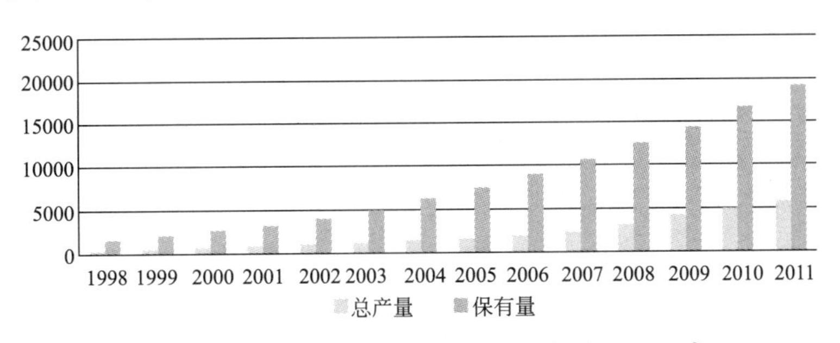

图 4-7　我国太阳能热水器生产规模和保有量(万 m^2)

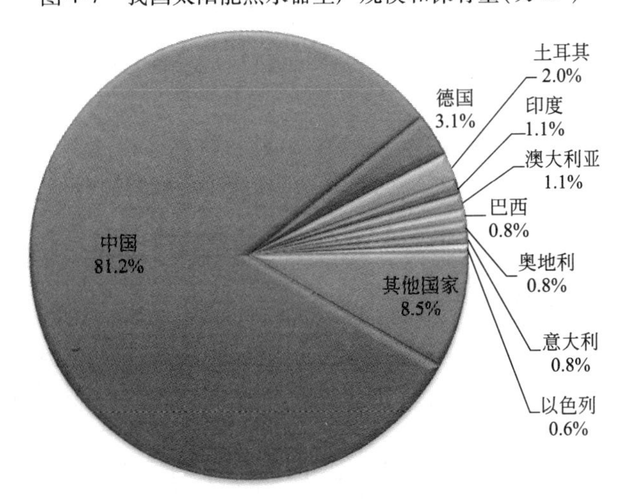

图 4-8　2009 年太阳能热水器安装量前 12 位国家

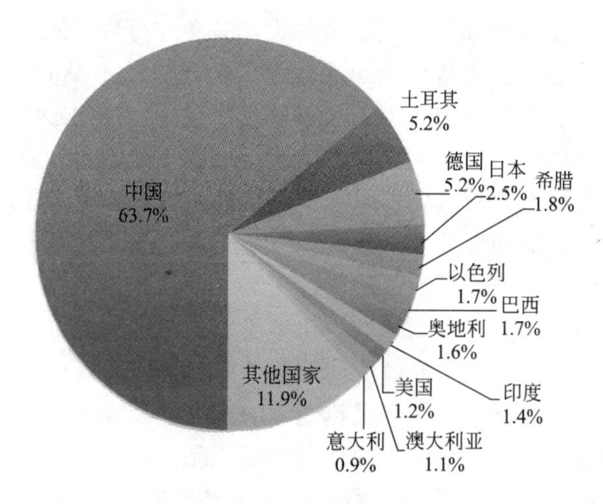

图 4-9　2009 年太阳能热水器保有量前 12 位国家

当前，国产产品几乎完全占有了我国的太阳能热水器市场，在国内某些地区，太阳能热水器的成本已与电或煤气/天然气加热的热水成本相当或者更低。从 2001 年以来，我国太阳能热水器的出口总额不断增长，至 2008 年出口额达 1 亿美元，出口地包括欧洲、美洲、非洲和东南亚等 80 多个国家。2010 年销售额约 735 亿元，是 2005 年 220 亿的 3.3 倍。2011 年 942 亿元，增长 28.16%。国际市场已扩展到五大洲 154 个国家，2010 年的出口额为 2.5 亿美元。

但长期以来太阳能热水器一直是房屋建成后才由用户购买安装的一个后置部件，这种使用方式带来的一系列问题和矛盾——对建筑物外观和房屋相关使用功能造成的影响和破坏，制约了太阳能热水器在建筑上的进一步应用推广。因此，在 20 世纪 90 年代后期，我国提出了太阳能热水器/系统与建筑一体化结合的发展目标，并在“十五”期间取得了实质性的进展。

“十五”期间完成的国家“十五”科技攻关项目和相关的国际合作项目，获得了一批有重大意义的成果。在原有产品的技术进步上，通过对系统、水箱、支架和控制部件的重新设计，以及对产品安全性、可靠性、稳定性、耐久性的质量控制，提高了现有太阳能集热器对建筑一体化的适应能力；成功开发出建筑构件型太阳能集热器，如新元热板；在各地建成了一批示范工程，为建筑一体化的实施树立了样板，积累了经验，例如云南丽江滇西明珠酒店、昆明市红塔金典园住宅区、云南蒙自县红竺园小区、南宁翡翠园小区、杭州长岛绿园小区等。

国家“十五”科技攻关项目“太阳能供热制冷成套技术的集成和示范”，还完成了建筑一体化太阳能热水系统设计软件的开发和标准图集的编制。设计软件的功能定位是为工程设计服务，内容包括：气象数据库、太阳能集热器/热水器性能参数数据库、与建筑结合构造做法图形库和 4 个优化设计计算功能块，具有负荷计算、系统设计、设备选型、经济效益分析等功能，将有效解决目前系统设计缺乏基础参数和依据的问题。

“十五”期间，由联合国开发计划署（UNDP）资助，国家质量监督检验检疫总局和国家认证认可监督管理委员会授权，在我国建成了两个国家太阳能热水器质量监督检验中心，分别设在中国建筑科学研究院（北京）和湖北省产品质量监督检验所（武汉）。两个中心自成立以来已完成了3年的国家产品质量监督抽查，以及产品认证、产品质量仲裁等重大检验任务，为改善太阳能集热器/热水器的产品质量，促进行业的技术进步，起重要推动作用；通过中心检测得出的产品性能参数，还可以作为进行系统设计的重要依据。

“十一五”期间，由联合国基金会（UNF）资助、建设部标准定额司批准立项编制的《民用建筑太阳能热水系统应用技术规范》已于2006年1月正式实施，由同一UNF项目支持，还出版发行了《民用建筑太阳能热水系统工程技术手册》。此外，还陆续编制发行了一批标准设计图集，2010年出台了国家标准《民用建筑太阳能热水系统评价标准》（GB/T 50604—2010），这些标准规范、手册和图集的编制完成和应用，将大大提高我国建筑一体化太阳能热水系统的设计建设水平，使建筑一体化太阳能热水系统的建设全过程都能做到有章可依。

在法规政策方面，随着《可再生能源法》于2006年1月1日开始正式实施，其中第十七条明确指出：国家鼓励单位和个人安装和使用太阳能热水系统、太阳能供热采暖和制冷系统、太阳能光伏发电系统等太阳能利用系统。国务院建设行政主管部门会同国务院有关部门制定太阳能利用系统与建筑结合的技术经济政策和技术规范。房地产开发企业应当根据规定的技术规范，在建筑物的设计和施工中，为太阳能利用提供必备条件。对已建成的建筑物，住户可以在不影响其质量与安全的前提下安装符合技术规范和产品标准的太阳能利用系统；但是，当事人另有约定的除外。

依据《可再生能源法》，各地、各部门已陆续制定了相应的实施细则，其中针对太阳能热水利用的规定比过去有了很大的进展，部分地区已经以地方性法规的形式提出了低于某一高度的新建建筑必须安装太阳能热水系统的规定，如大连市、深圳市等，从而为建筑一体化太阳能热水的进一步发展提供了有力保证。

我国的《可再生能源法》基本是一个框架法或政策法，在可再生能源法的框架体系下，为了有效地推进可再生能源在建筑领域的应用，包括住房城乡建设部、国家发改委、财政部、电监会、国家标准委等相关部门，陆续出台了多个相关的配套政策，初步建立了我国可再生能源建筑应用的政策框架体系。

2007年9月，《可再生能源中长期发展规划》的发布，为今后十五年我国可再生能源发展指出目标和方向，提出总目标是：提高可再生能源在能源消费中的比重，解决偏远地区无电人口用电问题和农村生活燃料短缺问题，推行有机废弃物的能源化利用，推进可再生能源技术的产业化发展。其中重点提到：“加快发展水电、生物质能、风电和太阳能，大力推广太阳能和地热能在建筑中的规模化应用，降低煤炭在能源消费中的比重，是我国可再生能源发展的首要目标。”在太阳能热利用方面：在城市推广普及太阳能一体化建筑、太阳能集中供热水工程，并建设太阳能采暖和制冷示范工程。在农村和小城镇推广户用太阳能热水器、太阳房和太阳灶。到2010年，全国太阳能热水器总集热面积达到1.5亿平方米，加上其他太阳能热利用，年替代能源量达到3000万吨标准煤。到2020年，全国太阳能热水器总集热面积达到约3亿平方米，加上其他太阳能热利用，年替代能源量达到6000万吨标准煤。

2007年10月，十届全国人大常委会第三十次会议审议通过了修订后的《节约能源法》，于2008年4月1日起正式施行。这是一部推动全社会节约能源、提高能源利用效率的重要法律，对于实现“十一五”节能目标，建设资源节约型、环境友好型社会，必将产生重大而深远的影响。其中涉及可再生能源应用的条文有：

第七条　国家实行有利于节能和环境保护的产业政策，限制发展高耗能、高污染行业，发展节能环保型产业。国家鼓励、支持开发和利用新能源、可再生能源。

第四十条　国家鼓励在新建建筑和既有建筑节能改造中使用新型墙体材料等节能建筑材料和节能设备，安装和使用太阳能等可再生能源利用系统。

第五十九条　国家鼓励、支持在农村大力发展沼气，推广生物质能、太阳能和风能等可再生能源利用技术，按照科学规划、有序开发的原则发展小型水力发电，推广节能型的农村住宅和炉灶等，鼓励利用非耕地种植能源植物，大力发展薪炭林等能源林。

2008 年，为了加强民用建筑节能管理，降低民用建筑使用过程中的能源消耗，提高能源利用效率，《民用建筑节能条例》已经 2008 年 7 月 23 日国务院第 18 次常务会议通过，自 2008 年 10 月 1 日起施行。这是我国首部建筑节能相关的法规，其中为了鼓励和扶持可再生能源的利用，主要在以下三个方面作了明确规定：

（1）规定国家鼓励和扶持在新建建筑和既有建筑节能改造中采用太阳能、地热能等可再生能源。

（2）明确有关政府应当安排民用建筑节能资金，用于支持可再生能源的应用，引导金融机构对可再生能源应用等项目提供支持。

（3）要求对具备可再生能源利用条件的建筑，建设单位应当选择合适的可再生能源，用于采暖、制冷、照明和热水供应等；设计单位应当按照有关可再生能源利用的标准进行设计。建设可再生能源利用设施，应当与建筑主体工程同步设计、同步施工、同步验收。

具体条文如下：

第四条　国家鼓励和扶持在新建建筑和既有建筑节能改造中采用太阳能、地热能等可再生能源。在具备太阳能利用条件的地区，有关地方人民政府及其部门应当采取有效措施，鼓励和扶持单位、个人安装使用太阳能热水系统、照明系统、供热系统、采暖制冷系统等太阳能利用系统。

第二十条　对具备可再生能源利用条件的建筑，建设单位应当选择合适的可再生能源，用于采暖、制冷、照明和热水供应等；设计单位应当按照有关可再生能源利用的标准进行设计。建设可再生能源利用设施，应当与建筑主体工程同步设计、同步施工、同步验收。

为贯彻实施国家《可再生能源法》，建设部联合财政部从 2006 年始，在全国范围内开展可再生能源建筑应用示范，出台了《建设部 财政部关于推进可再生能源在建筑中应用的实施意见》（建科［2006］213 号），该文件是国家推进可再生能源建筑应用的标志性文件，明确了推进可再生能源在建筑领域应用指导思想、工作目标、总体思路、推进方式、重点技术领域，是开展可再生能源建筑应用示范的重要依据，其主要内容如下：

（1）指导思想。树立和落实科学发展观，贯彻实施国家《可再生能源法》，大力推进太阳能、浅层地能等可再生能源在建筑领域的应用，切实转变建筑能源需求增长方式，通过国家对可再生能源在建筑应用的政策法规、技术标准引导，以及示范工程和技术推广，切实降低可再生能源建筑应用的技术及价格门槛，加快普及步伐，带动相关材料、产品的技术进步及产业化，形成具有自主知识产权的技术、产业体系，建立长效机制，降低建筑对常规能源的消耗，促进国家能源结构调整，保证能源安全。

(2) 工作目标。“十一五”期间，可再生能源在建筑中应用取得实质性进展，基本形成相关政策法规、技术标准和技术支撑体系，基本建成与建筑结合的可再生能源自主知识产权技术和材料、产品体系。到“十一五”期末，太阳能、浅层地能应用面积占新建建筑面积比例为25%以上，到2020年，太阳能、浅层地能应用面积占新建建筑面积比例为50%以上。

(3) 总体思路。因地制宜，以点带面，在条件成熟的城市或地区，选择有代表性的建筑小区和公共建筑进行可再生能源在建筑中规模化应用的示范，重点实施技术先进适用，运行稳定可靠，经济合理，推广价值大的项目。通过示范，总结经验，形成建筑应用的集成技术体系和相关技术标准、配套的政策法规，带动产业发展，稳步推广扩散，形成政府引导、市场推进的机制和模式。

(4) 重点技术领域。国家重点支持以下技术领域中应用可再生能源的示范工程、技术集成及标准制定：

1）与建筑一体化的太阳能供应生活热水、采暖空调、光电转换、照明；

2）地表水及地下水丰富地区利用淡水源热泵技术供热制冷；

3）沿海地区利用海水源热泵技术供热制冷；

4）利用土壤源热泵技术供热制冷；

5）利用污水源热泵技术供热制冷；

6）农村地区利用太阳能、生物质能等进行供热、炊事等；

7）先进适用，具有自主知识产权的可再生能源建筑应用设备及产品产业化。

8）培育相关能效测评机构，建立能效标识、产品认证制度及建筑节能服务体系。

2009年，为进一步放大政策效应，更好地推动可再生能源在建筑领域的大规模应用，住房城乡建设部和财政部组织开展可再生能源建筑应用城市示范和农村地区示范，下发了《关于印发可再生能源建筑应用城市示范实施方案的通知》（财建［2009］305号）、《关于印发加快推进农村地区可再生能源建筑应用的实施方案的通知》（财建［2009］306号），推进可再生能源建筑应用向城市区域应用和农村地区深入应用。通过开展城市示范，有利于发挥地方政府的积极性和主动性，加强技术标准等配套能力建设，形成推广可再生能源建筑应用的有效模式；有助于拉动可再生能源应用市场需求，促进相关产业发展；有利于促进实现“保增长、扩内需、调结构”的宏观调控目标。通过在农村地区加快推进可再生能源建筑应用，可节约与替代大量常规化石能源；可以加快改善农村民房、农村中小学、农村卫生院等公共建筑供暖设施，保障与改善民生；可以带动清洁能源等相关产业发展，促进扩大内需与调整结构。这两个文件规定示范城市和示范县的申请条件、申请程序、审核确认及补贴方式等。

(1) 示范城市申请要求

1）申请示范城市应具备的条件。申请示范的城市是指地级市(包括区、州、盟)、副省级城市；直辖市可作为独立申报单位，也可组织本辖区地级市区申报示范城市。

2）在2年内新增可再生能源建筑应用面积应具备一定规模，其中：地级市(包括区、州、盟)应用面积不低于200万m^2，或应用比例不低于30%；直辖市、副省级城市应用面积不低于300万m^2。

3）对纳入示范的城市，中央财政将予以专项补助。资金补助基准为每个示范城市5000万元，具体根据2年内应用面积、推广技术类型、能源替代效果、能力建设情况等因素综合核定，切块到省。推广应用面积大，技术类型先进适用，能源替代效果好，能力建设突出，资金运用实现创新，将相应调增补助额度，每个示范城市资金补助最高不超过8000万元；相反，将相应调减补助额度。

（2）农村地区县级示范要求

1）近阶段国家重点扶持的应用领域：①农村中小学可再生能源建筑应用。结合全国中小学校舍安全工程，完善农村中小学生活配套设施，推进太阳能浴室建设，解决学校师生的生活热水需求；实施太阳能、浅层地能采暖工程，利用浅层地能热泵等技术解决中小学校采暖需求；建设太阳房，利用被动式太阳能采暖方式为教室等供暖。②县城(镇)、农村居民住宅以及卫生院等公共建筑可再生能源建筑一体化应用。

2）中央财政对农村地区可再生能源建筑应用予以适当资金支持方式：2009年农村可再生能源建筑应用补助标准为：地源热泵技术应用60元/m^2，一体化太阳能热利用15元/m^2，以分户为单位的太阳能浴室、太阳能房等按新增投入的60%予以补助。以后年度补助标准将根据农村可再生能源建筑应用成本等因素予以适当调整。每个示范县补助资金总额将根据上述补助标准、可再生能源推广应用面积等审核确定。每个示范县补助资金总额最高不超过1800万元。

2009年至2011年底，住房城乡建设部、财政部先后实施可再生能源建筑应用示范市县超过200个，支持太阳能热水应用面积超过2亿m^2。

为进一步推动可再生能源在建筑领域规模化、高水平应用，促进绿色建筑发展，加快城乡建设发展模式转型升级，“十二五”期间，财政部、住房城乡建设部进一步加大推广力度，并调整完善相关政策，下发了《财政部 住房城乡建设部关于进一步推进可再生能源建筑应用的通知》（财建［2011］61号），提出“十二五”期间要切实提高太阳能、浅层地能、生物质能等可再生能源在建筑用能中的比重，到2020年实现可再生能源在建筑领域消费比例占建筑能耗的15%以上，并提出“十二五”时期，开展可再生能源建筑应用集中连片推广，进一步丰富可再生能源建筑应用形式，实施可再生能源建筑应用省级示范、城市可再生能源建筑规模化应用和以县为单位的农村可再生能源建筑应用示范，拓展应用领域，“十二五”期末，力争新增可再生能源建筑应用面积25亿m^2，形成常规能源替代能力3000万吨标准煤。具体包括：

（1）建立可再生能源建筑应用的长效机制。可再生能源建筑应用要坚持因地制宜的原则。做好可再生能源建筑应用的全过程监管，加强可再生能源建筑应用的资源评估、规划设计、施工验收、运行管理。一是住房城乡建设部门要实施可再生能源建筑应用的资源评估，掌握本地区可再生能源建筑资源情况和建筑应用条件，确保可再生能源建筑应用的科学合理。二是要制定可再生能源建筑应用专项规划，明确应用类型和面积，并报请同级人民政府审批。三是制定推广可再生能源建筑应用的实施计划，切实把规划落到实处。四是加强推广应用可再生能源建筑应用的基础能力建设。完善可再生能源建筑应用施工、运行、维护标准，加大可再生能源建筑应用设计、施工、运行、管理、维修人员的培训力度。五是加强可再生能源建筑应用关键设备、产品的市场监管及工程准入管理。六是探索建立可再生能源建筑应用运行管理、系统维护的模式。确保项目稳定高效运行。鼓励采用合同能源管理等多种融资管理模式支持可再生能源建筑应用。

（2）鼓励地方制定强制性推广政策。鼓励有条件的省(区、市、兵团)通过出台地方法规、政府令等方式，对适合本地区资源条件及建筑利用条件的可再生能源技术进行强制推广，进一步加大推广力度，力争规划期内资源条件较好的地区都要制定出台太阳能等强制推广政策。

（3）集中连片推进可再生能源建筑应用。选择在部分可再生能源资源丰富、地方积极性高、配套政策落实的区域，实行集中连片推广，使可再生能源建筑应用率先实现突破，到2015年重点区域内可再生能源消费量占建筑能耗的比例达到10%以上。一是做好可再生能源建筑应用省级示范。进一步突出重点，放大政策效应，在有条件地区率先实现可再生能源建筑集中连片应用效果，即在可再生能源资源丰富、建筑应用条件优越、地方能力建设体系完善、已批准可再生能源建筑应用相关示范实施较好的省(区、市)，打造可再生能源建筑应用省级集中连片示范区。二是继续做好可再生能源建筑应用城市示范及农村县级示范。示范市县在落实具体项目时，要做到统筹规划，集中连片。已批准的可再生能源建筑应用示范市县要抓紧组织实施，在确保完成示范任务的前提下进一步扩大推广应用，新增示范市县将优先在集中连片推广的重点区域中安排。三是鼓励在绿色生态城、低碳生态城(镇)、绿色重点小城镇建设中，将可再生能源建筑应用作为约束性指标，实施集中连片推广。

（4）优先支持保障性住房、公益性行业及公共机构等领域可再生能源建筑应用。优先在保障性住房中推行可再生能源建筑应用，在资源条件、建筑条件具备的情况下，保障性住房要优先使用太阳能热水系统。加大在公益性行业及城乡基础设施推广应用力度，使太阳能等清洁能源更多地惠及民生。积极在国家机关等公共机构推广应用可再生能源，充分发挥示范带动作用。住房城乡建设部、财政部将在确定可再生能源建筑应用推广领域中优先支持上述领域。

（5）加大技术研发及产业化支持力度。鼓励科研单位、企业联合成立可再生能源建筑应用工程、技术中心，加大科技攻关力度，加快产学研一体化。支持可再生能源建筑应用重大共性关键技术、产品、设备的研发及产业化，支持可再生能源建筑应用产品、设备性能检测机构和建筑应用效果检测评估机构等公共服务平台建设。完善支持政策，努力提高可再生能源建筑应用技术水平，做强做大相关产业。

2. 太阳能光伏发电

我国从1958年开始研究太阳能光伏发电技术，迄今为止大致可分为三个发展阶段。

（1）太阳能光伏电池研发阶段(20世纪50年代末~70年代末)

我国对太阳能光伏电池的研究开发始于人造卫星等航天空间技术的需求。1958~1966年主要是基础研究开发阶段，以单晶硅为主，研究生产工艺；1967~1979年主要是提高效率、降低成本、小批量生产、推广试用阶段；1971年成功用于我国发射的东方红二号卫星上，1973年开始将太阳能电池用于地面，主要用于小功率电源系统，如航标灯、铁路信号灯、电围栏等，1974 年在渤海实现浮标灯太阳能电池化，1979 年单晶硅效率达到 12% 以上，成本为每峰瓦 100 元。

（2）产业化形成阶段(20 世纪 70 年代末 ~90 年代末）

我国的光伏工业在 20 世纪 80 年代之前尚处于雏形，70 年代末至 80 年代中，国内一些半导体器件厂开始利用半导体工业废次材料生产单晶硅太阳能电池，光伏工业开始进入萌发时期。20 世纪 80 年代中后期，国内一些企业引进成套单晶硅电池和组件生产设备，以及非晶硅电池生产线，使光伏、组件的总生产能力达到 4.5MWp，我国的光伏产业初步形成。

20 世纪 90 年代初中期，我国的光伏产业处于稳定发展时期，生产量逐年稳步增加；至 90 年代末，随着产业的初步形成和成本的降低，应用领域开始向工业领域和农村电气化应用发展，市场稳步扩大，并被列入国家和地方政府计划，如“阳光计划”、“光明工程”、光纤通讯电源等；但类似国外“阳光屋顶”计划所实施的与建筑结合的太阳能光伏发电系统(BIPV)仍是空白。

（3）快速发展阶段(20 世纪 90 年代末至今）

进入 21 世纪后，我国的光伏产业进入了快速发展期，走上了国际化、专业化和规模化的发展道路，使产业发展最大限度地适应了市场发展的需求。

2000 年以来，德国率先实施“上网电价”法，大大拉动了德国国内光伏市场。欧洲其他国家也效仿德国，先后开始实施“上网电价”法，使得整个欧洲的光伏市场迅速上升，带动了全球光伏发电市场的快速增长。得益于欧洲光伏市场的拉动，我国的光伏产业在 2004 年之后经历了快速发展的过程，连续 5 年的年增长率超过 100%。2007 年至今，我国已经连续 4 年光伏电池产量居世界首位。2010 年，我国光伏电池产量已超过全球总产量的 50%。目前已有数十家光伏公司分别在海内外上市，据估算，行业年产值超过 3000 亿元人民币，直接从业人数超过 30 万人(见图 4-10)。

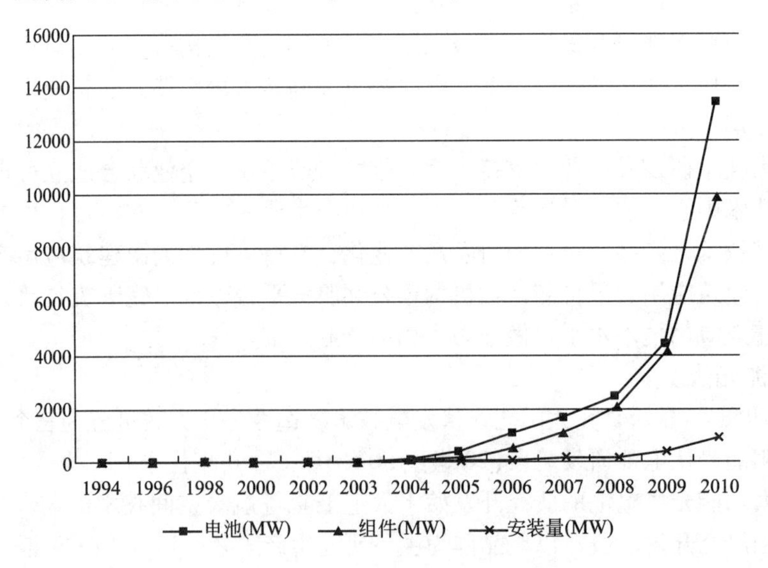

图 4-10　我国光伏产业发展趋势

（资料来源：李俊峰，2011 年 4 月 12 日在两岸应对气候变化研讨会上的发言）

我国光伏产业走上了快速发展之路，已经掌握了包括太阳能电池制造、多晶硅生产等关键工艺技术，设备及主要原材料逐步实现国产化，产业规模快速扩张，产业链不断完善，制造成本持续下降，具备较强的国际竞争能力。

在市场需求的拉动下，我国的光伏产业链规模已经形成。无论是装备制造还是配套的辅料制造，国产化进程都在加速。在光伏产业链中，有实际产能的多晶硅生产商20～30家，60多家硅片企业，电池企业60多家，组件企业330多家，到2010年底，国内已经有海外上市的光伏产品制造公司16家，国内上市的光伏产品制造公司16家，行业年产值超过3000多亿元，进出口额220亿美元，就业人数30万人。在2010年世界前10名的太阳电池生产商中，我国占据6位，分别是：无锡尚德(1585MW)，河北晶澳(1463MW)，常州天合(1050MW)，英利(980MW)，台湾茂迪(945MW)，台湾昱晶(368MW)，如表4-1所示。

2010年太阳能电池制造商世界前十名 **表4-1**

2010年排名	电池制造商	地区	2009年产量(MW)	2010年产量(MW)	年增长率(%)
1	尚德	中国内地	704	1585	125.1
2	晶澳	中国内地	520	1463	181.3
3	第一太阳能	美国	1100	1411.5	28.3
4	天合	中国内地	399	1050	163.2
5	Q-Cell	德国	586	1014	73
6	英利	中国内地	525.3	980	86.6
7	茂迪	中国台湾	360	945	162.5
8	夏普	日本	595	910	52.9
9	昱晶	中国台湾	368	827	124.7
10	京瓷	日本	400	650	62.5

(资料来源：Photon国际。)

2010年，世界前十名电池制造商的市场份额为39.2%，比2009年的44.6%下降了5个百分点，有越来越多的企业加入到光伏电池制造业中，其他电池制造商的市场份额相应增加。在市场排名前十家企业中，四家厂商的市场份额扩大，其中尚德电力5.8%、晶澳太阳能5.4%、天合光能3.9%、茂迪3.5%。晶澳太阳能扩大的最多，与2009年相比，市场份额扩大了1.2%。五家厂商的市场下降，第一太阳能5.2%，Q-Cell3.7%，英利3.6%，夏普3.3%。又以第一太阳能下降的最多，与2009年相比，市场份额减少了3.6%(见表4-2和表4-3)。

中国2010年光伏行业主要环节产能及产量统计 **表4-2**

分类	2010年产能	2010年产量
多晶硅	85000t	45000t
硅锭/硅片	23GW	11GW
晶体硅电池	21GW	8.5GW
薄膜电池	2.5GW	0.5GW

(数据来源：CPIA，SEMI)

近几年中国太阳能电池产量及占世界产量的份额　　表 4-3

年份	2007	2008	2009	2010
世界太阳电池组件产量(MW)	4000	7900	10660	27000
中国太阳电池组件产量(MW)	1088	2600	4011	13018
所占份额(%)	27.20	32.91	37.63	47.8
世界排名	1	1	1	1

(资料来源：PV News，Photon 国际(2010))

我国光伏产业的发展带来了光伏产品制造成本的快速下降。推动了全球光伏应用的发展。随着原材料价格的下降，电池转换效率的提高以及光伏发电在全球的推广应用力度逐步增强，光伏产品的价格呈现快速下滑趋势。据统计，1978 年，太阳能光伏组件的价格为 78 美元/W，发展到 2010 年，已下降到 2 美元/W 以下。全球范围内，光伏产业持续向低成本地区转移。中国企业在推动光伏制造产业降低成本方面发挥了重要作用，原辅材料和光伏设备的国有化程度不断提高。“中国制造”的光伏产品不仅代表了低成本和高质量，还代表了技术进步和创新。

在光伏电池的应用领域，2002 年由原国家计委启动的“送电到乡工程”项目成为全球应用光伏发电解决偏远农村地区用电的一个亮点，同时也拉动了我国光伏工业的快速发展。2000 年后，国内与建筑结合的太阳能光伏发电系统(BIPV)、包括并网系统开始起步而且发展迅速，以“深圳园艺博览会(1MW)”、“奥运主体育场——鸟巢(100kW)”太阳能光伏发电并网系统为代表的一批示范工程相继建成，标志着我国的太阳能光伏发电技术已快速进入建筑应用领域。

2002 年，国家计委启动“西部省区无电乡通电计划”，通过光伏和小型风力发电解决西部七省区(西藏、新疆、青海、甘肃、内蒙古、陕西和四川)700 多个无电乡的用电问题，光伏用量达到 15.5MWp(小型风力发电机 240kW)。该项目大大刺激了光伏工业，国内建起了几条太阳电池的封装线，使太阳电池的年生产能力迅速达到 100MWp(2002 年当年产量为 25MWp)。截止到 2003 年年底，中国太阳电池的累计安装量已经达到 50MWp。2003～2005 年，由于欧洲光伏市场主要是德国市场的拉动，中国的光伏生产能力迅速增长，单厂生产规模由 2002 年以前的 1～2MWp 扩大到 50MWp，自动化水平有显著提高；通过消化吸收，使商业化电池效率由 2002 年前的 11%～13% 提高到 13%～15%；硅锭/硅片生产能力有大幅度增长，使光伏产业链上下游不平衡的状态有了一定改善。

值得注意的一点是，作为光伏制造大国，中国的光伏应用市场仍未完全打开。光伏发电和常规发电的高价差限制了其在中国市场的成长。多年来，中国光伏市场较多的集中于离网农村电气化工程，这仅仅实现了很小的安装量。

2010 年，我国光伏市场的新增装机容量为 500MW，虽然市场发展不及企业期盼，但已是 2009 年新增容量 160MW 的 3 倍多，截至 2010 年年底，累计安装量约为 900MW，跻身世界前十位。2009 年，我国开始实施太阳能光电建筑应用示范项目和金太阳示范工程，明确为光伏发电系统提供补助，使我国光伏市场正式启动。此外，近年来实施的特许权招标项目，“金太阳示范工程”等项目促使光伏系统向大型化发展，光伏系统单位千瓦投资和千瓦时成本下降明显。由于国家政策的支持力度加大，光伏与建筑结合的应用以及荒漠电站的试点建设使光伏并网发电所占比例开始加大。

为了营造光伏市场，我国政府采取了一系列的政策措施。

2005 年 2 月 28 日，第十届全国人民代表大会常务委员会第十四次会议上通过《中华人民共和国可再生能源法》，该法自 2006 年 1 月 1 日起施行，这是中国可再生能源发展史上的里程碑，同时也为中国太阳能产业的发展注入了一针强心剂。《可再生能源法》第十七条明确规定："国家鼓励单位和个人安装和使用太阳能热水系统、太阳能供热采暖和制冷系统、太阳能光伏发电系统等太阳能利用系统。"对于目前业界普遍关注的太阳能发电上网电价的问题，法案中也在第十九条做出规定："可再生能源发电项目的上网电价，由国务院价格主管部门根据不同类型可再生能源发电的特点和不同地区的情况，按照有利于促进可再生能源开发利用和经济合理的原则确定，并根据可再生能源开发利用技术的发展适时调整。上网电价应当公布。"

2006 年 4 月，国家发改委出台《中华人民共和国可再生能源法》实施细则暂行办法，规定了光伏发电执行"一事一议"的暂行办法。

2007 年 7 月，国家电力监管委员会主席办公会议审议通过《电网企业全额收购可再生能源电量监管办法》，并于同年 9 月开始实施。

2007 年 8 月，国家发改委发布《可再生能源中长期发展规划》，对太阳能光热和光电利用制定了明确的目标："为促进中国太阳能发电技术的发展，做好太阳能技术的战略储备，建设若干个太阳能光伏发电示范电站和太阳能热发电示范电站。到 2010 年，太阳能发电总容量达到 300MW，到 2020 年达到 1800MW"。

（1）财政补贴

2009 年 3 月，财政部、住房和城乡建设部联合印发了《关于加快推进太阳能光电建筑应用的实施意见》，旨在推动太阳能光电建筑应用，促进中国光电产业健康发展。意见提出，为有效缓解光电产品在国内应用不足的问题，在发展初期采取示范工程的方式，实施"太阳能屋顶计划"，加快光电在城乡建设领域的推广应用。计划包括推进光电建筑应用示范，启动国内市场。在条件适宜的地区，组织支持开展一批光电建筑应用示范工程。此外，财政部印发《太阳能光电建筑应用财政补助资金管理暂行办法》的通知，明确中央财政从可再生能源专项资金中安排部分资金，支持太阳能光电在城乡建筑领域应用的示范推广。2009 年 9 月下达首批项目，中央财政安排预算 12.7 亿元。截至 2011 年底，住房城乡建设部、财政部共实施三批太阳能光电建筑应用示范项目，共 350 余项，总装机容量超过 300MW，国家财政补助资金近 40 亿元。

2009 年 7 月，财政部、科技部和国家能源局共同印发《关于实施金太阳示范工程的通知》，明确中央财政从可再生能源专项资金中安排一定资金，支持光伏发电技术在各类领域的示范应用及关键技术产业化。2009 年 11 月，财政部公布了金太阳示范工程项目目录，共安排 294 个示范项目，发电装机总规模为 642 MW，计划用 2～3 年完成。

2009 年 7 月，财政部、科技部和国家能源局共同印发的《金太阳示范工程财政补助资金管理暂行办法》规定，对并网光伏发电项目，国家将原则上按光伏发电系统及其配套输配电工程总投资的 50% 给予补助；其中偏远无电地区的独立光伏发电系统按总投资的 70% 给予补助；对于光伏发电关键技术产业化和基础能力建设项目，主要通过贴息和补助的方式给予支持。单个光伏发电项目装机容量不低于 300kWp、建设周期原则上不超过1年、运行期不少于20年的，属于国家财政补助的项目范围内。另外政策也规定，并网光伏发电项目的业主单位总资产应不少于1亿元，项目资本金不低于总投资的30%。独立光伏发电项目的业主单位，具有保障项目长期运行的能力。除对具体的发电工程实行补助之外，光伏发电关键技术产业化示范项目以及标准制定，也被列入补贴的范畴之内。其中就包括了硅材料提纯、控制逆变器、并网运行等关键技术产业化项目，以及太阳能资源评价、光伏发电产品及并网技术标准、规范制定和检测认证体系建设等。

（2）上网电价补贴

2007年和2008年，国家发改委分两次核准了四个光伏电站项目，包括上海两个项目、内蒙古和宁夏各一个项目，上网电价均为4元/kWh。2009年和2010年国家能源局组织了两批光伏电站特许权项目招标。项目通过公开招标选择投资企业，采用特许权方式建设管理，特许经营期25年。2009年3~6月，国家能源局启动第一个10MW荒漠光伏电站特许权招标。13家投标单位的平均报价为1.42元/kWh，最后以1.09元/kWh的上网电价中标。2010年4月2日，国家发改委批复了宁夏发电集团太阳山光伏电站一期、宁夏中节能太阳山光伏电站一期、华电宁夏宁东光伏电站、宁夏中节能石嘴山光伏电站一期发电项目临时上网电价均为1.15元/kWh(含税)。

2011年8月，国家发展改革委发布了《关于完善太阳能光伏发电上网电价政策的通知》。通知中明确规定：对非招标太阳能光伏发电项目实行全国统一的标杆上网电价。2011年7月1日以前核准建设、2011年12月31日建成投产、国家发展改革委尚未核定价格的太阳能光伏发电项目，上网电价统一核定为1.5元/kWh(含税)。2011年7月1日及以后核准的太阳能光伏发电项目，除西藏仍执行1.5元/kWh的上网电价外，其余省(区、市)上网电价均按1元/kWh执行。今后，将根据投资成本变化、技术进步情况等因素适时调整。上网电价政策的出台，必将推动光伏发电的快速发展。

我国的一系列光伏激励政策促进了光伏市场的快速增长。2009年中国年度光伏新增装机量达到160MW，超过了截至2008年年底的累计安装总量。2010年实际新增装机量超过500MW。中国光伏市场近几年的增长速率令人印象深刻，但中国的光伏装机量从全球角度看仍然相当小，2009年中国光伏安装量占全球总安装量的份额约为2%，2010年上升约1个百分点，达3%(见表4-4和图4-11)。

全球及中国光伏年度装机量(单位：MW) **表4-4**

	2006年	2007年	2008年	2009年	2010年
全球总量	1603	2932	5950	7380	16000
中国	10	20	40	160	500
中国占世界的百分比	0.62%	0.68%	0.67%	2.17%	3.13%

(数据来源：SEMI)

“十一五”期间，我国太阳能光伏产业发展迅速，已成为我国为数不多的、可以同步参与国际竞争、并有望达到国际领先水平的行业。加快我国太阳能光伏产业的发展，对于实现工业转型升级、调整能源结构、发展社会经济、推进节能减排均具有重要意义。国务院发布的《关于加快培育和发展战略性新兴产业的决定》，已将太阳能光伏产业列入我国

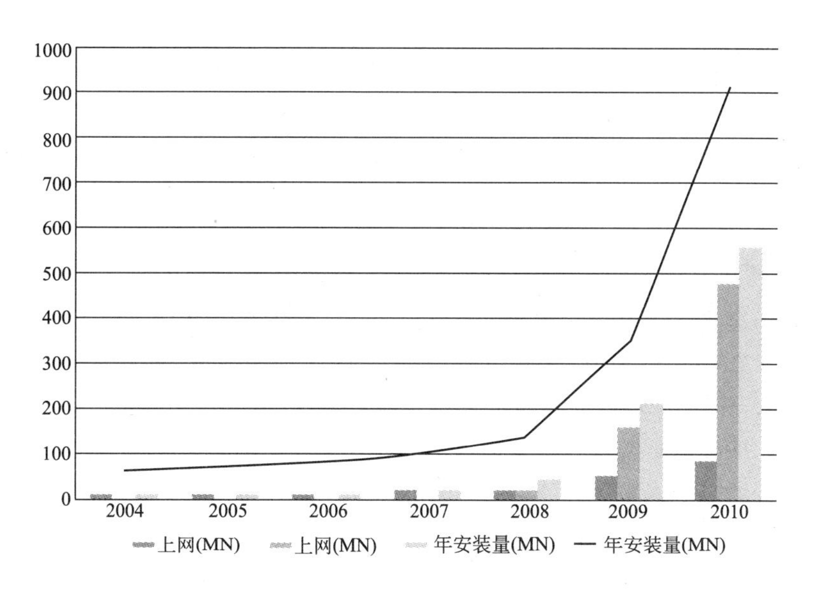

图 4-11　我国太阳能光伏安装量(单位：MW)

未来发展的战略性新兴产业重要领域。

根据《工业转型升级规划(2011—2015 年)》、《信息产业“十二五”发展规划》以及《电子信息制造业“十二五”发展规划》的要求，在全面调研、深入研究、广泛座谈的基础上，编制《太阳能光伏产业“十二五”发展规划》，作为我国“十二五”光伏产业发展的指导性文件，其中提出：

(1) 经济目标

“十二五”期间，光伏产业保持平稳较快增长，多晶硅、太阳能电池等产品适应国家可再生能源发展规划确定的装机容量要求，同时积极满足国际市场发展需要。支持骨干企业做优做强，到 2015 年形成：多晶硅领先企业达到 5 万吨级，骨干企业达到万吨级水平；太阳能电池领先企业达到 5GW 级，骨干企业达到 GW 级水平；1 家年销售收入过千亿元的光伏企业，3~5 家年销售收入过 500 亿元的光伏企业；3~4 家年销售收入过 10 亿元的光伏专用设备企业。

(2) 技术目标

多晶硅生产实现产业规模、产品质量和环保水平的同步提高，还原尾气中四氯化硅、氯化氢、氢气回收利用率不低于 98.5%、99%、99%，到 2015 年平均综合电耗低于 120kWh/kg。单晶硅电池的产业化转换效率达到 21%，多晶硅电池达到 19%，非晶硅薄膜电池达到 12%，新型薄膜太阳能电池实现产业化。光伏电池生产设备和辅助材料本土化率达到 80%，掌握光伏并网、储能设备生产及系统集成关键技术。

(3) 创新目标

到 2015 年，企业创新能力显著增强，涌现出一批具有掌握先进核心技术的品牌企业，掌握光伏产业各项关键技术和生产工艺。技术成果转化率显著提高，标准体系建设逐步完善，国际影响力大大增强。充分利用已有基础，建立光伏产业国家重点实验室及检测平台。

(4) 光伏发电成本目标

到2015年，光伏组件成本下降到7000元/kW，光伏系统成本下降到1.3万元/kW，当发电成本下降到0.8元/kW时，光伏发电具有一定经济竞争力；到2020年，光伏组件成本下降到5000元/kW，光伏系统成本下降到1万元/kW，当发电成本下降到0.6元/kW时，在主要电力市场实现有效竞争。

4.2.2 浅层地热能利用

我国浅层地热能资源十分丰富。最新数据表示，我国287个地级以上城市浅层地温能资源量为每年2.78×10^{20}J，相当于95亿吨标准煤。每年浅层地温能可利用资源量为2.89×10^{12}kWh，相当于3.56亿吨标准煤。地源热泵技术的进步是带动浅层地热能开发利用的关键因素；地源热泵的技术升级，极大地促进了地热能的利用水平；利用地源热泵技术开发利用浅层地热能成为节能减排十分有效的途径。

2010年世界地热大会的统计数据，地源热泵的年利用能量达到214782TJ(10^{12}J)，与2005年世界地热大会的统计数据相比，五年内增长了2.45倍，平均年增长率达到19.7%，2010年世界地热大会的统计地源热泵的设备容量为35236MWt，其在5年内增长了2.29倍，年增长率为18%。

总体而言，地源热泵在我国的发展可以分为三个阶段：

1. 起步阶段(20世纪80年代~21世纪初)

从1978年开始，中国制冷学会第二专业委员会连续主办全国余热制冷与热泵学术会议。自20世纪90年代起，中国建筑学会暖通空调委员会、中国制冷学会第五专业委员会主办的全国暖通空调制冷学术年会上专门增设了有关热泵的专项研讨，地源热泵概念逐渐出现在我国科研工作者的视野里并得到逐步重视。2002年又于北京组织召开了世界第七次热泵大会(7th IEA Heat Pump Conference)。可以看出，我国对热泵技术的研究起步较早。早期的辽阳市邮电新村项目属于我国集成商与设备厂商对地源热泵技术进行的初期摸索。

1997年，中国科技部与美国能源部正式签署的《中美能源效率及可再生能源合作议定书》是我国地源热泵真正起步的标志性事件，双方政府从国家政府最高层面对地源热泵进行扶持和引导，这个合作对我国地源热泵初期发展起到了引导的作用，从专业人员到政府管理部门都逐渐认识并且接受了这个高效节能的系统，一些建设人员、专业设计人员开始主动学习了解这个系统。

1998年11月4~5日，中美两国《能源效率和可再生能源技术的发展利用领域合作议定书》工作小组第一次工作会议在美国华盛顿能源部举行。科技部秘书长石定寰先生带领工作小组中方组员出席了会议 。会议通过了《中美两国政府合作推广美国土—气型地源热泵技术工作计划书》，中美两国政府地源热泵合作项目正式启动。

这个阶段，地源热泵的概念开始在暖通空调技术界人士中扩散，相关的设计人员、施工人员、集成商、产品生产商等也逐渐被这个概念所吸引，但整体看来，这一时期地源热泵技术还没有被市场所接受，专业技术人员对该技术普遍不了解，相关地源热泵机组和关键配件不齐全、不完善，造成这一阶段地源热泵系统发展规模不大，进展速度不快，所以将这个阶段称为我国地源热泵的起步阶段。

2. 推广阶段(21 世纪初～2004 年)

进入 21 世纪后，地源热泵在中国的应用越来越广泛，截至 2004 年底，我国制造水源热泵机组的厂家和系统集成商有 80 余家，地源热泵系统在我国各个地区均有应用。这个阶段相关科学研究也极其活跃。2000～2003 年的 4 年间，年平均专利 71.75 项，为 1989～1999 年的 4.9 倍，有关热泵的文献数量剧增，相关高校的硕士、博士论文也不断增多，屡创新高。2001 年，由中国建筑科学研究院空调所徐伟等人翻译的《地源热泵工程技术指南》为我国广大地源热泵工作者普及了相关工程技术的概念和标准化做法，为我国地源热泵从业相关技术人员提供了参考。这个阶段，地源热泵发展逐渐升温，但由于缺乏统一的系统培训，技术实施人员的技术水平参差不齐，某些项目出现了问题引起了人们对此技术的担忧，而且房地产开发商更注重降低建设成本，而不注重新技术和建筑室内环境质量与科技理念，部分地源热泵企业在市场拓展方面遇到困难，艰难地生存。

3. 快速发展阶段(2005 年至今)

2005 年后，随着我国对可再生能源应用与节能减排工作的不断加强，《可再生能源法》、《节约能源法》、《可再生能源中长期发展规划》、《民用建筑节能管理条例》等法律法规的相继颁布和修订，财政部、住房和城乡建设部对国家级可再生能源示范工程和国家级可再生能源示范城市的逐步推进，更是奠定了地源热泵在我国建筑节能与可再生能源利用中的突出地位，各省市陆续出台相关的地方政策，设备厂家不断增多，集成商规模不断扩大，新专利新技术不断涌现，从业人员不断增多，有影响力的大型工程不断出现，地源热泵系统应用进入了爆发式的快速发展阶段。

截至 2009 年底，我国以地源热泵相关设备产品制造、工程设计与施工、系统集成与调试管理维护的相关企业已经达到 400 余家，工程数量已经达到 7000 多个，总面积达 1.39 亿 m^2。截至 2010 年底，我国浅层地热能建筑应用面积超过 2 亿 m^2。工程项目主要集中在北京、河北、河南、山东、辽宁和天津等省市，80% 的项目分布在我国华北和东北南部地区。逐年增长趋势如图 4-12 所示。

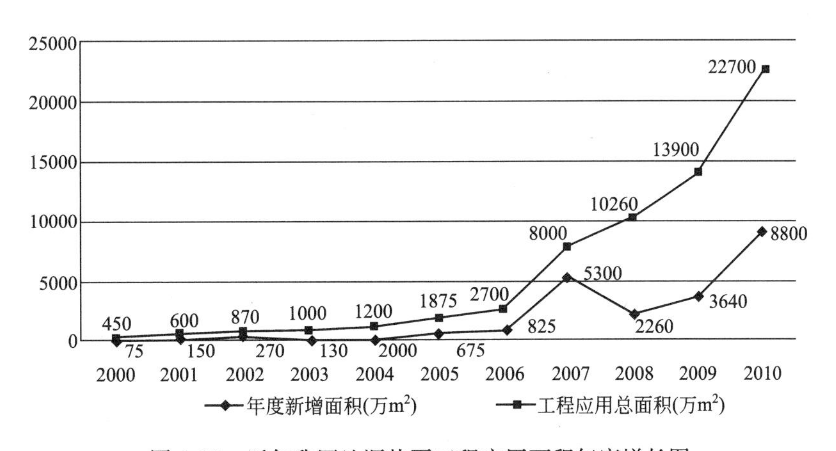

图 4-12 近年我国地源热泵工程应用面积年度增长图

根据中国建筑业协会地源热泵工作委员会对其组成单位相关工程信息的统计，我国土壤源热泵、地下水源热泵、地表水源热泵、污水源热泵四种系统的使用比例分别为：

32%、42%、14%、12%。

世界银行2006年发表的《中国地源热泵技术市场调查与发展分析》显示：地源热泵这一新兴技术受到广泛关注，不同所有制形式的企业都参与到其开发、应用之中，这些企业的规模从100万至数亿元不等，其中注册资本在1亿元以上的占25%，5000万元~1亿元的占12.5%，3000万元~5000万元的为25%，3000万元以下的有37.5%。其中5000万元以下的企业占到60%以上，还是以中、小企业居多，说明地源热泵行业目前在我国还处于起步阶段。

由于地源热泵系统可以同时供冷供热，所以无法简单比较其市场产值占我国中央空调或者供热的市场份额，但根据估算，我国2007年地源热泵系统总体市场规模约为72亿元（包括设备、设计、施工、集成），其中水源热泵机组的市场规模约为28亿元，预计今后几年，其市场规模还会进一步扩大，到2010年水源热泵机组的市场规模有望达到45亿元。

浅层地热能利用在我国的发展已有20年左右，南方多以冬夏供热制冷两用为主，在北方则主要以冬夏供热为主。其技术类型涵盖土壤源热泵、地下水源热泵、地表水源热泵、淡水源热泵、海水源热泵、污水源热泵等多个方面，以其资源丰富、可开发利用范围广等特点，受到了社会各界的广泛关注。

在政策方面，2006年，为贯彻实施国家《可再生能源法》，住房和城乡建设部联合财政部出台《关于推进可再生能源在建筑中应用的实施意见》（建科［2006］213号），重点支持以下技术领域中应用可再生能源的示范工程、技术集成及标准制定：地表水及地下水丰富地区利用淡水源热泵技术供热制冷；沿海地区利用海水源热泵技术供热制冷；利用土壤源热泵技术供热制冷；利用污水源热泵技术供热制冷。补贴标准为80元/m^2，该政策的出台极大地促进了我国地源热泵的发展。

2007年8月，为推进“十一五”期间可再生能源在建筑中的应用，引导可再生能源在建筑中应用的技术发展，加强对建设部、财政部可再生能源建筑应用示范项目的技术支撑，依据《建设领域推广应用新技术管理规定》（建设部令第109号）、《建设部推广应用新技术管理细则》（建科［2002］222号），以及实施《建设事业“十一五”重点推广技术领域》的要求，住房城乡建设部组织编制了《建设部“十一五”可再生能源建筑应用技术目录》，其中热泵技术12项，包括土壤源热泵技术、地下水源热泵技术、再生水源热泵技术地源热泵及热回收技术等；太阳能技术11项，包括太阳能热水制备技术、太阳能供暖/供冷技术、与建筑一体化的太阳能发电技术、被动式太阳能建筑技术的应用、太阳能与建筑结合并网发电技术等；生物质能技术2项，包括生物质气化供气供暖技术、垃圾焚烧与发电技术。

2007年9月，国家发改委发布《可再生能源中长期发展规划》，其中重点提到：“加快发展水电、生物质能、风电和太阳能，大力推广太阳能和地热能在建筑中的规模化应用，降低煤炭在能源消费中的比重，是我国可再生能源发展的首要目标。”针对地热能开发利用方面，提出：合理利用地热资源，推广满足环境保护和水资源保护要求的地热供暖、供热水和地源热泵技术，在夏热冬冷地区大力发展地源热泵，满足冬季供热需要。在具有高温地热资源的地区发展地热发电，研究开发深层地热发电技术。在长江流域和沿海地区发展地表水、地下水、土壤等浅层地热能进行建筑采暖、空调和生活热水供应。到2010年，地热能年利用量达到400万吨标准煤，到2020年，地热能年利用量达到1200万吨标准煤。到2020年，建成潮汐电站10万kW。

2008年10月1日，国务院颁布施行《民用建筑节能条例》，明确提出鼓励和扶持可再生能源的利用，提出："规定国家鼓励和扶持在新建建筑和既有建筑节能改造中采用太阳能、地热能等可再生能源。"

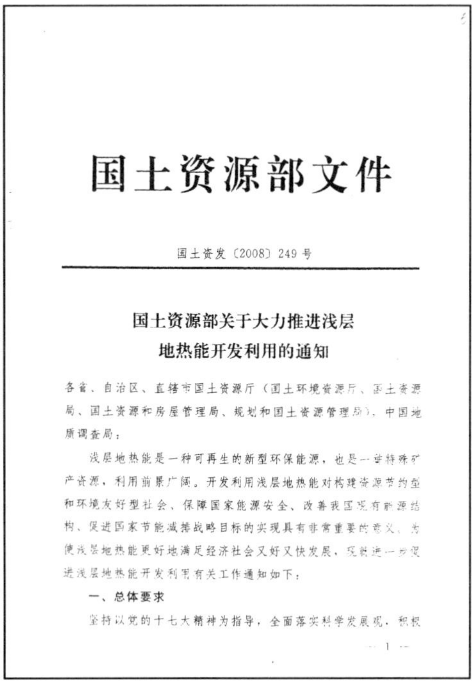

2008年12月，国土资源部发布《关于大力推进浅层地热能开发利用的通知》（国土资发［2008］249号）（见图4-13），提出：浅层地热能是一种可再生的新型环保能源，也是一种特殊矿产资源，利用前景广阔。开发利用浅层地热能对构建资源节约型和环境友好型社会、保障国家能源安全、改善我国现有能源结构、促进国家节能减排战略目标的实现具有非常重要意义。明确要按照"在开发中保护，在保护中开发"的要求，摸清浅层地热能资源，编制开发利用规划，科学利用浅层地热能，统筹当地经济社会与资源、环境协调发展。加强组织领导，抓好技术培训，制定优惠政策，实行规范管理，促进浅层地热能开发利用工作健康发展。主要内容包括：（1）调查评价，查清浅层地热能资源。调查评价内容主要是查明浅层地热能分布特点、赋存条件和地层热物性参数等，估算可利用资源量。（2）编制规划，保障浅层地热能持续利用。在调查评价的基础上，结合当地经济发展、城市建设、矿产资源规划和土地利用规划，根据当地行政区域可再生能源开发利用中长期目标，编制完成各城市（镇）浅层地热能开发利用专项规划。专项规划应根据地质环境条件，划定适宜开发区、较适宜开发区和不适宜开发区；依据水文地质条件，圈定适宜不同开发区（地下水、地埋管）的地段，估算不同适宜区浅层地热能可利用量，估算可能的供暖服务面积，提出合理的开发利用规模，为浅层地热能资源的可持续利用提供科学依据。（3）加强监测，掌握开发利用动态。应加强浅层地热能开发利用的地质环境监测工作，对开发利用浅层地热能的城市（镇）建立浅层地热能监测网。对不同深度的地温、采温层的岩土质量、地下水水位和水质、地面标高等项目实施长期监测，及时掌握地温变化动态、水土质量和地面变形情况，一旦发现地温长期持续单向变化，或水土污染、地面沉降，应立即采取有效措施加以解决，防止产生地质环境问题。

国土资源部文件

国土资发〔2008〕249号

国土资源部关于大力推进浅层地热能开发利用的通知

各省、自治区、直辖市国土资源厅（国土环境资源厅、国土资源局、国土资源和房屋管理局、规划和国土资源管理局），中国地质调查局：

浅层地热能是一种可再生的新型环保能源，也是一种特殊矿产资源，利用前景广阔。开发利用浅层地热能对构建资源节约型和环境友好型社会、保障国家能源安全、改善我国现有能源结构、促进国家节能减排战略目标的实现具有非常重要的意义。为使浅层地热能更好地满足经济社会又好又快发展，现就进一步促进浅层地热能开发利用有关工作通知如下：

一、总体要求

坚持以党的十七大精神为指导，全面落实科学发展观，积极

— 1 —

图4-13　国土资源部文件

2009年，为进一步放大政策效应，更好地推动可再生能源在建筑领域的大规模应用，住房城乡建设部和财政部组织开展可再生能源建筑应用城市示范和农村地区示范，下发了《关于印发可再生能源建筑应用城市示范实施方案的通知》（财建［2009］305号）、《关于印发加快推进农村地区可再生能源建筑应用的实施方案的通知》（财建［2009］306号），主要推动地源热泵技术在城市和农村地区规模化应用，其中支持示范城市72个、农村地区示范县146个，支持地源热泵建筑应用面积达1.3亿m^2（见图4-14和图4-15）。

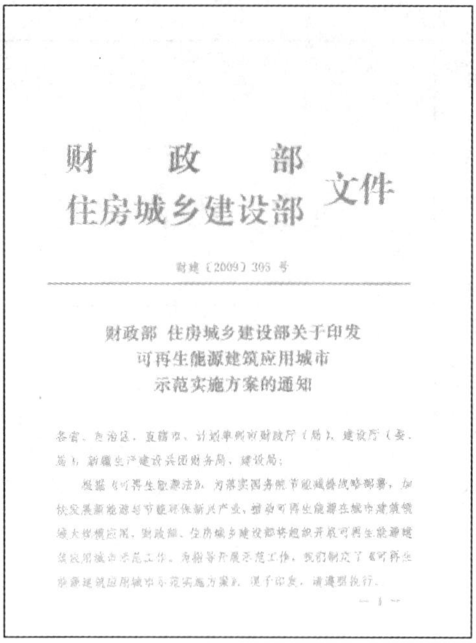

财　　政　　部
住房城乡建设部 文件

财建〔2009〕305 号

财政部 住房城乡建设部关于印发
可再生能源建筑应用城市
示范实施方案的通知

各省、自治区、直辖市、计划单列市财政厅（局）、建设厅（委、局），新疆生产建设兵团财务局、建设局：

根据《可再生能源法》，为落实国务院节能减排战略部署，加快发展新能源与节能环保新兴产业，推动可再生能源在城市建筑领域大规模应用，财政部、住房城乡建设部将组织开展可再生能源建筑应用城市示范工作。为指导开展示范工作，我们制定了《可再生能源建筑应用城市示范实施方案》，现予印发，请遵照执行。

— 1 —

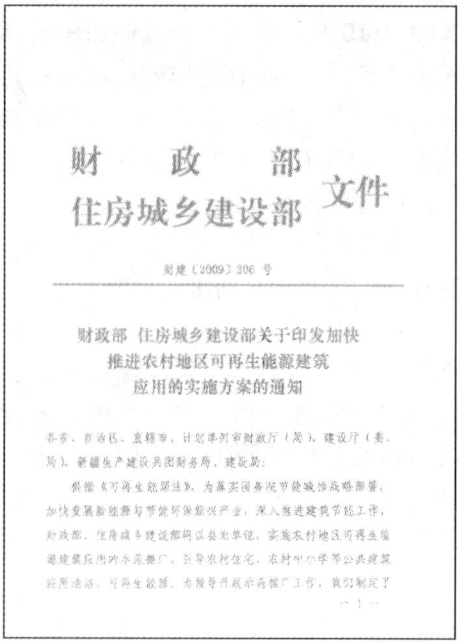

财　　政　　部
住房城乡建设部 文件

财建〔2009〕306 号

财政部 住房城乡建设部关于印发加快
推进农村地区可再生能源建筑
应用的实施方案的通知

各省、自治区、直辖市、计划单列市财政厅（局）、建设厅（委、局），新疆生产建设兵团财务局、建设局：

根据《可再生能源法》，为落实国务院节能减排战略部署，加快发展新能源与节能环保新兴产业，深入推进建筑节能工作，财政部、住房城乡建设部将以县为单位，实施农村地区可再生能源建筑应用的示范推广，引导农村住宅、农村中小学等公共建筑应用清洁、可再生能源，为指导开展示范推广工作，我们制定了

— 1 —

图 4-14　住房和城乡建设部文件

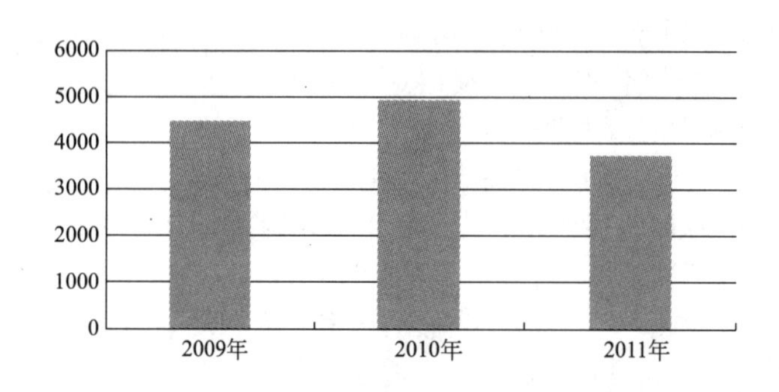

图 4-15　2009 ~ 2011 年地源热泵应用示范面积(单位：万 m^2)

4.3　发　展　预　测

目前，国内外关于中长期预测方面的方法种类很多，其采用的预测途径和预测精度也各有不同，但综合归纳起来主要有两大类型：传统方法和新兴方法。传统中长期预测方法主要包括：时间序列法、回归分析法、灰色模型法等，这几种预测技术无论在理论上还是在实际应用上都比较成熟。但传统的中长期预测方法只是借助数学模型进行推算，并不切实关注到中长期预测中相关的跳变性因素。新兴中长期预测方法主要包括：专家系统预测法、模糊预测法、人工神经网络预测法、小波分析预测技术及组合预测法等。

针对可再生能源建筑应用发展的特点，政府行政行为等无法量化因素对其发展应用等方面的趋势影响显著，单一的灰色模型并不能对这方面作出较为快速的反应，从而如果在

未来有一定的政策等的调整将会对其预测结果产生较大的偏差。采用某单一的预测方法在准确度与精确度两方面难以达到一定的要求。因此，在此采用组合预测法，选取灰色预测模型，同时结合专家系统预测方法进行不同情景方案的设定，对可再生能源建筑应用在未来的增长趋势进行预测。详细预测分析过程见附录1。

本次情景方案的设定，共构建低、中、高三个层次情景方案，其中，基准情景是一个较为保守的方案，作为低方案；强化情景是一个有政策积极推进，同时以良好的市场自发性实施相配合，各方面条件都较为理想的超常规发展方案，作为高方案；参考情景是一个依据当前的发展可能性和未来短期内实际需求状况的折中方案。参考情景方案作为本研究的推荐方案，并建议努力创造条件，向强化情景方案积极靠拢。三个方案具体描述为：

(1) 基准情景方案(低方案)：基准情景方案基本没有考虑能源结构调整的宏观要求以及温室气体减排的国际压力等，建筑能耗维持现有的增长态势不断增加，而同时，国家在可再生能源政策上趋于保守，在建筑应用领域推广力度不能更进一步而维持现状甚至是有所减弱，这使得可再生能源建筑应用发展状况一般，在2020年前相关建筑用可再生能源技术的应用发展比较缓慢，总体投入跟不上建筑能耗逐年上涨的趋势，是一个比较保守的方案。假设在此情景下各类技术保持现有增长水平。

(2) 强化情景方案(高方案)：强化情景方案是假设当前已处于传统常规能源几近枯竭，形势不容乐观，石油、天然气、煤等价格节节攀升，解决国家能源安全问题迫在眉睫的压力下，国家不得不加大相关领域的投资力度，政策倾向性较大；同时由于能源价格等因素，市场自发的投入到可再生能源应用上，整个社会上下对于可再生能源建筑应用展现出一种自发性态势，各种新的应用模式及管理形式被灵活运用到可再生能源在建筑上的应用中，可再生能源在建筑耗能中所占的比例快速上升。这是一个在有市场自发机制以及良好政策调控下的市场、政策加强型方案。假设在此情景下各类技术应用量逐年处于高速增长水平。

(3) 参考情景方案(中方案)：参考情景发展方案是介于以上两者之间，综合考虑了资源潜力、环境约束、社会总成本等多方因素，推进可再生能源建筑应用的相关政策力度到位，对各类资源评估合理，有一定市场自发性，但仍然对政策扶持有一定的依赖度，是结合多方面取舍和平衡后的稳妥方案。假设在此情景下各类技术应用量逐年保持稳定的增长速率。

通过调查问卷，并根据调查问卷各情景中显著性因素进行划分与量化，可以具体构建出以下情景方案，如图4-16所示。影响权重项可以直观地看出政策法规完善、技术产业提升对未来的发展影响较大，而后是能力建设成效和标准规范完善。

在预测模型的构建上，结合情景分析法，对未来的发展趋势给予特定的情景设定，对原有灰色理论模型加以修正，加入情景因子θ，也可以将其理解为是组合权重，其形式变为GM(1，1(θ))。θ的取值可以根据相应情景中的诸如政策强度等取区间(0，1)、1、(1，$+\infty$)之间的任意值，代表相对于历史数据不同的强度程度，也即表现为对GM(1，1)的发展系数a做修正。通过相关计算与分析，得出三个层次情景方案下逐年常规能源替代能力形成趋势如图4-17所示。

根据以上的预测分析，可以得出：

(1) 2015年完成新增常规能源替代能力3000万tce，新增可再生能源建筑应用面积25亿m^2以上的目标，有可能实现。

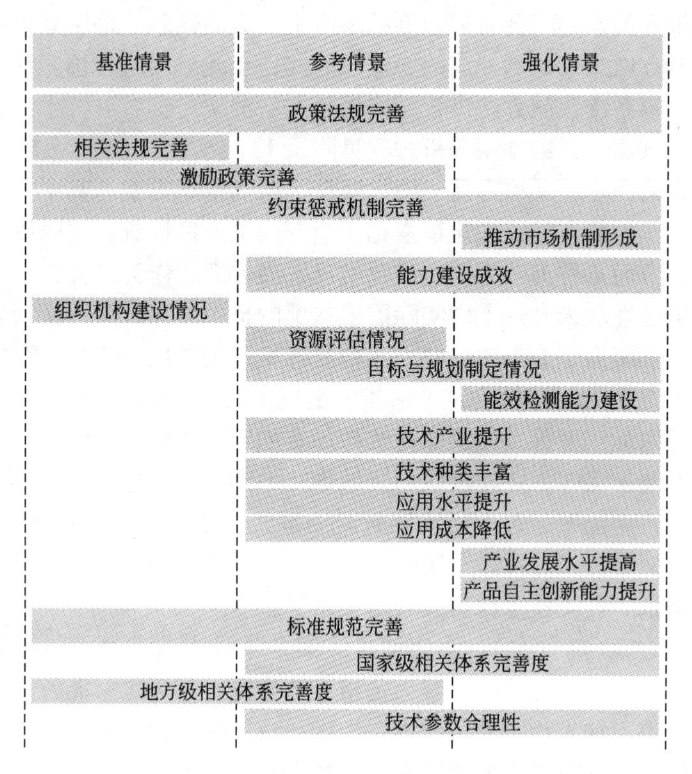

图 4-16　各情景方案具体构成事件或因素划分

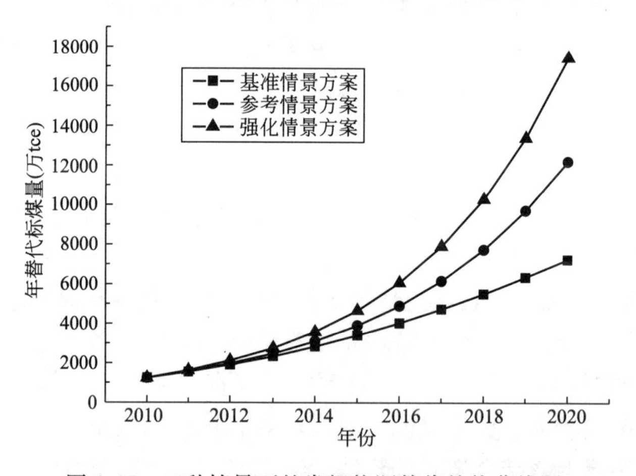

图 4-17　三种情景下的常规能源替代趋势曲线图

如图 4-18 所示，在参考情景下，到 2015 年基本能够实现形成新增常规能源替代量 3000 万 tce 的中期目标，而在强化情景方案下可以超额完成，届时将可达到 4660 万 tce 常规能源替代能力，除去 2010 年的基数，新增量在满足 3000 万 tce 目标的同时还可多出 400 多万 tce。而在基准情景下还相差近 900 万 tce，缺口较大，有一定的难度；按照参考情景预测，届时可达到 3895 万 tce，除去基数后对完成 2015 年目标则还相差 350 万 tce，约相差目标值的 8%，有一定完成的可能性，按照替代常规能源折算率，再完成 4.58 亿 m^2 的太阳能光热或 1.87 亿 m^2 浅层地能建筑应用，亦可多安装 7.5GWp 太阳能光伏组件，均可实现目标要求的替代量。

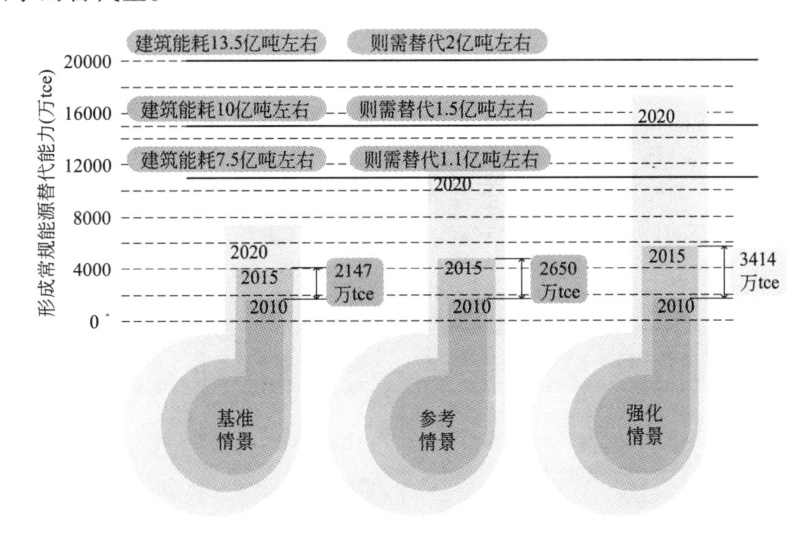

图 4-18　三种情景下可再生能源建筑应用到 2015 年及 2020 年形成常规能源替代情况

对于新增可再生能源建筑应用面积的目标要求，如图 4-19 所示，在基准情景及参考情景下，到 2015 年分别预计比 2010 年新增 20.72 亿 m^2 和 23.03 亿 m^2，离目标要求均有一定的差距。在参考情景下，相差约 2 亿 m^2，配合上述在常规能源替代量上需做的进一步努力，则基本可以实现。而在强化情景下到 2015 年可以达到新增 29.22 亿 m^2，可以超额完成新增 25 亿 m^2 的目标。

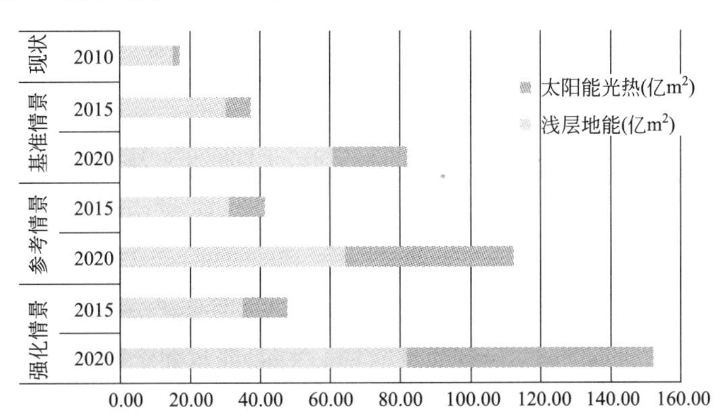

图 4-19　三种情景下可再生能源建筑应用到 2015 年及 2020 年建筑应用面积情况

（2）2020 年实现可再生能源在建筑中替代 15% 常规能源的目标实现有一定难度。

2020 年实现可再生能源在建筑领域消费比例占建筑能耗的 15% 以上这一目标是相对的，需要对届时的建筑能耗进行考察。根据清华大学建筑节能研究中心发布的《中国建筑节能年度发展研究报告(2008)》，其中预测到 2020 年我国建筑能耗的中等水平计算，则需要可再生能源建筑应用达到 1.51 亿 tce 左右年常规能源替代能力。按照这样的一个实际目标，以基准情景和参考情景进行预测是无法实现的。基准情景下届时只能完成其中的 57% 左右；而参考情景下到 2020 年可再生能源建筑应用年常规能源替代量可达到 12181.09 万 tce 左右，占届时建筑总能耗的 11.96%，完成总体目标的 79% 左右，离要求值还相差

3000 万 tce 左右。

(3) 2020 年前，现有三类技术年均增长速率按从大到小顺序大致依次为：太阳能光伏、浅层地能、太阳能光热。

经测算，2020 年前，现有三类技术在三种情景方案下，增长速率均存在着如下关系：在未来 10 年内太阳能光伏应用增长速度最高，同时，浅层地能增长速率将快于太阳能光热这样的顺序。如在参考情景下具体年均增长速率为：太阳能光伏，37.45%；浅层地能，25.12%；太阳能光热，17.25%。在参考情景方案下，整体增长趋势如图 4-20 所示。

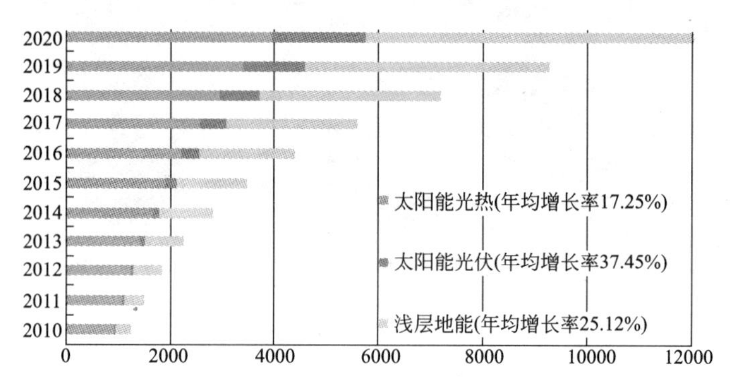

图 4-20 参考情景下各技术类型年均增长速度对比

(4) 年常规能源替代量中由三种技术所承担部分的比重在进一步变化，由当前以太阳能光热为主逐步转变为由浅层地能为主，且太阳能光伏所占的比重亦逐步增加。

如图 4-21 所示，由当前到 2015 年，在建筑中可再生能源对常规能源的替代主要以太阳能光热技术为主，2010 年实际应用中光热贡献率占 73.66%，到 2015 年在参考情景下预计仍然占 54.71%，但随着进一步的发展，到 2020 年浅层地能将有大幅度的增加，预计届时将能够承担其中的 50% 以上，而由太阳能光热和太阳能光伏承担另一半，其中太阳能光伏的发展也将大大加快，在构成比中由当前 2010 年实际应用中的 2.3% 左右，预计到 2020 年可达到 15%~18% 左右。

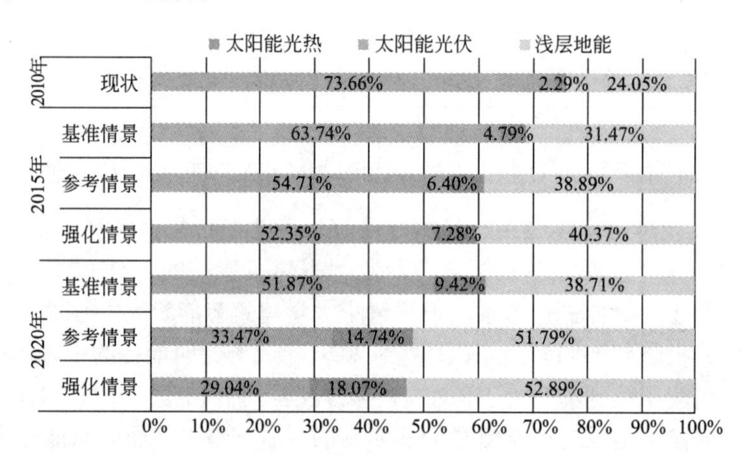

图 4-21 三种情景下可再生能源建筑应用到 2015 年及 2020 年建筑应用面积情况

4.4 发 展 目 标

2011 年 7 月 19 日，温家宝主持召开国家应对气候变化及节能减排工作领导小组会议，审议并原则同意《"十二五"节能减排综合性工作方案》。会上温家宝同志强调，"十二五"期间是我国转变经济发展方式、加快经济结构战略性调整的关键时期。要继续把节能减排作为调结构、扩内需、促发展的重要抓手，作为减缓和适应全球气候变化、促进可持续发展的重要举措，进一步加大工作力度，务求取得预期成效。《"十二五"节能减排综合性工作方案》中明确了全社会可再生能源利用的具体目标：调整能源结构中包括，因地制宜大力发展风能、太阳能、生物质能、地热能等可再生能源。到 2015 年，非化石能源占一次能源消费总量比重达到 11.4%。

该方案针对建筑节能工程提出了具体要求，要求北方采暖地区既有居住建筑供热计量和节能改造 4 亿 m^2 以上，夏热冬冷地区既有居住建筑节能改造 5000 万 m^2，公共建筑节能改造 6000 万 m^2，高效节能产品市场份额大幅度提高。"十二五"时期，形成 3 亿吨标准煤的节能能力。要推动可再生能源与建筑一体化应用，推广使用新型节能建材和再生建材，继续推广散装水泥。在加快节能减排技术开发和推广应用上，明确了对低品位余热利用、地热和浅层地温能应用等可再生能源技术的产业化示范。

2011 年 3 月，住房城乡建设部会同财政部针对可再生能源建筑应用"十二五"期间进一步发展制定了更为细致详实的目标，联合印发的《关于进一步推进可再生能源建筑应用的通知》（财建［2011］61 号），进一步明确了"十二五"可再生能源建筑应用推广目标："切实提高太阳能、浅层地能、生物质能等可再生能源在建筑用能中的比重，到 2020 年，实现可再生能源在建筑领域消费比例占建筑能耗的 15% 以上。'十二五'期间，开展可再生能源建筑应用集中连片推广，进一步丰富可再生能源建筑应用形式，积极拓展应用领域，力争到 2015 年底，新增可再生能源建筑应用面积 25 亿平方米以上，形成常规能源替代能力 3000 万吨标准煤。"

要求切实加大推广力度，加快可再生能源建筑领域大规模应用，鼓励地方出台强制性推广政策，加大在公益性行业及公共机构的推广力度。各地要积极推进可再生能源建筑应用技术进步与产业发展，加快新技术的推广应用，加大技术研发及产业化支持力度，逐步提高相关产业技术标准要求，积极培育能源管理公司等新型市场主体。以可再生能源建筑应用为抓手，促进绿色建筑发展。切实加强组织实施与政策支持，加强质量控制，建设精品工程，完善配套措施，创新推广模式。

2012 年 5 月，住房城乡建设部制定了《"十二五"建筑节能专项规划》，提出到"十二五"期末，建筑节能形成 1.16 亿吨标准煤节能能力。发展绿色建筑，加强新建建筑节能工作，形成 4500 万吨标准煤节能能力；深化供热体制改革，全面推行供热计量收费，推进北方采暖地区既有建筑供热计量及节能改造，形成 2700 万吨标准煤节能能力；加强公共建筑节能监管体系建设，推动节能改造与运行管理，形成 1400 万吨标准煤节能能力。推动可再生能源与建筑一体化应用，形成常规能源替代能力 3000 万吨标准煤。同时明确指出：开展可再生能源建筑应用集中连片推广，进一步丰富可再生能源建筑应用形式，实施可再生能源建筑应用省级示范、城市可再生能源建筑规模化应用和以县为单位的农村可再生能源建筑应用示范，拓展应用领域，“十二五”期末，力争新增可再生能源建筑应用面积25亿m^2，形成常规能源替代能力3000万吨标准煤。

根据前节的预测分析可以看出，2015年完成新增常规能源替代能力3000万tce，新增可再生能源建筑应用面积25亿m^2以上的目标，有可能实现。2020年实现可再生能源在建筑中替代15%常规能源的目标实现有一定难度，需对未来中长期发展作出合理规划，选择合理路径。

4.5 未来发展路径分析

根据前节中提及的具体目标：“力争到2015年底，新增可再生能源建筑应用面积25亿m^2以上，形成常规能源替代能力3000万吨标准煤”以及“到2020年，实现可再生能源在建筑领域消费比例占建筑能耗的15%以上”。这一长远期目标能否实现，以及如何实现，进行进一步分解，对目标构成的各部分具体分析与考察，将这一中长期目标落实到未来每个阶段的发展中，对后期每一步相关工作的开展与实施提供参照依据。对于“到2015年底，新增可再生能源建筑应用面积25亿m^2以上，形成常规能源替代能力3000万吨标准煤”这样的硬性目标是直接针对可再生能源建筑应用而言的，目标数量明确，通过制定稳步的增长发展方案或实施路径加以实现。

而对于“到2020年，实现可再生能源在建筑领域消费比例占建筑能耗的15%以上”是一个由多方面因素构成相对浮动的控制性目标，则需要从构成此目标的几个方面入手：(1)分子，即可再生能源建筑领域常规能源替代量；(2)分母，即届时建筑能源需求量或消耗量。各相关部分可以简单地表述为如下关系式，如图4-22所示。

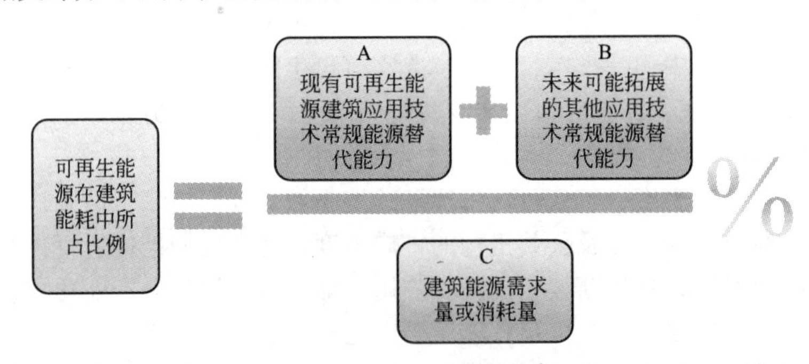

图4-22 可再生能源在建筑能耗所占比例“分子分母”图

对于“分子”中A和B两部分，随着当前我国的相关法律法规的实施及政策的大力引导，A部分为现已纳入财政补贴的三大可再生能源建筑应用技术，正保持着逐年进一步增长的良好势头，同时，B部分更多的新兴可再生能源建筑应用技术或以往为被纳入的成熟技术也在逐步加入到这个体系中来，推动可再生能源在建筑中应用技术体系的进一步壮大与发展。

而对于“分母”C部分，随国民经济的飞速增长，城乡建设规模的进一步扩大，以及人民生活水平与对室内舒适要求等的进一步提高，整体建筑能耗存在着一定的刚性增长趋势，但通过开展合理的建筑节能措施，积极的针对各类既有与新建建筑展开各项工作，控制建筑能耗，提高可再生能源建筑应用所占比例。

因此，对于最终目标的实现，需要“分子”与“分母”进行“赛跑”，这无疑增加了目标实现的难度，需要作为“分子”部分的可再生能源在建筑中的应用进一步加快增长，同时应有效的控制建筑能耗的增长势头，通过类似于“增大分子，抑制分母”的方法策略推进。基于这样的思路，对后期的实施路径进行展开。

4.5.1 提高应用水平

针对上文中所述A部分，提高已有可再生能源建筑应用技术水平，可以进一步加大在建筑中的常规能源替代率，从而改善对可再生能源应用的质量，具体实施路径解为如下多个小节进行详细叙述，示意图如图4-23所示。

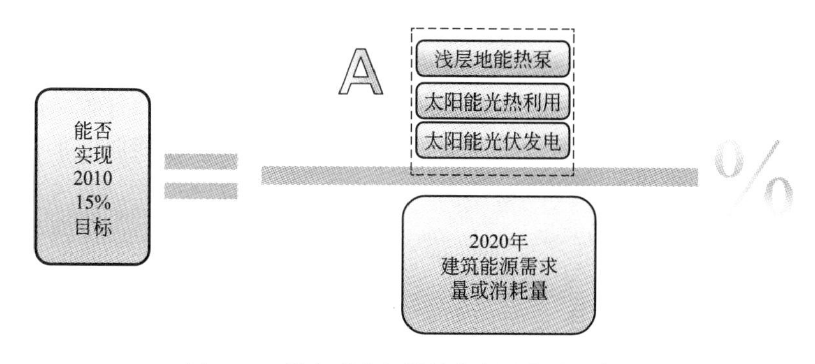

图4-23 提高现有相关技术应用水平示意图

依据参考情景，2020年，现有三种技术可形成常规能源替代能力12181.09万tce，约占建筑总能耗的11.96%。考虑未来10年中相应技术应用水平有望提升，届时将进一步增加常能源替代能力。

1. 提高可再生能源在单位建筑面积上应用的密集度

对于一些相对成熟的技术，可以考虑改进其应用形式或方式，提高可再生能源在单位建筑面积上应用的密集度，如对于太阳能光热技术，可以由热需求量较少的生活热水制备转向热需求量较大的冬季为建筑供热采暖的应用形式，提高对光热的利用需求，深化应用方式，进一步替换常规能源。

当前国内在太阳能光热应用方面，太阳能集热器制备热水是主要的应用方式，在南方地区一般是用以制备生活热水为主，在北方地区也只有部分用于采暖，这样并没有充分发挥太阳能光热的最大潜能，同时很大程度上减少了单位建筑面积太阳能集热系统的常规能源替代量。

同样，欧洲、北美对太阳能采暖系统的工程应用已有几十年的历史，过去主要用于单体建筑内的小型系统，近十余年来，包括区域供热在内的大型太阳能供热采暖综合系统的工程应用有较快发展。德国是应用太阳能供热技术较早的国家，太阳能采暖技术已经在德国居住区供热实施改造和配套建设中得到广泛推广和应用。

在国内，未来的推广与发展中可以考虑由简单的生活热水制备更多地向应用于供热采暖方式转变，提高单位建筑面积常规能源替换量。如可以在北方地区以及随着生活水平不断提高有采暖需求的长江中下游夏热冬冷地区进行推广太阳能集热器采暖技术。目前，根据对全国多个太阳能光热示范项目进行的能效评估验收，太阳能光热系统单位建筑面积常规能源替代折算系数仅为5.2kgce/(m^2·年)，如果在未来该技术类型广泛应用于对室内冬季采暖供热，该折算系数将有进一步增大的可能，如果用于建筑采暖，则单位建筑面积常规能源折算率可高达8~12kgce/(m^2·年)，那么将意味着一定的建筑面积可以实现更多的常规能源替代量，提高可再生能源在建筑中的应用密度。

当然，太阳能采暖所需的集热面积远大于太阳能热水系统，安装空间平面要求较大，对于高层建筑或居住密度较大的城区存在安装空间条件不足的问题，限制了应用，而农村住宅一般建筑容积率较低，没有明显遮挡，具备建设太阳能采暖项目的良好条件，所以首先可以在冬季有采暖需求的农村地区进一步推广。

2. 提高有限空间内可再生能源综合利用效率

对于有限空间内的可再生资源应当充分挖掘，提高其综合利用效率。如在太阳能光热与光伏建筑应用中，经常会遇到光热或光伏组件“争空间”的问题。对于具有一定体型系数的单体建筑或者具有一定建筑密度与容积率控制指标的区域而言，能够接受到太阳光直射的面积是有限的，除去采光以及其他功能所要占用的面积，可以布置太阳能光热或光伏组件的空间平面是既定的，需要合理的配置，根据具体负荷形式或能源需求种类对有限空间进行合理分配；同时可以采取相应的技术手段加以解决，提高单位空间可再生能源应用效率。如光伏光热一体化(Photovoltaic/Thermal collect，PV/T)系统，在正面光伏发电的同时，背层可以输出一定的热量，具体可以由水或空气等介质承载。

这一技术除了可以缓解有限空间内各类组件单独布置上的冲突外，还有诸多其他优点：

(1) 背面流动的水或空气有效地降低了太阳能光伏电池的背板温度，提高了太阳能光伏的发电效率。

理论研究表明，单晶硅太阳能电池在0℃时的最大理论转换效率在30%左右，在光强一定的条件下，当其自身温度升高后，其输出功率将下降，根据相应研究结果，对于晶体硅电池，当其温度每升高1℃，其峰值功率损失率约为0.35%~0.45%，即，工作在20℃的硅太阳能电池，其输出功率要比工作在70℃的高20%左右。而通过对太阳能电池背板降温的方法，可以有效保证其自身温度在一定的范围内，从而保证其工作在一定的输出功率点上。PV/T技术正是很好地结合了这一特点，对光伏电池降温提高发电效率的同时可以产生一定的热输出。

(2) 提高了对太阳能的综合利用效率。

当前在实际应用中，各类硅电池转换效率最高能达到12%~17%左右，可以看出照射到电池表面上的太阳能83%以上未能转换为有效能量，相当一部分能量转化为有害热能使太阳能电池板或周围空气温度升高，影响电池发电效率。而PV/T技术正好可以很好地利用这一部分有害热能，使其定向输出，提高对太阳能的综合利用效率。相关研究表明，PV/T技术光伏和光热总体对太阳能的综合利用效率能够达到60%以上。

(3) 提高组件与建筑一体化程度。

光热、光伏组件与建筑一体化有诸多优点，在正常实现集热或发电功能的同时成为建筑构建的一部分，具有美观、节省建筑外表面装饰材料等特点，不仅如此，更进一步可以带来诸多附加效应，如还可以实现隔热、保温、通风等功能，尽可能地减少建筑采暖和空调负荷需求，从而有利于建筑节能降耗。具体附加功能如表4-5所示。

光热、光伏与建筑一体化附加效应 **表 4-5**

一体化形式	附加功能
屋面平行安装	保温隔热、形成通风屋顶
墙体结合安装	保温隔热，减少室内空调冷/热负荷
墙体外立面挂装	有效降低建筑墙体温度，形成通风墙体，减少空调冷负荷
光伏幕墙	遮阳作用
结合遮阳板	遮阳作用
太阳能瓦	保温隔热
结合采光顶	采光照明

当前尤其在光热方面与建筑一体化程度相对较低，需要进一步加强，以挖掘附加效应对建筑节能所带来的巨大潜力。

（4）提高系统综合性能系数

对于浅层地能的应用，提高各类地源热泵的系统综合性能系数（COPs）有着至关重要的意义。COPs 的提高意味着输入同样多的常规能源，能够获得更多的可再生能源应用到建筑采暖与制冷中，提高对可再生资源的利用。

地源热泵系统 COPs 的提高是一个由“调试”到“调适”的过程，这其中包括多个层面的意义：

1）因地制宜，选择合理的冷热源方式及系统形式

当前浅层地能利用的冷热源包括多种方式，如江、河、湖、海等地表水源以及地下水或土壤等蓄热体。而我国幅员辽阔，不同的地域有着不同的地理特点，在对冷热源的选取中应本着“就近、就好”的原则进行选取，而不能一味追求概念术语上的新颖，宣传噱头的别致而盲目跟风。

对于系统形式的选取同样应当根据当地的不同地质条件和水质条件合理选择，是打井还是埋管或者是采用直接式还是间接式，均应当充分考虑当地的相关条件进行考量。

2）具体建筑应充分考虑使用功能及负荷特点

针对不同使用功能的建筑，其负荷特点不同，在系统选型及机组载荷匹配上也会表现出诸多不同，应当尽量避免“大马拉小车”设备使用率低下等问题。如商业及办公建筑的冷热负荷都集中在白天，而居住类建筑的主要负荷则集中在晚上，对于是否采取蓄热形式调配负荷在时间上的分布需要从能效及经济等多个角度考察，对于区域范围内的供暖制冷则需要充分考虑负荷在空间上分布的差异与负荷特点。

4.5.2 丰富技术类型

丰富可再生能源在建筑中应用的技术类型也是增加可再生能源对建筑中常规能源替代量的有效方法之一，相应的示意图如图 4-24 所示。

根据相关技术当前发展状况，一些相对较成熟的技术可以被纳入可再生能源建筑应用技术的范畴中，如：

1. 空气源热泵技术

欧盟、澳大利亚等已经将空气源热泵热水器技术列入可再生能源范围，并给予相应的

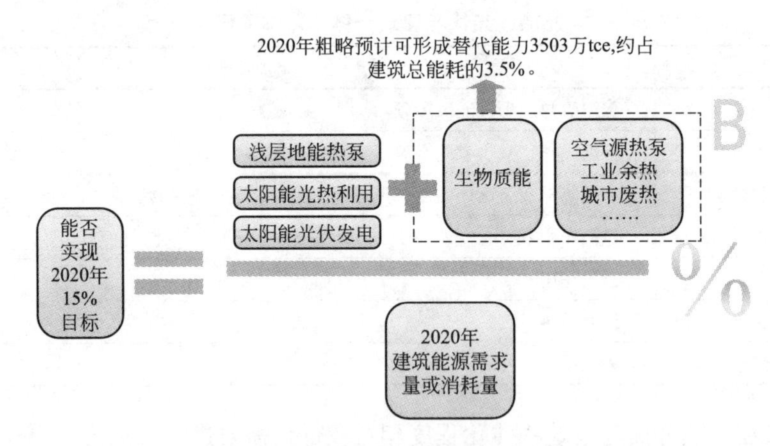

图4-24　丰富可再生能源建筑应用的技术类型示意图

政策支持。目前我国部分地市也已经出台了针对空气源热泵热水器的支持鼓励政策。从电力能源效率的角度讲，只要其系统的 COP > 3，就可以通过消耗部分常规能源获得大于产生这部分常规能源消耗的一次能源能量的热量。从地域环境气候角度看，我国有近30%的国土面积(主要为长江流域夏热冬冷地区)处于空气源热泵适用2类地区，即可以用作冬夏分别制热和制冷双工况运行，在夏季用于制备热水则系统效率更高，更为适宜。

2. 工业余热与城市废热

相关研究表明，在2010年全国每年城市污水中蕴含93亿MJ可利用热能，相当于3.1亿tce。并且，在一般情况下，城市污水中赋存的可利用热量密度和城市的热需要指标越成正相关性，即城市需热越大，其排放的污水中可利用热能越高，污水热能有效利用的可能性就越大。对于工业余热废热，可回收利用的能量亦相当巨大。我国能源消费的部门结构以工业为主，目前，我国各行各业的余热总资源约占其燃料消耗总量的17%~67%，可回收利用的余热资源约占余热总资源的60%，但大部分被直接排放，这也是造成我国能源利用率低的一个极为重要的原因。低温余热较多的存在于诸如工业废水等相关的液态媒质中，也便于回收利用，这是热泵的理想热源。

3. 农村新型生物质能技术

我国《可再生能源法》中将通过低效率炉灶直接燃烧方式利用秸秆、薪柴、粪便等技术排除在外，而农村新型生物质能技术所指的是户用沼气、生物质固体压缩成型燃料燃烧、SGL气化炉及多联产等适合农村炊事及供热采暖的新型生物质能技术。这些新型生物质能技术应当可以在北方采暖地区得到很好的推广与应用。

综合以上各类技术措施，进行了相关的预测与估算，预计在2020年可实现常规能源替代潜力列入表4-6。

其他可再生能源建筑应用技术常规能源替代潜力预测表　　**表4-6**

技术类型	常规能源替代量
空气源热泵	到2020年，空气源热泵在长江流域供热(生活热水、采暖)和空调耗能中，除去电耗，预计可替代常规能源1727.1万tce

续表

技术类型	常规能源替代量
城市废热	根据污水源热泵的增长趋势，到2020年从城市废热中可以实现替代常规能源335.88万tce
工业余热	资源量巨大，仅我国北方地区每年就约有98亿GJ的工业余热排放，以热值换算约为3.34亿tce，如果回收其中的50%则可以满足北方城市冬季采暖需求。进一步假设到2020年实现回收其中的3%，则相当于1000万tce
生物质能	根据《中国农村生物质能2020》预计2020年可产生1000万吨成品油，折合为1471.4万tce，如果其中的30%用于农村采暖与炊事等农村建筑用能，则有440万tce左右
合计	以上各项形成常规能源替代能力约为3503万tce，到2020年约可额外实现提高替代率3.5%

4.5.3 控制能耗总量

对于建筑能耗总量的控制，从建筑节能入手，根据我国建筑能耗增长特点，如图4-25所示，可对应由以下几个方面展开：

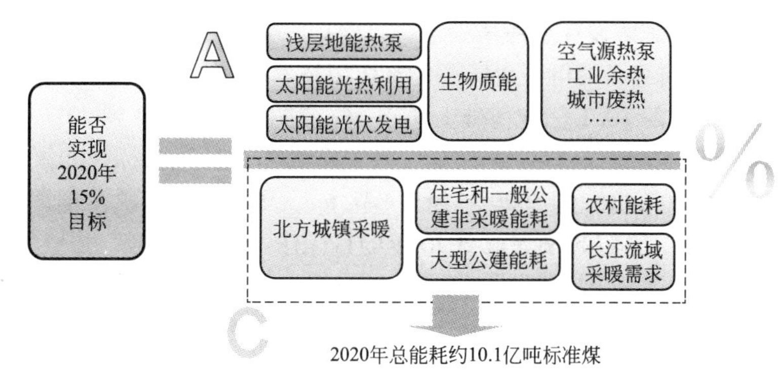

图4-25　控制建筑能耗总量示意图

（1）加速实现以计量收费制度改革为核心的北方城市采暖的“热改”任务。只有体制和机制的改革，并配合推广适宜技术，才能彻底改变我国北方采暖目前的相对高能耗状况。只有在末端全面实现有效的调控，克服目前普遍存在的过度供热现象，并且全面规划和改造集中供热热源，才有可能全面实现这一目标。目前在这两点上看来还相差甚远。

推进夏热冬冷地区既有居住建筑节能改造，在充分考虑地区气候特点、建筑现状、居民用能特点等因素的基础上，确定改造内容及技术路线，优先选择投入少、效益明显的项目进行改造，应以门窗节能改造为主要内容，具备条件的，可同步实施加装遮阳、屋顶及墙体保温等措施。

（2）在农村地区开展以太阳能、浅层地能以及生物质能等可再生能源为主的新农村能源系统建设，同时，大幅度改进北方农村建筑的保温性能和采暖方式，实现满足可持续发展要求的社会主义新农村建设。控制农村地区由传统生物质能源方式转向对商品能源方式的依存。这需要大量的技术创新和各级政府的政策、机制及经费支持，更需要从科学发展观出发的全面的科学的规划。

（3）探讨长江流域住宅和普通办公建筑的室内热环境控制解决方案。随着这一地区经济的飞速发展和生活水平的提高，使改善冬季室内环境的压力越来越高。通过技术创新和政策引导，迅速发展出百姓可接受的、符合舒适性要求的环境控制新方式，如，太阳能集热采暖、各类热泵技术等用于该地区冬季日益增长的采暖需求，在典型工程科学示范的基础上全面推广这些新方式，对目标的实现至关重要。

（4）大型公共建筑的节能运行和节能改造。在实际运行能耗数据的指导下，通过各种科学有效的措施，使实际的能源消耗量真正降下来，并能长期坚持下去，通过具体的管理措施、管理体制使其落实，这将是一项重要的、长期、持续的工作。

建筑节能工作任重而道远，有效控制建筑能耗的增长将是根本之举。如果到 2020 年，在预计建筑能耗 10.1 亿 tce 的基础上实现 5% 的节能，则分母基数变为 9.6 亿 tce，以预测中参考情景 2020 年可实现可再生能源建筑领域利用量 12078.71 万 tce 计算，可以实现可再生能源 12.58% 的替代；如果实现建筑节能 10%，则最终可实现 13.3% 的可再生能源替代，由此可见，建筑节能工作的开展对于 2020 年最终目标实现难度在很大程度上有所降低。

由此综合以上多路径展开，提高应用水平，丰富技术类型，控制能耗总量，分子与分母多方面产生协同效应。假设在参考情景下，以现有三类主要技术在常规能源替代量上贡献 12181 万 tce，其他新纳入的可再生能源建筑应用技术贡献 3503 万 tce，同时，建筑节能工作稳步开展，在预测的 10.1 亿吨基础上实现 5% 节能时，则预计到 2020 年可以实现可再生能源在建筑用能中替代 16.34%，完全可以实现 15% 的长期目标。如果建筑节能在预测的基础上实现 10% 的降低，即 2020 年为 9.1 亿 tce，则可再生能源在建筑用能中所占的比例可以达到 17.24%，这将超额完成 2020 年的目标任务。

第5章　可再生能源建筑应用成效

“十一五”期间，在住房和城乡建设部、财政部的共同推动下，示范带动效应显著，可再生能源建筑应用呈现加速发展的良好局面。2011年是“十二五”开局之年，财政部、住房城乡建设部进一步加大了可再生能源建筑应用的推广力度，创新示范形式，丰富示范内容。地方各级可再生能源建筑应用管理机构已初步健全，形成了省、市、县三级联动共同推进的良好局面；各地纷纷出台相关政策法规，建立强制与激励结合的推广模式；可再生能源建筑应用水平逐步提高，覆盖设计、施工、验收、运行管理等各环节的技术标准体系日益完善。

5.1 “五大体系”建设

5.1.1 能力建设体系

健全组织机构。近年来，随着国家对可再生能源建筑应用的推广力度逐年加大，省级住房城乡建设主管部门依托已成立的建筑节能领导小组(或发展绿色建筑领导小组)，具体负责各省的可再生能源建筑应用推广、协调和统筹工作。其中内蒙古、湖南、黑龙江、云南等地成立了可再生能源建筑应用示范工作领导小组，北京、天津、上海、重庆、湖北、青岛、江苏等具体依托当地科技中心(节能中心)具体负责日常项目管理工作，河南省、山东省、安徽省专门设立了可再生能源建筑应用项目管理办公室。

开展资源评估。为准确指导各地区可再生能源的推广工作，部分省市依托专业机构对全省的资源情况进行详细评估。通过对本地区的可再生能源资源评估、数据搜集、调研分析，对本省(市)的太阳能资源、浅层地热资源、生物质资源等可再生能源资源情况进行了潜力分析，提出本省(市)推广可再生的地区及适宜技术重点，从而做到有的放矢。

编制规划方案。“十二五”期间，财政部、住房城乡建设部将进一步加大对可再生能源建筑应用的推广力度，各省市制定本省的建筑节能专项规划或可再生能源建筑应用“十二五”专项规划。按照《财政部 住房城乡建设部关于进一步推进可再生能源建筑应用的通知》(财建［2011］61号)要求，全国部分省(自治区、直辖市)均已出台“十二五”可再生能源建筑应用发展规划。重庆、广西、四川、安徽、宁波、北京、福建、吉林、上海、海南、江苏、深圳已制定或正在制定“十二五”建筑节能专项规划，提出可再生能源建筑规模化应用的目标。

推进能效检测。根据住房和城乡建设部《关于试行民用建筑能效测评标识制度的通知》要求，依据《民用建筑能效测评机构管理暂行办法》，各地纷纷制定相关办法，认定省级能效测评机构。目前，全国已认定的省级能效测评机构60多家。

5.1.2 法规政策体系

可再生能源建筑应用已从“十一五”时期的积极探索、试点示范步入“十二五”时期的法制化、规模化的发展轨道。各地积极制定本地区的节能行政法规，河北、陕西、山西、湖北、湖南、上海、重庆、青岛、深圳、武汉、南京、太原等地出台了建筑节能条例，条例中设置单章节提出推广可再生能源建筑应用。

加快出台强制推广政策和激励政策。截至“十一五”末，全国共有12个省(自治区、直辖市)、24个地级市(含计划单列市)相继发布太阳能光热强制安装激励政策。同时，江苏等省市设立专项资金支持可再生能源建筑应用，部分省市先后研究并对可再生能源建筑应与示范采取减免水资源费、减半征收城市基础建设费及实行优惠电价等财税激励政策。

资金杠杆效应进一步放大。随着可再生能源建筑应用规模扩大，地方调整工作思路，安排相应的配套资金，加快可再生能源建筑应用配套能力建设。部分省市财政按照中央财政补助资金1∶1予以配套，支持可再生能源建筑应用城市示范项目。

5.1.3 技术标准体系

为有效指导和规范不同技术的实施，全国大部分省市的可再生能源建筑应用的技术标准体系不断完善，基本涵盖了设计、施工、验收、运行管理等各个环节。各地结合地区实际，对国家标准进行了细化，部分地区执行了更高水平的标准。加快完善可再生能源建筑应用相关标准、规范、图集等，用于指导可再生能源建筑应用项目的设计、施工、检测、验收等。“十一五”期间，出台和在编标准200余项，其中关于地源热泵的标准、规范、图集共75项，已颁布实施30项。

5.1.4 产业产品体系

强化技术支撑。国家科技支撑计划把建筑节能、绿色建筑、可再生能源建筑应用等作为重大项目，对一批共性关键技术进行研究攻关，取得了明显成效。各地围绕建筑节能工作发展需要，将可再生能源建筑应用统筹于建筑节能技术研发，组织关键技术攻关、工程试点应用、标准规范编制，为在建筑工程中大规模推广应用可再生能源提供技术支撑。

产业聚集发展。可再生能源建筑规模化应用拉动了产业的发展，产业的强大又助推可再生能源的规模化应用。目前，我国已形成以江苏、河北、浙江、江西、上海、广东等地的太阳能光伏产业聚集布局；形成以江苏、浙江、山东等地的太阳能光热产业聚集布局；形成以山东、北京、天津、上海等地的热泵产业聚集布局。

5.1.5 应用模式体系

经过几年的实践，我国已经建造较好的可再生能源建筑应用发展的环境氛围，技术不断取得突破，产业发展良好，为可再生能源建筑应用规模化发展奠定了坚实的基础，在此基础上，有效的推广模式将是由点及面区域化发展的关键，如何在推广模式上创新，从目前全国范围内的经验看，主要可以分为以政府为主导的鼓励或强制应用的推广模式和借助市场机制推广的良性推广模式。

以政府为主导的推广模式。一是由于可再生能源分布的区域差异性的特点，再加上目前处于市场培育的初期且成本较高，融资渠道较少，市场对开发新能源与可再生能源战略意义仍然认识不足，市场风险大，开发周期长，新能源与可再生能源建设项目往往没有常规能源建设项目那样的固定融资渠道，所以政府提供优惠的融资政策尤为必要。二是随着我国对节能减排工作的日益重视，一些地方政府纷纷跟进制定支持可再生能源建筑应用配套政策措施。太阳能热水器被纳入家电下乡补贴名单后，便与强制安装政策并肩成为推动太阳能热利用行业快速发展的“福音”和动力。太阳能强制安装政策在推动太阳能建筑一体化进程和太阳能热利用行业发展方面起到了巨大作用。

引导市场化推广模式。当前可再生能源建筑的应用推广主要是以“政府引导，市场推动”的模式展开。可再生能源建筑应用已被纳入各级政府国民经济和社会发展中长期计划中，尤其中央财政在接下来的“十二五”期间将加大对这方面的资金扶持力度。但与此同时，充分发挥市场机制效率，整合各方力量积极推动可再生能源建筑应用，建立渠道多元化的投融资机制，逐步由政府引导向市场需求拉动转变，政府财政补贴发挥“指挥棒”的作用，而市场机制则是今后长期发展应用推广的主力，充分实现可再生能源建筑应用系统的可持续、低成本运行，最终完全交由市场推行。在市场化的推行过程中，多个省市和地区先后引入国际上先进的市场化节能机制——合同能源管理模式。由专业的节能服务公司负责建筑耗能设备的相关设计、投资建设和运行管理。在操作程序上，节能服务公司将每年的能源运营费用包干，通过先进节能技术和精细化管理实现节能运行，再从节约的运营费用中回收其投资费用及获得投资回报，由此实现合同双方的互利共赢，同时达到减排降耗的目的。此种方法为后期将可再生能源建筑应用完全交由市场推行的发展模式进行探索与实践。在这一方面江苏、广西、河南等省率先做出了大胆尝试，取得了很好的成效，并且积累了丰富经验。

5.2 建筑应用技术评价

本章结合可再生能源建筑应用示范项目实际运行检测数据结果进行分析，对现行地源热泵、太阳能光热、光伏发电等已在全国建筑中广泛应用的三类技术从系统运行效率和节能环保效益等多方面进行了评估，反映了当前这两种技术在实际应用中的水平，对于后续发展存在一定的指导意义。

5.2.1 太阳能光热系统

1. 项目总体概述

2006 年以来，住房城乡建设部组织开展了可再生能源建筑应用示范项目，其中太阳能光热利用是可再生能源建筑应用示范开展的一个重点。

根据已获得的百余个太阳能光热利用项目的数据做样本进行分析。图 5-1 为不同太阳能资源区太阳能光热利用实施量统计。从图中可以看出，太阳能资源丰富的Ⅰ区和Ⅱ区实施量并不高，而资源相对不丰富的Ⅲ区实施量却很高，发展势头迅猛。这和当地经济社会条件以及政府推动力度有很大关系。

在可再生能源建筑应用示范项目中，太阳能热水占绝大多数，占项目总数的84%，太阳能采暖占3%，而太阳能制冷只有1%，热水采暖复合利用项目比例占到8%，还有1%

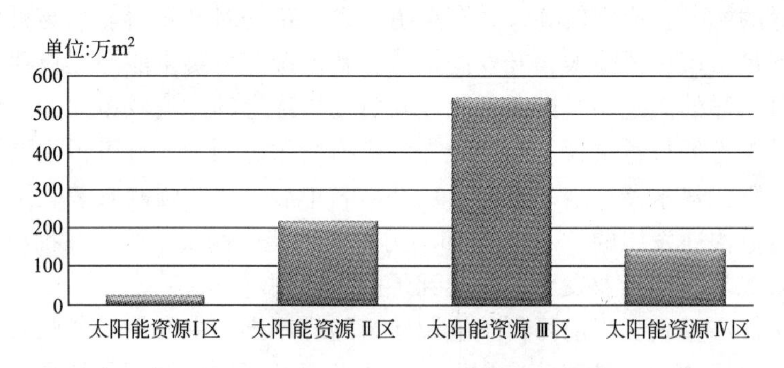

图5-1　各技术类型项目数量所占比例

是热水、采暖和制冷复合利用，见图5-2。由此可以看出，目前绝大多数的太阳能热利用示范项目主要还是用于制备生活热水，因为相对于采暖和制冷的利用，热水系统技术更加完备，对太阳能的利用率相对来说更高点；其次由于太阳能采暖系统以及制冷系统受到资源限制特别明显，不能提供持续稳定的热量或冷量，需要相应的辅助设备；由于太阳能制冷系统和供热系统相对于太阳能热水系统除投资更大，投资回收期也相对更长，因此经济方面的因素也是限制其发展的重要原因。

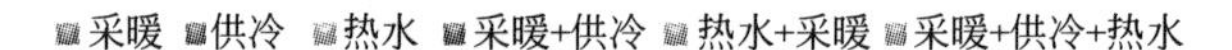

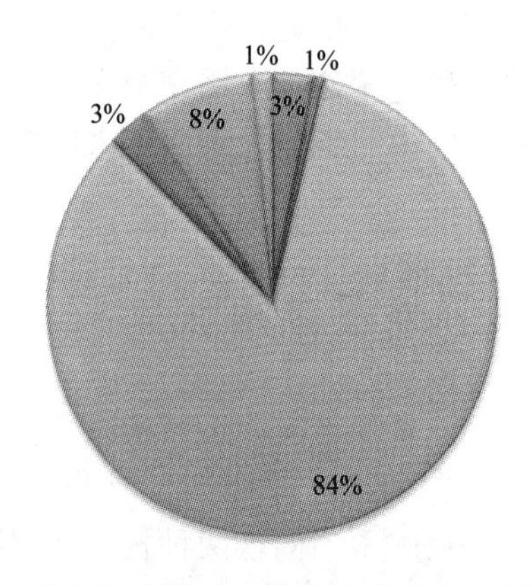

图5-2　太阳能热利用示范项目不同用途及所占比例

太阳能热利用系统中，接受太阳能辐射并向水传递热量的部件，称为太阳能集热器。目前主要有平板型、全玻璃真空管、真空热管三种太阳能集热器，各种太阳能集热器各有优缺点，分别适用于不同的地区、不同的用途，性能价格比也不同。

（1）平板型太阳能集热器

1）平板型太阳能集热器是金属管板式结构，热效率高、产热水量大、可承压、耐空晒、水在铜管内加热，质量稳定可靠，免维护，15年寿命。

2）无抗冻能力，适合于广东、福建、云南、广西、海南等冬天不结冰地区适用，性价比高。

3）规格：$1\times2m^2$，无云晴天产55℃热水量：$75\sim140kg/m^2$。

4）高吸收率：$\alpha_s\geqslant92\%$，低发射率：$\varepsilon_h\leqslant10\%$，日平均热效率$\eta_d\geqslant55\%$。

（2）全玻璃真空管太阳能集热器

1）全玻璃真空管太阳能集热器有一定的抗冻能力，适合在气温为 0 ~ －20℃的地区适用。

2）不承压，使用时不能缺水空晒，否则易爆裂玻璃管。

3）规格：有多种规格可供选择，无云晴天产 55℃热水量：70 ~ 130kg/m^2。

4）高吸收率：$\alpha_s \geqslant 90\%$，低发射率：$\varepsilon_h \leqslant 8\%$，日平均热效率 $\eta_d \geqslant 50\%$。

（3）真空热管太阳能集热器

1）真空热管太阳能集热器有很强的抗冻能力，适合在冬天气温为 0 ~ －40℃的地区适用。

2）可承压，耐空晒，不易爆管。

3）热容量小，启动快，可用于产高温热水、开水。

4）规格：有多种规格可供选择，无云晴天产 55℃热水量：70 ~ 130kg/m^2。

5）高吸收率：$\alpha_s \geqslant 90\%$，低发射率：$\varepsilon_h \leqslant 8\%$，日平均热效率 $\eta_d \geqslant 50\%$。

在全国可再生能源建筑应用光热示范项目中，平板型集热器应用最为广泛，达到 48%，其次是全玻璃型真空管占总比例的 31%，玻璃-金属真空管型集热器以及热管式真空管型集热器也占一定的比例，图 5-3 是我国可再生能源建筑应用光热利用项目太阳能集热器类型比例。

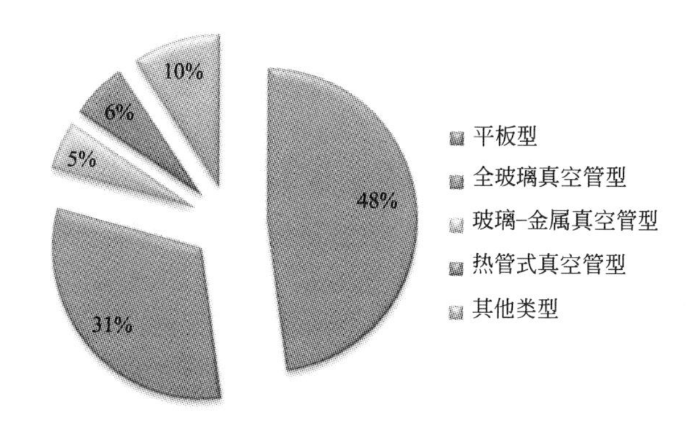

图 5-3 可再生能源建筑应用光热利用示范项目集热器类型及所占比例

2. 系统运行分析

类似于热泵系统中的能效比，太阳能保证率是衡量太阳能光热系统的重要评价指标。太阳能保证率是太阳能热水系统中由太阳能集热系统提供的热量 Q_c 与系统可提供给用户的热量 Q_T 之比。

在系统负荷一定的情况下，集热器面积不同，系统的太阳能保证率也不同，则太阳能系统每年节省的资金也不同。在太阳能系统的设计中，首先需要计算出一系列不同集热器面积下的太阳能保证率，以得出不同系统每年节省的资金数，由此确定系统最经济的集热器面积和太阳能保证率。这样才能确定系统的蓄热以及其他设备的大小。所以说，太阳能保证率 f 的计算是太阳能系统设计中的一个关键问题。

影响太阳能保证率的因素主要有辐射量分布、集热器运行温度、负荷分布、集热器面积、蓄热箱体积、系统其他部件热损失及系统形式等。

在已发布的《可再生能源建筑应用工程评价标准》中对太阳能保证率及集热系统效率进行了规定：太阳能热利用系统的太阳能保证率应符合设计文件的规定，当设计无明确规定时，应符合表 5-1 的规定。

不同地区太阳能热利用系统的太阳能保证率 f(%) **表 5-1**

太阳能资源区划	太阳能热水系统	太阳能采暖系统	太阳能空调系统
资源极富区	$f \geqslant 60$	$f \geqslant 50$	$f \geqslant 40$
资源丰富区	$f \geqslant 50$	$f \geqslant 40$	$f \geqslant 30$
资源较富区	$f \geqslant 40$	$f \geqslant 30$	$f \geqslant 20$
资源一般区	$f \geqslant 30$	$f \geqslant 20$	$f \geqslant 10$

在该标准中对太阳能热水系统的评价按太阳能保证率分为 3 级，1 级最高。太阳能保证率按表 5-2 的规定进行划分。

不同地区太阳能热水系统的太阳能保证率 f(%)级别划分 **表 5-2**

太阳能资源区划	1 级	2 级	3 级
资源极富区	$f \geqslant 80$	$80 > f \geqslant 70$	$70 > f \geqslant 60$
资源丰富区	$f \geqslant 70$	$70 > f \geqslant 60$	$60 > f \geqslant 50$
资源较富区	$f \geqslant 60$	$60 > f \geqslant 50$	$50 > f \geqslant 40$
资源一般区	$f \geqslant 50$	$50 > f \geqslant 40$	$40 > f \geqslant 30$

本节对收集的 77 个太阳能热水系统样本按太阳能资源分区进行了分析，考虑到位于太阳能资源 I 区的样本数量极少，主要对太阳能资源Ⅱ、Ⅲ、Ⅳ区的太阳能保证率进行分析，见图 5-4 ~ 图 5-6 。

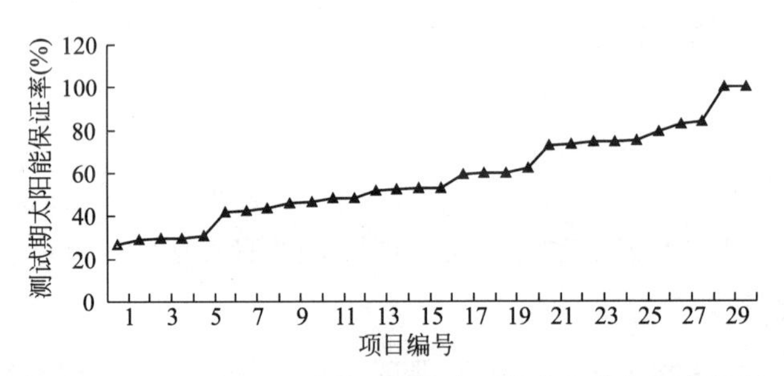

图 5-4　太阳能资源Ⅱ区太阳能热水系统太阳能保证率情况

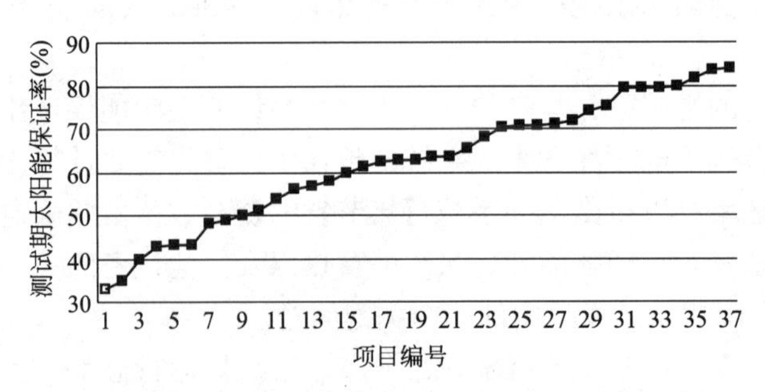

图 5-5　太阳能资源Ⅲ区太阳能热水系统太阳能保证率情况

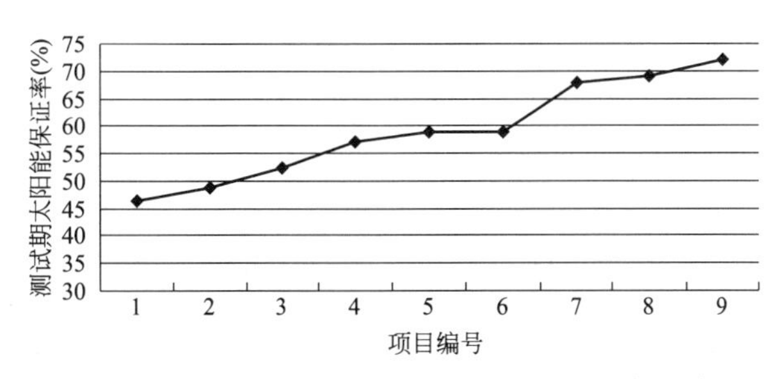

图 5-6　太阳能资源Ⅳ区太阳能热水系统太阳能保证率情况

由图可以看出：

（1）位于资源丰富区的 30 个样本中 1/3 的系统太阳能保证率满足 1 级水平达到 70% 以上，大部分样本集中在 50% ~70% 之间，部分项目未达到评级标准；位于资源较富区的 37 个样本中，基本均达到评级标准，其中达到 1 级标准的约占 2/3，整体应用水平较好；位于资源一般区的样本量较少共 9 个，基本均达到了 1 级标准。

（2）太阳能资源Ⅲ区与其他两区比较，分布的样本数量最多，整体应用水平也较好。虽然太阳能资源是影响太阳能保证率的重要因素，但其他影响因素还有很多，包括当地经济、政策、产业以及系统形式等，都会直接影响全年太阳能保证率。

（3）太阳能建筑一体化应用

太阳能与建筑一体化是将太阳能光热系统纳入建筑设计的内容，科学、合理、巧妙的建筑设计对太阳能建筑来说必不可少。对于太阳能光热系统，如果将大部分太阳能构建进行隐藏、遮挡、淡化，或是将太阳能外露部件与建筑立面进行有机结合，如太阳能部件设计成现代里面装饰构件、屋顶飘板、幕墙、阳台栏板、遮阳构件、雨棚、花架、装饰玻璃、建筑小品等，对太阳能建筑设计而言都十分重要。

太阳能光热系统与建筑一体化是指在建筑设计的初期阶段，将太阳能光热器系统纳入建筑设计的内容，成为建筑不可分割的组成部分，而不是附加的多余部分，统一设计、统一安装与建筑物统一交付使用。

从太阳能光热应用示范项目来看，目前大部分光热利用项目设计时并未考虑与建筑一体化设计，只有 28% 的光热项目与建筑一体化设计。示范项目在一体化设计中，集热器与建筑一体化形式多样，主要包括：屋顶构建、阳台护栏、屋顶支架、外墙、采光顶、外遮阳结构等，各种一体化形式以及所占比例见图 5-7。

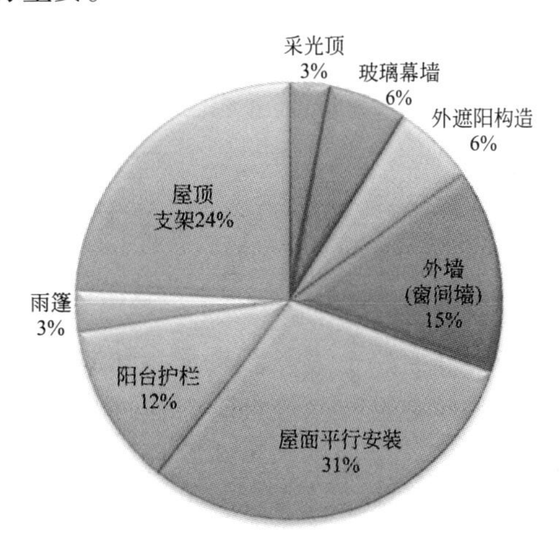

图 5-7　光热利用示范项目与建筑一体化形式及所占比例

5.2.2　地源热泵

1. 项目总体概述

根据 2006 ~2008 年，财政部、住房和城乡建设部先后组织申报的多批次示范项目情况，其中采用地源热泵技术的项目审批通过近300项，技术形式包括土壤源热泵、地下水源热泵、海水源热泵、污水源热泵以及结合太阳能技术的复合热泵等类型。相关示范项目建成并投入使用后需要通过指定的检测机构进行能效测评并出具报告，在这个过程中需要对相关系统实际运行中反映能效水平、室内供热制冷效果以及室外气象参数等数据进行采集与计算，而后给出评价结论。目前对所批复项目已完成检测比例约为81%（近年批复项目部分在建），其中已完成检测的地源热泵示范项目占74%，如图5-8为全国不同气候区已完成检测热泵项目数分布情况。通过对各项目检测报告中相关数据的整理，能够从一定程度上反映出我国地源热泵在不同气候区、不同季节以及采取不同冷热源技术方式下的实际应用水平。

对于地源热泵项目，在检测过程中为了使测试结果能够反映热泵系统的实际运行水平，一般选取典型工况进行测试，即要求满足以下两个基本原则：(1)机组及系统的负载率水平应保持在较高水平下，可以连续稳定运行，不因负荷过小而经常卸载与停机或负荷变化率较大；(2)热泵机组与循环水泵运行配比合理，各水路系统运行稳定。

从已完成检测项目个数或实施量情况来看，80%的项目分布在我国华北和东北南部地区，对应的建筑气候区划为寒冷地区和严寒地区，具体：寒冷地区（95个，实施量913.97万m^2），主要应用省市包括北京、天津、河北、山东等，严寒地区（56个，实施量767.54万m^2）主要应用省市包括辽宁、黑龙江等，如图5-8所示。

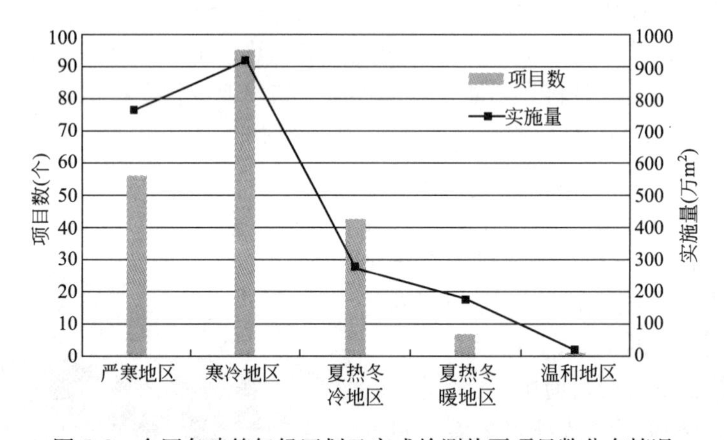

图5-8　全国各建筑气候区划已完成检测热泵项目数分布情况

按照建筑热工气候区来看，严寒、寒冷地区应用地源热泵技术较为广泛，约占80%，其主要技术形式以地下水源热泵和土壤源热泵为主，如图5-9所示，这是由于地源热泵系统在供热时效果更为明显，在北方应用较为广泛。夏热冬冷地区主要以应用土壤源热泵和地表水源热泵为主，项目比例约占18%。

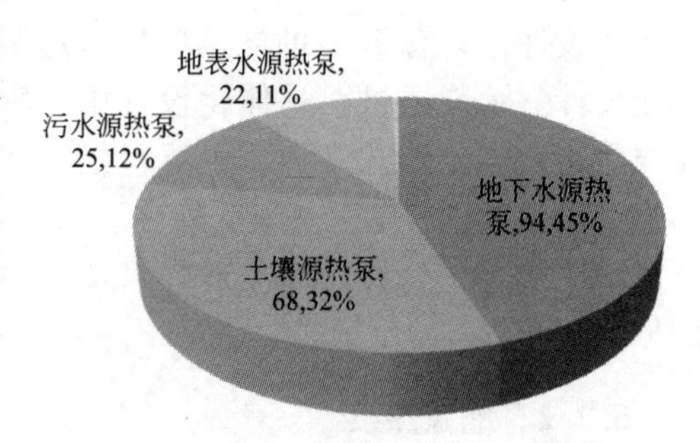

图5-9　已完成检测项目中不同热泵冷热源技术应用情况

按照地源热泵冷热源类型来看，就全国已检测热泵项目中各类技术应用比例看，地下水源热泵和土壤源热泵为主要应用形式，分别占

44.7%和32.4%，如图5-12所示。

2. 系统运行分析

地源热泵系统性能系数(以下简称系统COP)，是衡量地源热泵系统能效水平的一个重要指标，主要是指地源热泵系统制热量(或制冷量)与热泵系统总耗电量的比值，热泵系统总耗电量包括热泵主机、混合系统冷水机组、各级循环水泵的耗电量。

(1) 土壤源热泵系统

土壤源热泵是一种与土壤进行能量交换的空调系统，即把传统空调器的外侧换热器直接埋入地下，使其与土壤进行热交换，或通过中间介质作为热载体，并使中间介质在封闭环路中通过大地循环流动，从而实现与大地进行热交换的目的。

土壤源热泵系统由土壤热交换系统、热泵机组和末端系统三大部分组成。土壤源热泵系统的土壤热交换环路采用埋管(即埋置地下换热器)的方式来实现，埋管方式多种多样，目前普遍采用的有垂直埋管和水平埋管两种基本的配置形式。图5-10、图5-11分别为垂直埋管和水平埋管土壤源热泵系统供热原理图。

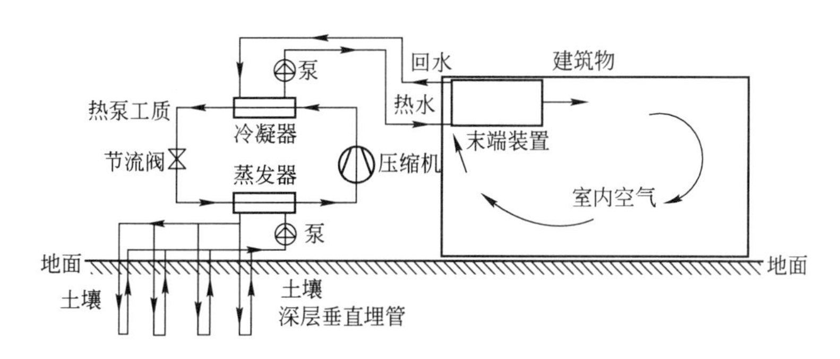

图5-10　垂直埋管土壤源热泵系统原理示意图

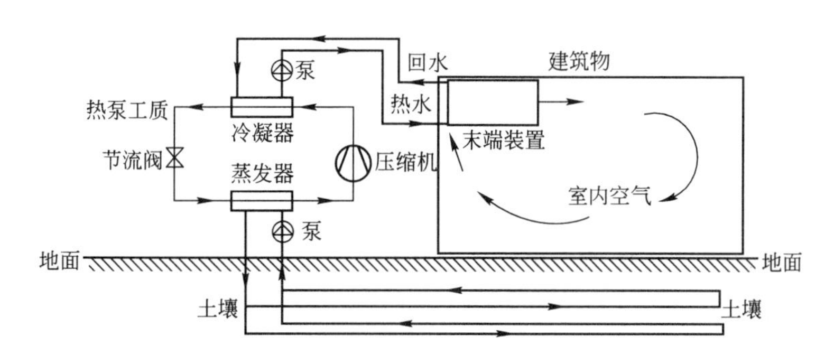

图5-11　水平埋管土壤源热泵系统原理示意图

土壤源热泵系统的性能系数受土壤、岩土、原始地温、日照强度、回填材料、埋管形式、循环流量、管间距、管材等因素的影响。

(2) 地下水源热泵系统

地下水源热泵系统是地源热泵系统的一种形式，它利用地下水体储存的热能，分别在冬季作为热泵供暖的热源和夏季空调的冷源，通过地下水源热泵系统为建筑供热或供冷。地下水源热泵系统由地下水换热系统、水源热泵机组系统、建筑物内空调系统组成，如图 5-12 所示。

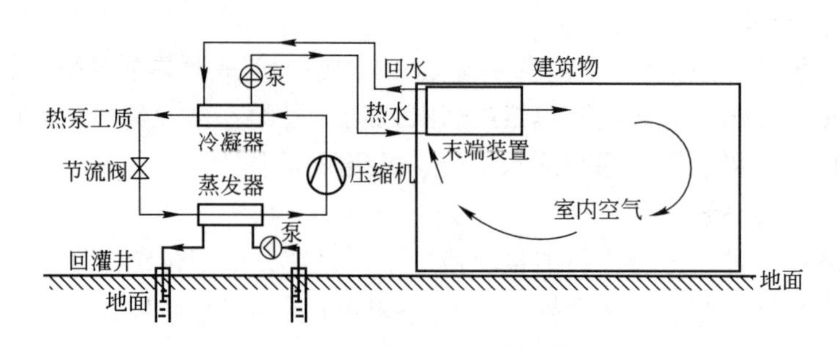

图 5-12　地下水源热泵系统原理示意图

地下水源热泵空调系统的性能受水温、水量、水文地质条件、回灌技术、热源井的井位与井间距等因素影响。

(3) 地表水源热泵系统

地表水源热泵系统利用建筑物附近的水库水、湖水、江(河)水和海水中的冷量或热量为建筑供冷供热。地表水源热泵系统由地表水换热系统、热泵机组和末端系统三大部分组成，其原理图如图 5-13 所示。

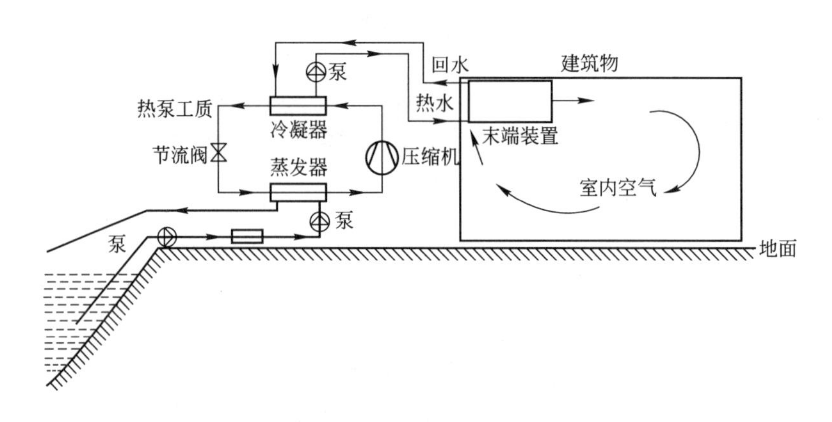

图 5-13　地表水源热泵系统原理示意图

地表水源热泵系统比较容易受地区的限制。不同纬度和海拔的地区地表水的温度会有很大的不同。地表水的水温能够直接影响到热泵系统供冷和供热的能效比。除此之外，还应考虑到水源水质、水深、水体面积等因素的限制。

3. 应用水平分析

由于地源热泵根据热源类型可将其分为两大类：土壤源热泵和水源热泵，其中，水源热泵又可根据水质不同分为地下水、地表水等热泵系统。各类冷热源侧技术较为复杂，地域、气候等自然条件的不同，对地源热泵系统的能效影响较大，因此有必要进行针对各类热泵技术的应用水平进行初步分析。因此从不同的建筑热工气候分区以及不同的土壤源热泵技术两个角度进行分析。

对于不同的气候区，各类技术冬夏两季系统 COP 存在如下情况：

(1) 冬季系统 COP

分别对已获得的121个测试了冬季系统COP的样本进行了分析，其中取得不同气候区不同技术类型的均值见图5-14。其中严寒、寒冷地区地下水源热泵系统样本和寒冷地区土壤源热泵系统样本均超过20个，具有较好的代表性，取得的均值分别为3.14、3.09和2.87，就检测结果来说取得一定示范效果。地下水源热泵和土壤源热泵在寒冷地区和夏热冬冷地区是两种常见的示范技术类型，地下水源热泵比土壤源热泵更易获得较高的节能性。

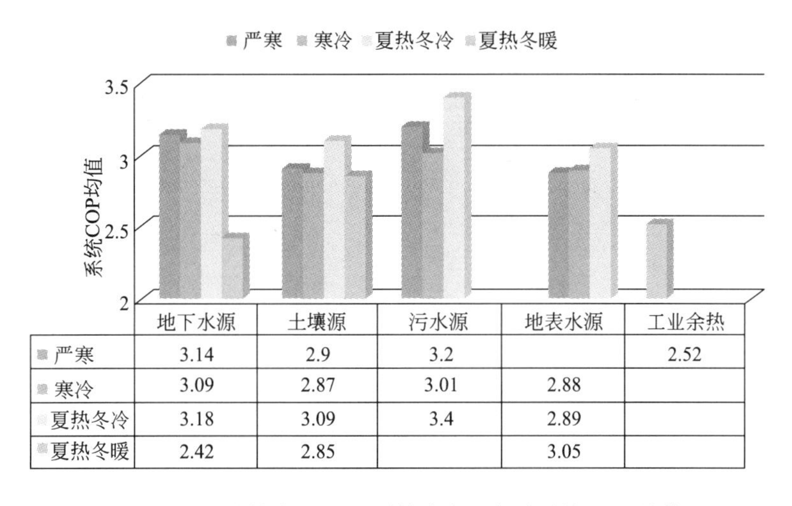

	地下水源	土壤源	污水源	地表水源	工业余热
严寒	3.14	2.9	3.2		2.52
寒冷	3.09	2.87	3.01	2.88	
夏热冬冷	3.18	3.09	3.4	2.89	
夏热冬暖	2.42	2.85		3.05	

图5-14　不同气候区、不同技术类型冬季系统COP均值

（2）夏季系统COP

获得的夏季系统COP的样本数量总计116个，不同气候区、不同技术类型夏季系统COP均值如图5-15。由于在样本中寒冷地区和夏热冬冷地区样本数量较多，故具有较好的代表性，从图5-15中可以看出，夏季系统COP均值水平较高，夏热冬冷地区各技术类型的平均水平均高于寒冷地区。

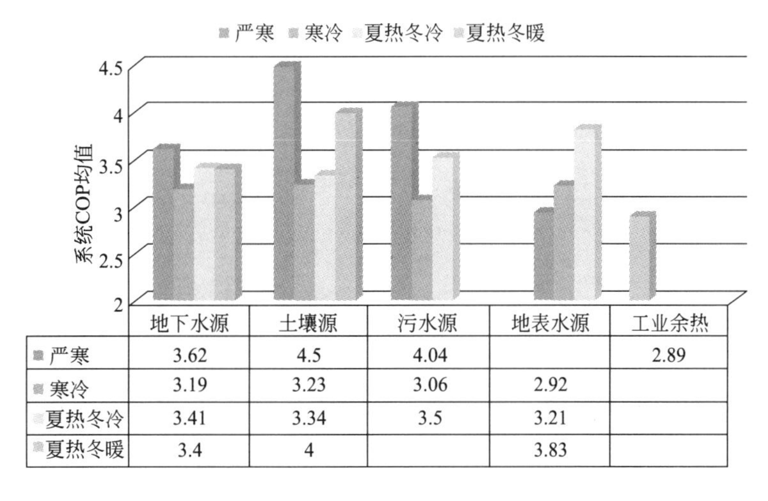

	地下水源	土壤源	污水源	地表水源	工业余热
严寒	3.62	4.5	4.04		2.89
寒冷	3.19	3.23	3.06	2.92	
夏热冬冷	3.41	3.34	3.5	3.21	
夏热冬暖	3.4	4		3.83	

图5-15　不同气候区、不同技术类型夏季系统COP均值

从几种技术类型看，对寒冷地区来说，土壤源热泵 > 地下水源热泵 > 污水源热泵 > 地表水源热泵；对夏热冬冷地区来说，地下水源热泵 > 土壤源热泵 > 地表水源热泵（由于夏热冬冷地区污水源热泵样本量为1，代表性较差，故不列入）。

（3）全年

全年系统COP的样本量总计68个，不同气候区、不同技术类型夏季系统COP均值如图5-16。其中严寒地区、寒冷地区地下水源热泵系统和寒冷地区土壤源热泵系统样本数量超过10个，具有较好的代表性，地下水源热泵系统的全年系统COP达到3.25以上，系统能效比较高，土壤源热泵系统全年系统COP平均水平在各个气候区差异较大，污水源热泵共计4个样本，均获得了较好的系统能效水平。

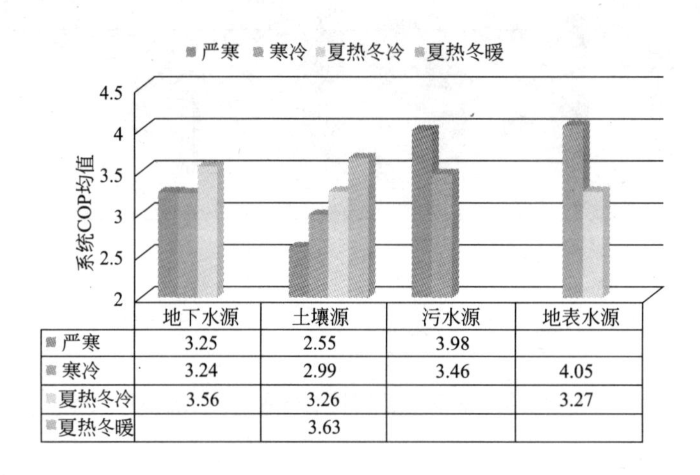

	地下水源	土壤源	污水源	地表水源
严寒	3.25	2.55	3.98	
寒冷	3.24	2.99	3.46	4.05
夏热冬冷	3.56	3.26		3.27
夏热冬暖		3.63		

图5-16　不同气候区、不同技术类型全年系统COP均值

5.2.3　太阳能光伏系统

1. 项目总体概述

2009～2012年，财政部、住房和城乡建设部陆续组织实施太阳能光电建筑应用示范项目，截止2012年，全国共批准光电建筑示范项目600余个，总装机容量近900MW，各省（市）具体实施情况如图5-17所示。示范工程重点向产业基础好、资源丰富的省（市）倾斜；重点引导光伏与建筑一体化发展，重点扶持技术先进的光伏产品推广应用。

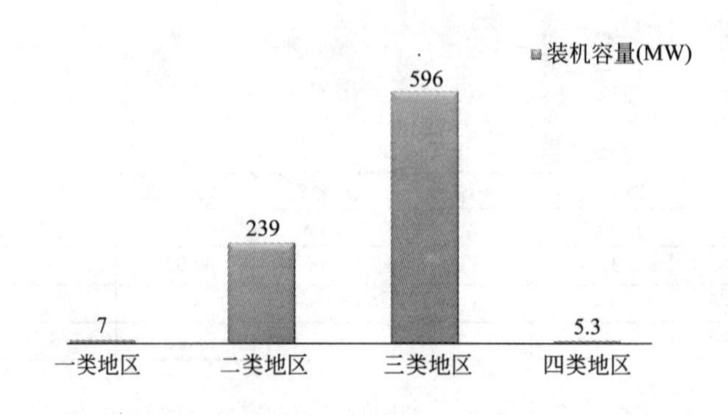

图5-17　不同太阳能资源区光电建筑项目实施量

我国光伏建筑一体化项目集中在太阳能资源二、三类地区，太阳能资源较好的一类地区实施量较少，主要与该地区经济发展水平、建筑实施总量及用电消纳能力等有关。

2010 年，住房和城乡建设部组织编写的《建筑太阳能光伏系统设计与安装》图集中，明确将太阳能光伏与建筑的结合形式定义为两种，如表 5-3 所示。一是太阳能电池与建筑材料复合在一起，成为建筑材料或建筑构件的建材型光伏组件；二是普通型光伏组件，或称非建材型光伏组件，既光伏组件与建筑组合在一起，维护更换时不影响建筑功能，或直接安装在建筑外维护结构上的光伏组件。非建材型又分为支架型与构件型。支架型是指在平屋顶上安装、坡屋面上顺坡架空安装以及在墙面上与墙面平行安装等形式；构件型指与建筑构件组合在一起或独立成为建筑构件的光伏构件。

光伏与建筑一体化结合形式 **表 5-3**

<table>
<tr><th colspan="2">一体化类型</th><th>一体化形式</th></tr>
<tr><td colspan="2" rowspan="4">建材型</td><td>光伏瓦</td></tr>
<tr><td>光伏砖</td></tr>
<tr><td>光伏幕墙</td></tr>
<tr><td>光伏采光顶</td></tr>
<tr><td rowspan="6">非建材型</td><td rowspan="3">构件型</td><td>光伏雨棚</td></tr>
<tr><td>光伏遮阳板</td></tr>
<tr><td>光伏栏板</td></tr>
<tr><td rowspan="3">支架型</td><td>屋顶平行支架</td></tr>
<tr><td>屋顶倾斜支架</td></tr>
<tr><td>墙面支架</td></tr>
</table>

目前，我国实施的太阳能光电建筑应用示范项目中，建材型组件的装机容量占示范项目总装机容量的 1/3，非建材型组件占 2/3。

2. 系统运行分析

（1）系统效率

太阳能光伏发电系统是利用光伏电池板直接将太阳辐射能转化为电能的系统，主要由太阳能电池板、控制器、电力电子变换器以及负载等部件构成。

光伏发电系统效率是指在没有能量损失的情况下，系统实际发电量与组件标称容量的发电量之比。在测量标准条件下（25℃、AM1.5），标称容量为 1kWp 的组件，接收到 1kWh/m^2 太阳辐射能时的理论发电量为 1kWh。光伏发电系统效率由光伏阵列效率、逆变器效率、交流并网效率组成。

1）光伏阵列效率（η_1）

光伏阵列在 25℃、1000W/m^2 太阳辐射强度下，实际的直流输出功率与标称功率之比，称为光伏阵列效率。光伏阵列在现场运行中，往往达不到测试条件，会有一定的损失。

2）逆变器效率（η_2）

光伏逆变器是太阳能并网发电系统中关键的电子组件，其主要功能是将收集到的可变直流电压输入转变为无干扰的交流正弦波输出。光伏并网逆变器由两个部分组成，最大功率点跟踪（MPPT）和直流-交流变换部分。

3）交流并网效率（η_3）

交流并网效率是指从逆变器输出至高压电网的传输效率，其中主要是升压变压器的效率。

4）光伏系统总效率（η）

光伏系统总效率为：

$$\eta = \eta_1 \times \eta_2 \times \eta_3$$

式中 η_1——光伏阵列效率；

η_2——逆变器效率；

η_3——交流并网效率。

（2）一体化附加效应量化分析

随着光伏组件与建筑一体化水平不断提高，一些新的附加功能也日渐体现出来，如表5-2所示。附加效应主要从替代建筑材料与隔热、保温两个方面体现。评价光伏建筑一体化系统时，需要对高集成度组件的附加效应进行量化分析。

3. 效益评估

太阳能光电建筑示范项目效益评价主要从环境效益和经济效益两方面进行。

（1）环境效益

依据《可再生能源建筑应用示范项目测评导则》，环境效益评估主要有常规能源替代量、有害气体减排量。

太阳能光伏建筑一体化系统的常规能源替代量为：

$$Q_{td} = D \times E_n$$

式中 Q_{td}——太阳能光伏建筑一体化系统的常规能源替代量，kg 标准煤；

D——每度电折合所耗标准煤量，kg/kWh；

E_n——太阳能光伏系统年发电量，kWh。

太阳能光伏建筑一体化系统的二氧化碳减排量为：

$$Q_{dco_0} = Q_{td} \times V_{co_0}$$

式中 Q_{dco_0}——太阳能光伏建筑一体化系统的二氧化碳减排量，kg/年；

Q_{td}——太阳能光伏系统的常规能源替代量，kg 标准煤；

V_{co_0}——标准煤的二氧化碳排放因子，取值为2.47。

太阳能光伏建筑一体化系统的二氧化硫减排量为：

$$Q_{dso_0} = Q_{td} \times V_{so_0}$$

式中 Q_{dso_0}——太阳能光伏建筑一体化系统的二氧化硫减排量，kg/年；

Q_{td}——太阳能光伏系统的常规能源替代量，kg 标准煤；

V_{so_0}——标准煤的二氧化硫排放因子，取值为 0.02。

太阳能光伏系统的粉尘减排量为：

$$Q_{dfc} = O_{td} \times V_{fc}$$

式中　Q_{dfc}——太阳能光伏系统的粉尘减排量，kg/年；

O_{td}——太阳能光伏系统的常规能源替代量，kg 标准煤；

V_{fc}——标准煤的粉尘排放因子，取值为 0.01。

（2）经济效益

光伏建筑一体化系统的经济效益主要取决于系统的成本电价与当地电价。确定光伏建筑一体化的成本电价有以下几个因素：初始投资、年发电量、投资回收期以及系统运行成本等。

初始投资包括可行性研究、工程设计、太阳能光伏电池、并网逆变器、配电测量及电缆、设备运输、安装调试、入网检测、税金及其他。

光伏发电系统发电量主要取决于当地日照条件(年满负荷发电时间)、光伏发电系统运行方式以及系统中各环节的效率。

投资回收期是指从光伏项目的投建之日起，用项目所得的净收益偿还原始投资所需要的年限。投资回收期分为静态投资回收期与动态投资回收期两种。静态投资回收期是在不考虑资金时间价值的条件下，以项目的净收益回收其全部投资所需要的时间；动态投资回收期是把投资项目各年的净现金流量按基准收益率折成现值之后，再计算投资回收期。

运行成本包括维修费、设备大修更新费、固定资产折旧费和其他费用等。由于光伏发电在营运过程中，不需要原材料，也没有运动磨损部件，因此维护费用不高。此外，运行成本还需考虑贷款利息及其浮动的影响。

光伏与建筑一体化发电系统每年的发电收入为：

$$D_{int} = (1 - K) \cdot P \cdot H \cdot T + \frac{C_{sav}}{L}$$

式中　D_{int}——年发电收入；

K——一体化折损系数为；

P——光伏系统装机容量；

H——当地年满负荷发电小时数；

T——当地电价；

C_{sav}——附加效应节约的费用；

L——系统寿命，约 20～30 年。

高集成度光伏组件的安装倾角和方位角，受建筑结构与组件集成形式影响，难以达到最佳角度。计算光伏建筑一体化系统成本电价时，引入一体化折损系数 K[1]，分析发电量折损量。根据组件一体化程度，取值范围为 0～0.3。例如以当地最佳倾角安装的屋顶支架

[1] 侯国青等. 并网光伏发电上网浅析. 太阳能，2012(2).

型组件，取 $K=0$；安装在东西立面的光伏幕墙或墙面支架型组件，取 $K=0.2\sim0.3$。其他集成形式的组件根据安装情况，确定各自的一体化折损系数。

在预期的投资回报期内能够收回光伏系统总投资成本的最低电价，定义为光伏系统成本电价。光伏发电系统日常运行费用较少，所以成本电价主要与预期的投资回收期密切相关，其数学表达式为：

$$T=\frac{\frac{C_{inv}}{P_{ret}}+C_{op}+C_{lo}-C_{sav}/L}{(1-K)\cdot P\cdot H}$$

式中 T——成本电价；

C_{inv}——初投资；

C_{sav}——附加效应节约的费用；

P_{ret}——投资回报期；

C_{op}——年平均系统运行费用；

C_{lo}——年平均贷款利息；

K——一体化折损系数；

P——系统装机容量；

H——年满负荷发电小时数。

假定按单位装机成本 11000 元/kW，贷款比例为 70%，年利率为 7%，每年运营费用占投资费用的 2% 计算，对全国部分地区光伏发电系统的收益情况进行分析。分析时不考虑对光伏系统的补贴收入，分析结果如表 5-4 所示。

全国部分省市光伏发电系统收益比较 **表 5-4**

地区	年满负荷发电时间(h)	投资回报周期(年)	成本电价(元/kWh)	白天平均电价(元/kWh)	收益(元/kWh)
北京	1343	10	1.43	1.11	<0
		15	1.15		<0
		20	1.00		>0
河北	1391	10	1.33	0.95	<0
		15	1.07		<0
		20	0.94		>0
山东	1423	10	1.33	0.83	<0
		15	1.07		<0
		20	0.94		<0
浙江	1198	10	1.55	1.02	<0
		15	1.24		<0
		20	1.09		<0
上海	1313	10	1.43	1.01	<0
		15	1.15		<0
		20	1.00		>0

续表

地区	年满负荷发电时间(h)	投资回报周期(年)	成本电价(元/kWh)	白天平均电价(元/kWh)	收益(元/kWh)
福建	1225	10	1.55	0.94	<0
		15	1.24		<0
		20	1.09		<0
广东	1243	10	1.55	0.92	<0
		15	1.24		<0
		20	1.09		<0
海南	1423	10	1.33	0.83	<0
		15	1.07		<0
		20	0.94		<0

根据表5-4的计算结果，还无法实现“平价上网”，仍需要国家实施相应的补贴政策以促进光伏建筑一体化的发展。

初投资和年满负荷发电小时数是影响成本电价最主要的两个因素。太阳能光伏电池占光伏发电系统成本的60%以上，其光电转换效率直接影响年满负荷发电小时数，所以实现“平价上网”最现实的途径，主要是提高电池光电转换效率以及降低电池成本。目前太阳能电池实验室效率如表5-5所示。晶硅电池在原有的工艺技术上进行改进，转换效率有望提高到目前实验室水平的25%；新型太阳能电池转换效率高，原材料来源丰富，无毒而且稳定耐用，发展前景广阔。自2008年起，全球光伏组件价格持续下降。以目前大规模应用的晶硅太阳能电池为例，如图5-18所示，2012年的价格已下降至1$/W以下，随着技术进步，未来还有继续下降的空间，进一步降低成本电价。

当前国际太阳能电池实验室效率　　表5-5

电池种类	实验室最高转换效率(%)	研制单位
单晶硅太阳能电池	24.7±0.5	澳大利亚新南威尔士大学
多晶硅太阳能电池	20.3±0.5	德国弗朗霍夫研究所
非晶硅太阳能电池	14.5±0.7	美国USSC公司
铜铟镓硒CIGS	19.5±0.6	美国国家可再生能源实验室
碲化镉CdTe	16.9±0.5	美国国家可再生能源实验室
纳米硅太阳电池	10.1±0.2	日本钟渊公司
染料敏化电	11.0±0.5	EPFL

按照我国光伏产业目前的发展趋势，随着技术进步以及成本降低，初始投资将以每年8%的速度降低，到2015年可基本实现发电成本小于1万元/kWh。若全国电价以每年6%的速度增长，到2015年，工商业电价将远超过光伏成本电价，率先实现“平价上网”；到2020年，全国平均用电价格将超过成本电价，实现发电侧的“平价上网”❶。

❶《中国光伏发展报告，2011》。

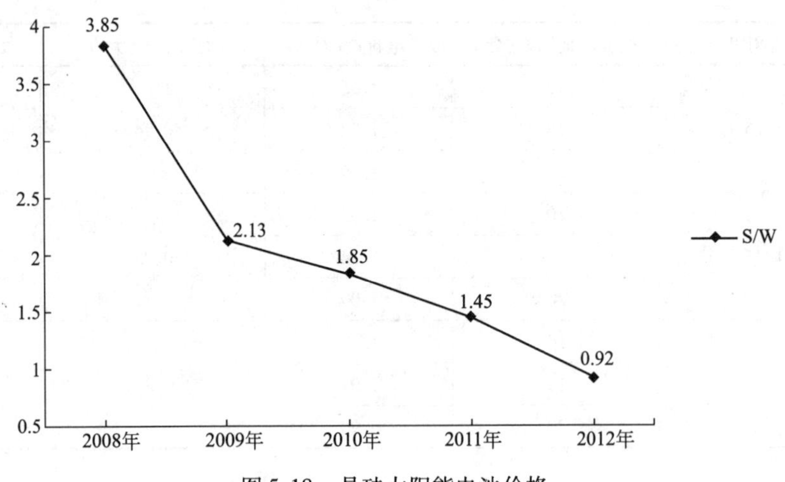

图 5-18　晶硅太阳能电池价格

5.3　实　践　案　例

5.3.1　太阳能光热

1. 青岛国际帆船中心

(1) 项目概况

青岛国际帆船中心可再生能源建筑应用示范项目位于青岛市浮山湾畔，原青岛北海船厂厂区，毗邻青岛市五四广场。项目由青岛东奥开发建设集团公司承办，建筑类型为公用建筑，占地面积 31.21 万 m^2，总建筑面积 12.12 万 m^2。该工程示范了太阳能制冷、太阳能热水以及海水源热泵技术，节能示范面积 3.06 万 m^2，为住房和城乡建设部、财政部第二批可再生能源建筑应用示范项目，如图 5-19 和图 5-20 所示。

图 5-19　青岛国际帆船中心(1)

图 5-20　青岛国际帆船中心(2)

(2) 技术方案

后勤保障中心采用太阳能吸收式空调系统实现夏季制冷、冬季采暖、全年提供生活热水。系统首先采用太阳能热水作为能源供应，不足部分由热力管网中的热水驱动吸收式制冷机组。系统安装集热器总面积 638m^2，设计提供年供应能量 4350334.1MJ。图 5-21 为系统运行原理图。

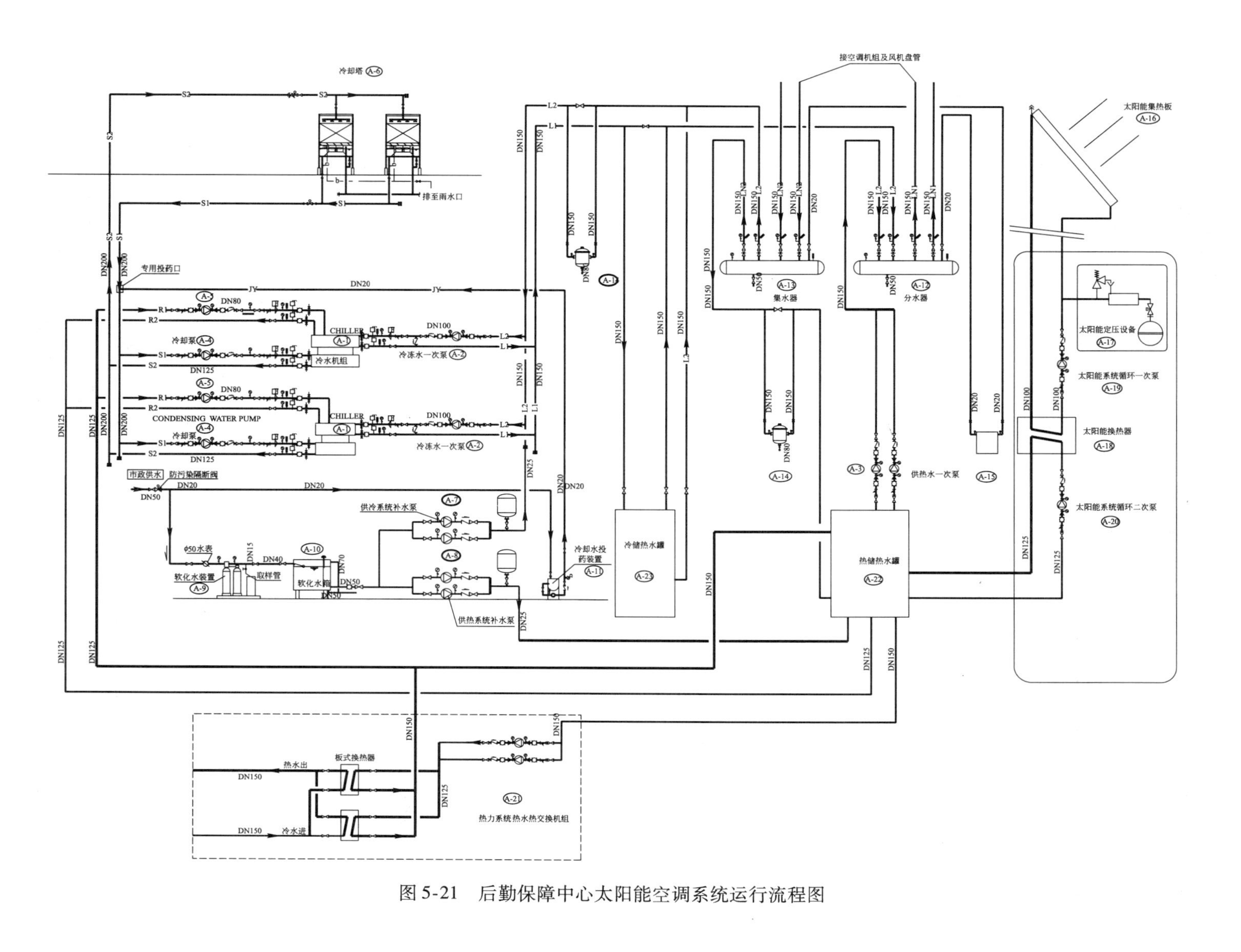

图 5-21　后勤保障中心太阳能空调系统运行流程图

（3）指标测评值

测评机构于 2009 年 9 月对该项目太阳能空调系统进行了测试，集热系统效率为 48.3%，太阳能制冷 COP 为 0.27，具体数值如表 5-6 所示。

测试结果统计表 **表 5-6**

序号	指标	检测值	备注
1	集热器面积（m^2）	589.9	集热器轮廓采光面积
2	太阳辐照量（MJ/m^2）	23.4	集热器倾斜面
3	集热系统循环水流量（m^3/h）	21.56	平均值
4	集热系统进口水温（℃）	76.3	平均值
5	集热系统出口水温（℃）	84.9	平均值
6	热源水循环流量（m^3/h）	36.0	平均值
7	热源水进口温度（℃）	63.2	平均值
8	热源水出口温度（℃）	61.0	平均值
9	冷冻水流量（m^3/h）	37.8	平均值
10	冷冻水进口温度（℃）	10.6	平均值
11	冷冻水出口温度（℃）	7.9	平均值
12	制冷房间室内温度（℃）	23.1	平均值
13	集热系统效率（%）	48.3	/
14	太阳能制冷 COP	0.27	/
15	太阳能保证率（%）	45.8	/

（4）评估指标计算

1）全年太阳能保证率

制冷期内，统计当地日太阳辐照量 $8MJ/m^2$ 的天数为 X_1（11 天）；当地日太阳辐照量小于 $13MJ/m^2$ 且大于或等于 $8MJ/m^2$ 的天数为 X_2（12 天）；当地日太阳辐照量小于 $18MJ/m^2$ 且大于或等于 $13MJ/m^2$ 的天数为 X_3（11 天）；当地日太阳辐照量大于 $18MJ/m^2$ 的天数为 X_4（61 天）。

经测试，当地日太阳辐照量小于 $8MJ/m^2$ 的太阳能保证率为 η_1（10%）；当地日太阳辐照量小于 $13MJ/m^2$ 且大于或等于 $8MJ/m^2$ 太阳能保证率为 η_2（21%）；当地日太阳辐照量小于 $18MJ/m^2$ 且大于或等于 $13MJ/m^2$ 的太阳能保证率为 η_3（33.2%）；当地日太阳辐照量大于 $18MJ/m^2$ 的太阳能保证率为 η_4（50.7%）。

非制冷期内（热水），统计当地日太阳辐照量 $8MJ/m^2$ 的天数为 X_5（32 天）；当地日太阳辐照量小于 $13MJ/m^2$ 且大于或等于 $8MJ/m^2$ 的天数为 X_6（43 天）；当地日太阳辐照量小于 $18MJ/m^2$ 且大于或等于 $13MJ/m^2$ 的天数为 X_7（45 天）；当地日太阳辐照量大于 $18MJ/m^2$ 的天数为 X_8（63 天）。

经测试，当地日太阳辐照量小于 $8MJ/m^2$ 的太阳能保证率为 η_5（20.4%）；当地日太阳辐照量小于13MJ/m^2 且大于或等于8MJ/m^2 的太阳能保证率为 η_6(40.4%)；当地日太阳辐照量小于18MJ/m^2 且大于或等于13MJ/m^2 的太阳能保证率为 η_7(60%)；当地日太阳辐照量大于18MJ/m^2 的太阳能保证率为 η_8(84.9%)。

采暖期内，统计当地日太阳辐照量8MJ/m^2 的天数为 X_9(54天)；当地日太阳辐照量小于13MJ/m^2 且大于或等于8MJ/m^2 的天数为 X_{10}(34天)；当地日太阳辐照量小于18MJ/m^2 且大于或等于13MJ/m^2 的天数为 X_{11}(2天)；当地日太阳辐照量大于18MJ/m^2 的天数为 X_{12}(0天)。

经测试，当地日太阳辐照量小于8MJ/m^2 的太阳能保证率为 η_9(9.7%)；当地日太阳辐照量小于13MJ/m^2 且大于或等于8MJ/m^2 的太阳能保证率为 η_{10}(14.7%)；当地日太阳辐照量小于18MJ/m^2 且大于或等于13MJ/m^2 的太阳能保证率为 η_{11}(20.3%)；当地日太阳辐照量大于18MJ/m^2 的太阳能保证率为 η_{12}(0)。

全年太阳能保证率 η 全年按照以下公式计算：

$$\eta_{全年} = \frac{x_1\eta_1 + x_2\eta_2 + \cdots + x_{12}\eta_{12}}{x_1 + x_2 + \cdots + x_{12}}$$

即 η 全年 =41.7%。

2）常规能源替代量(吨标准煤)

制冷期，经测试，当地日太阳辐照量小于8MJ/m^2 的集热系统得热量为 Q_1(1398.6MJ)；当地日太阳辐照量小于13MJ/m^2 且大于或等于8MJ/m^2 的集热系统得热量为 Q_2(2919.2MJ)；当地日太阳辐照量小于18MJ/m^{2}且大于或等于13MJ/m^2 的集热系统得热量为 Q_3(4623.4MJ)；当地日太阳辐照量大于18MJ/m^2 的集热系统得热量为 Q_4(7052.9MJ)。

非制冷期(热水)，经测试，当地日太阳辐照量小于8MJ/m^2 的集热系统得热量为 Q_5(1495.4MJ)；当地日太阳辐照量小于13MJ/m^2 且大于或等于8MJ/m^2 的集热系统得热量为 Q_6(2962.0MJ)；当地日太阳辐照量小于18MJ/m^2 且大于或等于13MJ/m^2 的集热系统得热量为 Q_7(4397.6MJ)；当地日太阳辐照量大于18MJ/m^2 的集热系统得热量为 Q_8(6223.1MJ)。

采暖期，经测试，当地日太阳辐照量小于8MJ/m^2 的集热系统得热量为 Q_9(1859.1MJ)；当地日太阳辐照量小于13MJ/m^2 且大于或等于8MJ/m^2 的集热系统得热量为 Q_{10}(2817.7MJ)；当地日太阳辐照量小于18MJ/m^2 且大于或等于13MJ/m^2 的集热系统得热量为 Q_{11}(3890.6MJ)；当地日太阳辐照量大于18MJ/m^2 的集热系统得热量为 Q_{12}(0)。

全年常规能源替代量 A 按照以下公式计算：

$$A = \frac{x_1Q_1 + x_2Q_2 + \cdots + x_{12}Q_{12}}{29309 \times 68\%}$$

即 A =75t 标准煤

3）项目费效比(增量成本/常规能源替代量)

根据申报单位提供的采购合同，增量成本为426.68元/m^2，示范面积为3.06万m^2。

根据项目申报单位青岛东奥开发建设集团公司提供的资料《第29届奥运会青岛国际帆船中心可再生能源应用示范项目可行性研究报告》，及申报单位提供的项目决算书，核算太阳能空调系统的增量成本为460.3万元。经计算，该项目满负荷投入运行后，全年常规能源替代量A为75.0t标准煤，如果按近年我国火力发电的平均标准煤耗量400g/kWh计算，使用周期按15年计算，该工程的项目费效比为1.64元/kWh。

2. 青海海东民和广馨花园

（1）基本概况

图5-22 民和广馨花园住宅小区全景图

该项目地处青海省东部、青海和甘肃两省交界的地方，东经101°05′~103°01′，北纬35°42′~37°09′，具体位于民和县城川垣新区，二期开发总建筑面积7.5万m^2，均为6层住宅，总占地约60亩（见图5-22）。地势西高东低，内高外低，设计建筑密度为19%，建筑容积率为1.25，绿地率为45%，规划建设住宅14幢，采用太阳能供应室内采暖及卫生热水，天然气壁挂炉辅助供热，共有29个太阳能热水采暖系统，为348户住户提供卫生热水与采暖。太阳能系统现已安装投入使用约4.8万m^2。

（2）技术方案

热水供应：太阳能热水系统采用集中集热、分散供热，在屋顶集中设置太阳集热器和蓄热大水箱，采用机械循环方式，间接换热给各用户室内承压小水箱，将小水箱内普通自来水加热后供给用户，水温达不到使用要求时，燃气壁挂炉自动加热辅助（见图5-23）。分散式承压间接换热水箱解决了热水计量的问题同时有效保证热水水质。

采暖供应：太阳能采暖系统采用集中集热、分散供热，在屋顶集中设置太阳集热器和蓄热大水箱，冬季采暖时通过机械循环，将热工质（水）直接输送到需采暖户室内的地板辐射管，当水温达不到要求时，自动启动燃气壁挂炉辅助采暖。

（3）系统能效测评结果

2010年7月和12月，四川省建筑科学研究院分别进行了非采暖季和采暖季能效检测，随机抽测其中两个独立的太阳能系统：16号楼2单元系统及18号楼2单元系统。

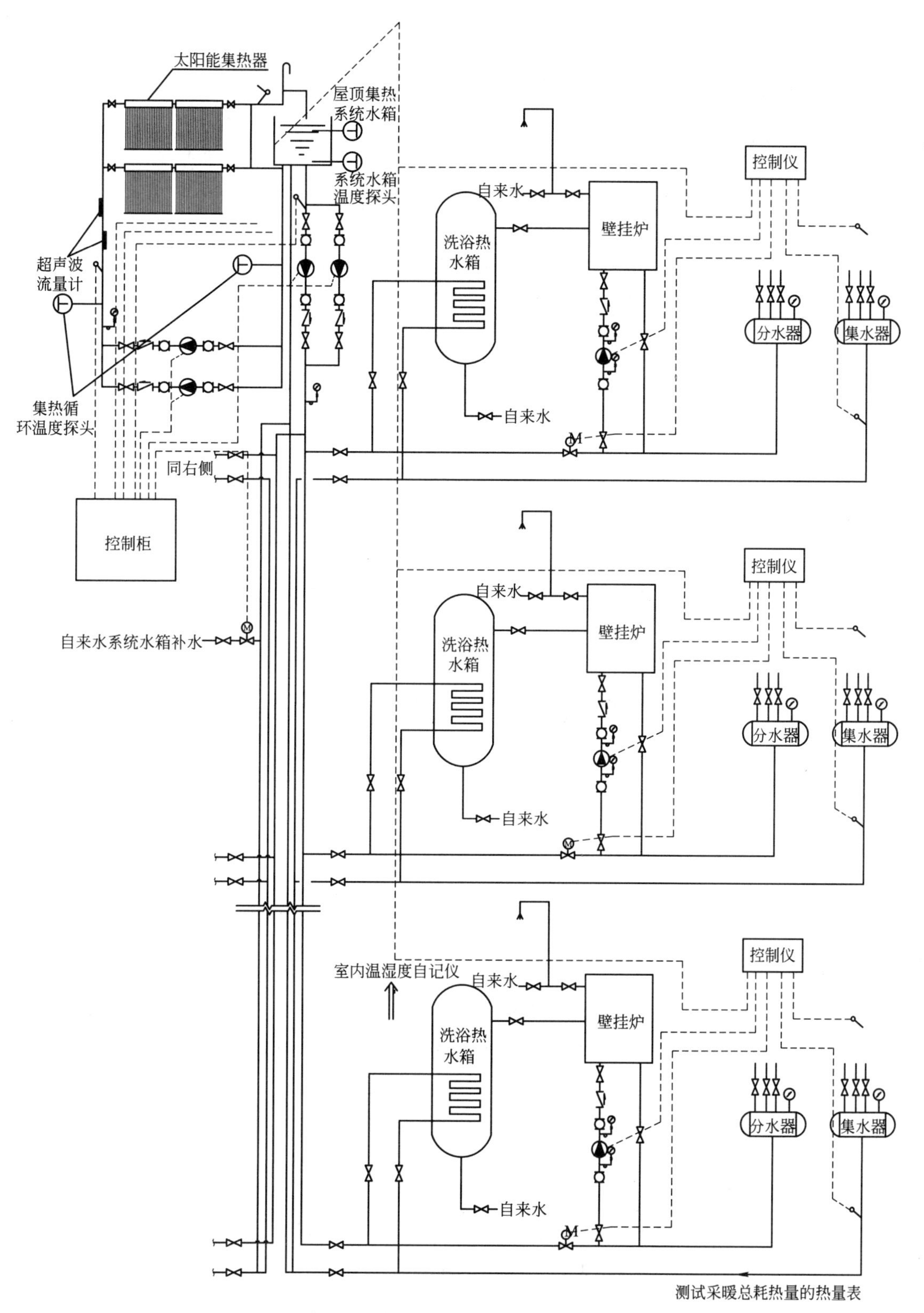

图 5-23　住宅太阳能热水系统原理图

1）采暖季（只采用生活热水）检测结果（见表5-7和表5-8）

16号楼2单元太阳能热水系统检测数据 **表5-7**

日期	环境温度（℃）	太阳辐照量（MJ/m^2）	集热系统得热量（MJ）	常规能源耗热量（MJ）	集热系统效率	太阳能保证率
9月19日	26.2	23.02	981.4	0	0.48	100%
9月20日	21.3	16.01	665.3	0	0.46	100%
9月22日	14.5	6.04	55.0	234.2	0.10	19.0%
9月23日	19.2	11.29	341.4	0	0.34	100%
本系统真空管太阳能集热器总采光面积：89.73m^2。						

18号楼2单元系统太阳能热水系统检测数据 **表5-8**

日期	环境温度（℃）	太阳辐照量（MJ/m^2）	集热系统得热量（MJ）	常规能源耗热量（MJ）	集热系统效率	太阳能保证率
9月19日	25.9	23.02	475.6	0	0.23	100%
9月20日	21.0	16.01	251.2	37.9	0.17	87%
9月22日	14.1	6.04	46.6	242.5	0.09	16%
9月23日	19.1	11.29	226.4	62.8	0.22	78%
本系统真空管太阳能集热器总采光面积：89.73m^2。						

2）采暖期（同时使用生活热水及室内采暖）检测结果（见表5-9和表5-10）

16号楼2单元太阳能热水采暖系统检测数据 **表5-9**

日期	环境温度（℃）	太阳辐照量（MJ/m^2）	集热系统得热量（MJ）	常规能源耗热量（MJ）	集热系统效率	太阳能保证率
11月17日	8.2	16.59	396.8	33.4	0.27	92.2%
11月18日	5.2	11.10	127.0	3446.9	0.13	3.6%
11月19日	10.7	25.52	760.9	996.9	0.33	43.3%
11月20日	5.6	6.86	61.8	3941.2	0.10	1.5%
本系统真空管太阳能集热器总采光面积：89.73m^2。						

18号楼2单元太阳能热水采暖系统检测数据 **表5-10**

日期	环境温度（℃）	太阳辐照量（MJ/m^2）	集热系统得热量（MJ）	常规能源耗热量（MJ）	集热系统效率	太阳能保证率
11月17日	7.2	16.59	379.6	565.8	0.26	40.0%
11月18日	4.4	11.10	128.0	554.1	0.13	18.8%
11月19日	10.4	25.52	784.2	146.5	0.34	84.3%
11月20日	4.4	6.86	46.6	715.2	0.08	6.1%
本系统真空管太阳能集热器总采光面积：89.73m^2。						

检测期间，室内外温度变化曲线如图5-24所示。

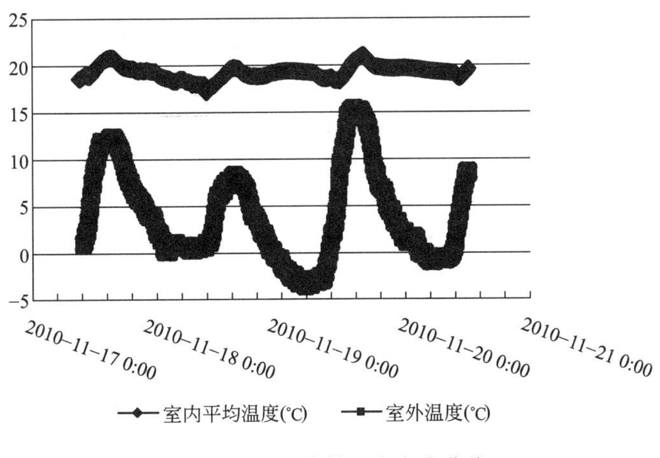

图 5-24　室内外温度变化曲线

（4）系统能效测评结果分析

1）非采暖期太阳能保证率评估

实际测得的太阳辐照量由小到大依次为 J_1（$J_1<8\mathrm{MJ/m^2}$）、J_2（$8\mathrm{MJ/m^2}\leqslant J_2<13\mathrm{MJ/m^2}$）、$J_3$（$13\mathrm{MJ/m^2}\leqslant J_3<18\mathrm{MJ/m^2}$）、$J_4$（$J_4\geqslant 18\mathrm{MJ/m^2}$）。统计当地非采暖期日太阳辐照量小于 8MJ/m² 的天数为 X_1；当地非采暖期日太阳辐照量小于 13MJ/m² 且大于或等于 8MJ/m² 的天数为 X_2；当地非采暖期日太阳辐照量小于 18MJ/m² 且大于或等于 13MJ/m² 的天数为 X_3；当地非采暖期日太阳辐照量大于 18MJ/m² 的天数为 X_4。

经测试，当地非采暖期日太阳辐照量小于 8MJ/m² 的太阳能保证率为 η_1；当地非采暖期日太阳辐照量小于 13MJ/m² 且大于或等于 8MJ/m² 的太阳能保证率为 η_2；当地非采暖期日太阳辐照量小于 18MJ/m² 且大于或等于 13MJ/m² 的太阳能保证率为 η_3；当地非采暖期日太阳辐照量大于 18MJ/m² 的太阳能保证率为 η_4。

$$\eta_{\text{非采暖期}}=\frac{x_1\eta_1+x_2\eta_2+x_3\eta_3+x_4\eta_4}{x_1+x_2+x_3+x_4}$$

民和县当地非采暖期为每年 3 月 16 日至当年 11 月 14 日共 244 天，非采暖期太阳能保证率评估结果如表 5-11 所示。

非采暖期太阳能保证率评估结果　　**表 5-11**

序号	检验项目	当日太阳累计辐照量（MJ/m²）			
		$J<8$	$8\leqslant J<13$	$13\leqslant J<18$	$J\geqslant 18$
1	天数（X_1、X_2、X_3、X_4）	41	47	55	101
2	16 号楼 2 单元系统当日实测太阳能保证率（η_{11}、η_{21}、η_{31}、η_{41}）	19.0%	100.0%	100.0%	100.0%
3	18 号楼 2 单元系统当日实测太阳能保证率（η_{12}、η_{22}、η_{32}、η_{42}）	14.6%	71.0%	78.9%	100.0%
4	当日实测加权平均太阳能保证率（η_1、η_2、η_3、η_4）	16.8%	85.5%	89.5%	100%
5	非采暖期太阳能保证率 $\eta_{\text{非采暖期}}$	80.9%			
备注	本项目共有太阳能热水系统 29 个，共计 348 户，非采暖期太阳能保证率根据 2 种系统的供水量进行加权平均计算。				

2）采暖期太阳能保证率评估

民和县当地采暖期为每年11月15日至次年3月15日共121天，其太阳能保证率评估方法与非采暖期相同，采暖期太阳能保证率评估结果如表5-12所示。

采暖期太阳能保证率评估结果　　表5-12

序号	检验项目	当日太阳累计辐照量(MJ/m^2)			
		$J<8$	$8\leqslant J<13$	$13\leqslant J<18$	$J\geqslant 18$
1	天数(X_5、X_6、X_7、X_8)	56	50	15	0
2	16号楼2单元系统当日实测太阳能保证率(η_{51}、η_{61}、η_{71}、η_{81})	1.5%	3.6%	92.2%	43.3%
3	18号楼2单元系统当日实测太阳能保证率(η_{52}、η_{62}、η_{72}、η_{82})	6.1%	18.8%	40.2%	84.3%
4	当日实测加权平均太阳能保证率(η_5、η_6、η_7、η_8)	3.8%	11.2%	66.2%	63.8%
5	采暖期太阳能保证率$\eta_{采暖期}$	14.6%			

3）全年太阳能保证率评估(见表5-13)

全年太阳能保证率评估结果　　表5-13

序号	检验项目	计算结果
1	非采暖期保证率$\eta_{非采暖期}$	80.9%
2	采暖期保证率$\eta_{采暖期}$	14.6%
3	全年太阳能保证率$\eta_{全年}$	58.9%
备注	$\eta_{全年}=\dfrac{\eta_{非采暖期}\times 244+\eta_{采暖期}\times 121}{365}$	

4）常规能源替代量(吨标准煤)

全年常规能源替代量A按照以下公式计算：

$$A=\frac{x_1Q_1+x_2Q_2+x_3Q_3+x_4Q_4+x_5Q_5+x_6Q_6+x_7Q_7+x_8Q_8}{29309\times 68\%}$$

式中，$x_1\sim x_8$为各种辐照量的天数，$Q_1\sim Q_8$为相对应的实测得热量，常规能源替代量评估结果如表5-14所示。

常规能源替代量(吨标准煤)评估结果　　表5-14

序号	检验项目	非采暖期当日太阳累计辐照量(MJ/m^2)				采暖期当日太阳累计辐照量(MJ/m^2)			
		$J<8$	$8\leqslant J<13$	$13\leqslant J<18$	$J\geqslant 18$	$J<8$	$8\leqslant J<13$	$13\leqslant J<18$	$J\geqslant 18$
1	天数	41	47	55	101	56	50	15	0
2	16号楼2单元系统当日实测集热系统得热量	55.0	341.4	665.3	981.4	61.8	127.0	396.8	760.9
3	18号楼2单元系统当日实测集热系统得热量	46.6	226.4	251.2	475.6	46.6	128.0	379.6	784.2
4	项目整体集热系统计算得热量	1473.2	8233.1	8386.8	8386.8	1571.8	3697.5	11257.8	22405.4
5	全年常规能源替代量A(吨标准煤)	110							
备注	本项目共有太阳能热水系统29个，总体项目的全年常规能源替代量根据2栋楼的得热量进行加权平均数乘29得到，在非采暖季每栋楼每天需求的热量为289.2MJ，若实际得热量大于289.2MJ，则按289.2MJ计算								

5.3.2　地源热泵

1. 广西工学院鹿山学院

(1) 项目概况

该项目(见图 5-25)采用以水源热泵高效能量采集技术为核心的中央液态冷热源环境系统，冬季采暖、夏季制冷，全年提供生活热水。实际示范面积 68000m^2，供冷面积 20000m^2，其中教学楼部分 13000m^2，报告厅部分 2000m^2，图书馆部分 5000m^2。生活热水示范面积 48000m^2，主要用于学生公寓用水，学生 6000 人。

图 5-25　广西工学院鹿山学院

(2) 技术方案

中央液态冷热源环境系统承担 20000m^2 的空调负荷和 48000m^2 的生活热水负荷。采用 2 台型号为 HT760A 水源热泵机组为建筑供冷、供热及提供日常生活热水，其中生活热水宿舍面积为 4.8 万 m^2。冬季采暖系统设计供/回水温度为 50/45℃，夏季供冷系统设计供/回水温度为 7/12℃，水源热泵生活热水的设计温度为 50℃，热水制备量平均为 16t/h。冷热源系统冬、夏转换是由两套阀门组手动切换完成。系统原理图如图 5-26 所示。

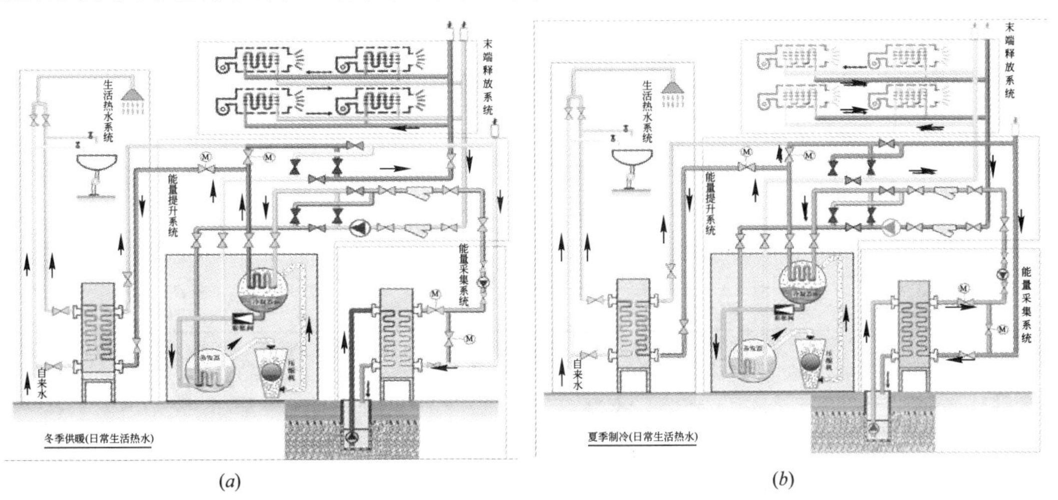

(*a*)　　　　　　　　(*b*)

图 5-26　中央液态冷热源环境系统原理图

(*a*)冬季工况；(*b*)夏季工况

（3）指标测试值

检测机构于2008年6月和12月对该系统得冬夏工况分别进行了测试，具体内容如表5-15所示。

系统冬夏工况测试统计表 **表5-15**

序号	检验项目	夏季工况		冬季工况	
		空调+生活热水	生活热水	采暖+生活热水	生活热水
1	机组能效比	空调1.92；热水2.22	2.22	/	3.60
2	系统能效比	空调1.66；热水1.74	1.74	/	2.42
3	室内温度	社科借阅室：24.6℃；社科阅览室：25.9℃；党总支部室：25.8℃；院长办公室：26.9℃。		/	
4	室内相对湿度	社科借阅室：66.0%；社科阅览室：59.1%；党总支部室：69.2%；院长办公室：53.0%。		/	
备注	1. 该系统夏季工况有两种运行模式：生活热水模式和生活热水+空调模式 2. 该系统冬季运行模式：生活热水模式和采暖+生活热水，测试期间未采暖(因二期未投入使用)				

（4）评估指标计算

1）实测热泵机组在夏季工况运行模式下的平均制冷量、平均输入功率，得到夏季工况运行模式下机组的平均能效比为COP_S，同样得到夏季工况运行模式下系统的平均能效比为COP_{SS}。

2）实测热泵机组在冬季工况运行模式下的平均制热量、平均输入功率，得到冬季工况运行模式下机组的平均能效比为COP_W，同样得到冬季工况运行模式下系统的平均能效比为COP_{SW}。

3）统计热泵机组全年夏季工况、冬季工况不同运行模式的小时数为h_s、h_w，按照以下公式分别计算机组和系统的平均能效比$\overline{COP}$、$\overline{COP_S}$。

$$\overline{COP}=\frac{COP_S\cdot h_S+COP_W\cdot h_W}{h_S+h_W}$$

$$\overline{COP}=\frac{COP_{SS}\cdot h_S+COP_{SW}\cdot h_W}{h_S+h_W}$$

计算结果如表5-16所示。

系统平均能效比计算结果 **表5-16**

序号	检验项目	夏季工况	冬季工况	备注
		空调+生活热水	生活热水	
1	机组能效比	$COP_S=4.14$	$COP_W=3.6$	夏季：空调$COP_S=1.92$；热水$COP_S=2.22$
2	运行小时数	$h_s=890$	$h_w=890$	
3	机组全年能效比	$\overline{COP}=3.75$		
4	系统能效比	$COP_{SS}=3.4$	$COP_{SW}=2.42$	夏季：空调$COP_{SS}=1.66$；热水$COP_{SS}=1.74$
5	系统全年能效比	$\overline{COP_S}=2.69$		

（5）常规能源替代量

1）采暖能耗与常规燃煤锅炉房（锅炉效率取68%）作为比较对象；空调能耗与常规电制冷水冷机组作为比较对象，系统能效比按《可再生能源示范项目测评导则》中的规定，取2.4。生活热水能耗与燃油锅炉作为比较对象（锅炉效率取87%）。

2）由于图书馆、报告厅等的冷量是由热泵在制生活热水时产生的附加品，因此制备这部分冷量的能耗为零，常规电制冷冷水系统的能耗 = $(Q_{Z制冷} \times 0.30748)/(COP_{BZ} \times 1000)$，则图书馆、教学楼和报告厅的夏季空调节能量 ΔE_1 为制备上述冷量时电制冷机的电耗。

3）学生公寓的累计热水负荷为热水 Q_z，夏季工况和冬季工况的系统平均能效比为 COP_{SS}热水、COP_{SW}热水，则地源热泵系统的能耗（吨标准煤）= $\frac{Q_{Z夏季热水} \times 0.30748}{COP_{SS热水} \times 1000} + \frac{Q_{Z冬季热水} \times 0.30748}{COP_{SW热水} \times 1000}$，常规燃油锅炉房的生活热水能耗（吨标准煤）= $\frac{Q_{Z热水} \times 11.71}{42.65 \times 0.87 \times 1000}$。学生公寓的生活热水节能量 ΔE_2 为以上两项的差值。

整个项目的节能量 E_Δ 按照以下公式计算，结果如表5-17所示。

$$\Delta E = \Delta E_1 + \Delta E_2$$

节能量 E 计算结果 **表5-17**

序号	空调节能量 ΔE_1	生活热水节能量 ΔE_2	总节能量 ΔE
计算结果	28.1	278.1	306.2

（6）静态回收期计算

根据项目全年常规能源替代量的计算结果，该工程的全年总节能量为306.2t标准煤，按照目前国内标准煤的价格约合为1000元/t，则每年该项目节约的费用为30.6万元。

根据项目申报单位提供的决算增量成本为100元/m^2，该工程实际增加投入为200万元，计算得出静态投资回收期为6.5年。

2. 北京鑫福里小区热源改造项目

（1）基本概况

该项目建筑面积为12.56万m^2，以前的供暖方式为老式燃煤锅炉。由于该锅炉房安装较早，设备严重老化，维修费用较高。为此，利用地下水资源及污水水源的低品味热源进行系统热源改造。

该项目地处丰台南苑乡，地下水资源资源丰富，为一巨大地下水库。据勘探表明，该示范项目每口井出水量达250t/h，每口井的实际需水量仅为100t/h，水资源充足。污水资源在冬季水温：10～12℃，污水水质pH≈7，污水水量为800～1000m^3/h。

小区建筑面积12.56万m^2，由3栋塔楼（建筑面积约4.2万m^2）及8.36万m^2的板楼组成（见图5-27）。

（2）技术方案

1）地下水源热泵系统供暖

该项目板楼供暖面积约8.36万m^2。供暖设计热负荷为5852kW，地下水用水量约为435m^3/h，需打13口井，其中抽水井5口，回灌井8口。

图 5-27　北京鑫福里小区

经潜水泵抽取的温度为 15℃的地下水经过旋流除砂器进入热泵机组蒸发器侧换热后，温度降至 5℃，然后回灌到地下同一含水层中。热泵机组冷凝器侧产生 65/55℃的热水，通过循环水泵被输送到用户末端散热器。为减少输配能耗，水系统采用变频调速变流量系统。

地下水源热泵系统的控制方式为：冬季用 3 台机组供暖，设定系统供水温度为 65/55℃，当水温低于 55℃，电脑将发出指令，1 号机组开始逐级(0～25%～50%～75%～100%)加载，一定时间之后 2 号机组加载，如 3 号机组加载 50%后，水温达到 65℃，则保持一段时间，如水温继续上升，则 1 号机组开始卸载至 75%，保持运行，3 台机组轮流加载、卸载，以使每台机组的寿命保持一致。单台机组可主机加载、卸载，可减小启动电流对变压器的冲击。

系统原理图如图 5-28 所示。

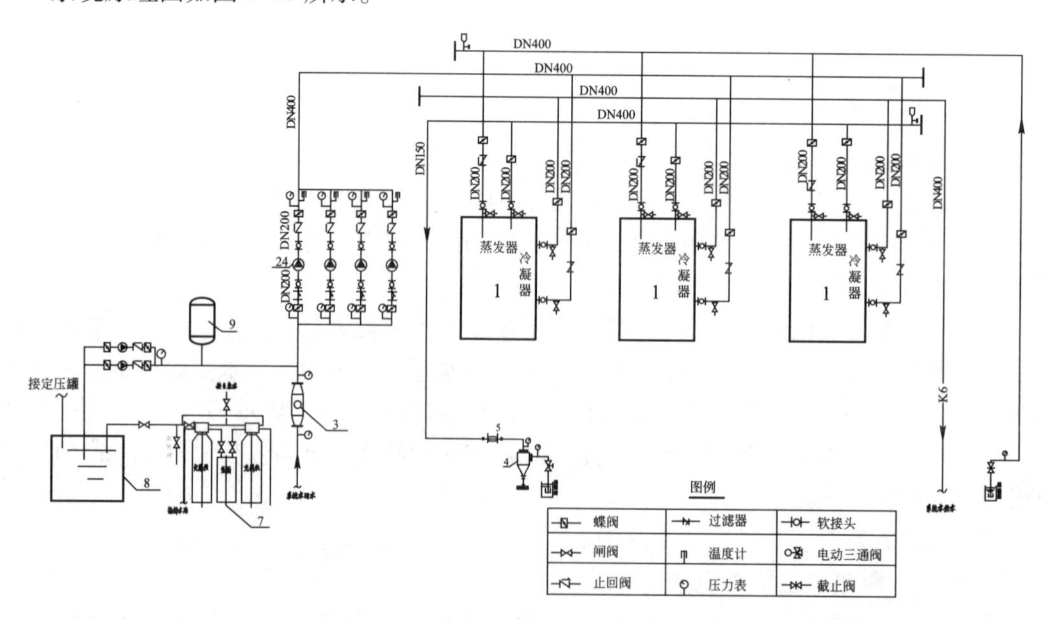

图 5-28　地下水源热泵供暖系统工作原理图

2）污水源热泵系统供暖

该项目塔楼采用污水源热泵系统供暖，供暖面积约 4.2 万 m^2，供暖设计热负荷为 2940kW。经污水泵抽取的温度为 10℃左右的污水经水处理后进入中间换热器，温度降至 5℃，然后排入市政污水管道，经换热后的二次侧循环水进入热泵机组蒸发器侧。热泵机组冷凝器侧产生 65/55℃的热水，通过循环水泵被输送到用户末端散热器。为降低输送能耗，水系统采用变频调速变流量系统。

污水源热泵系统的控制方式为：冬季用 3 台机组供暖，设定系统供水温度为 65/55℃，当水温低于 55℃时，电脑将发出指令，1 号机组开始逐级(0～25%～50%～75%～100%)加载，一定时间之后 2 号机组加载，如 3 号机组加载 50%后，水温达到 65℃，则保持一段时间，如水温继续上升，则 1 号机组开始卸载至 75%，保持运行，3 台机组轮流加载、卸载，以使每台机组的寿命保持一致。单台机组可主机加载、卸载，可减小启动电流对变压器的冲击。

系统原理图如图 5-29 所示。

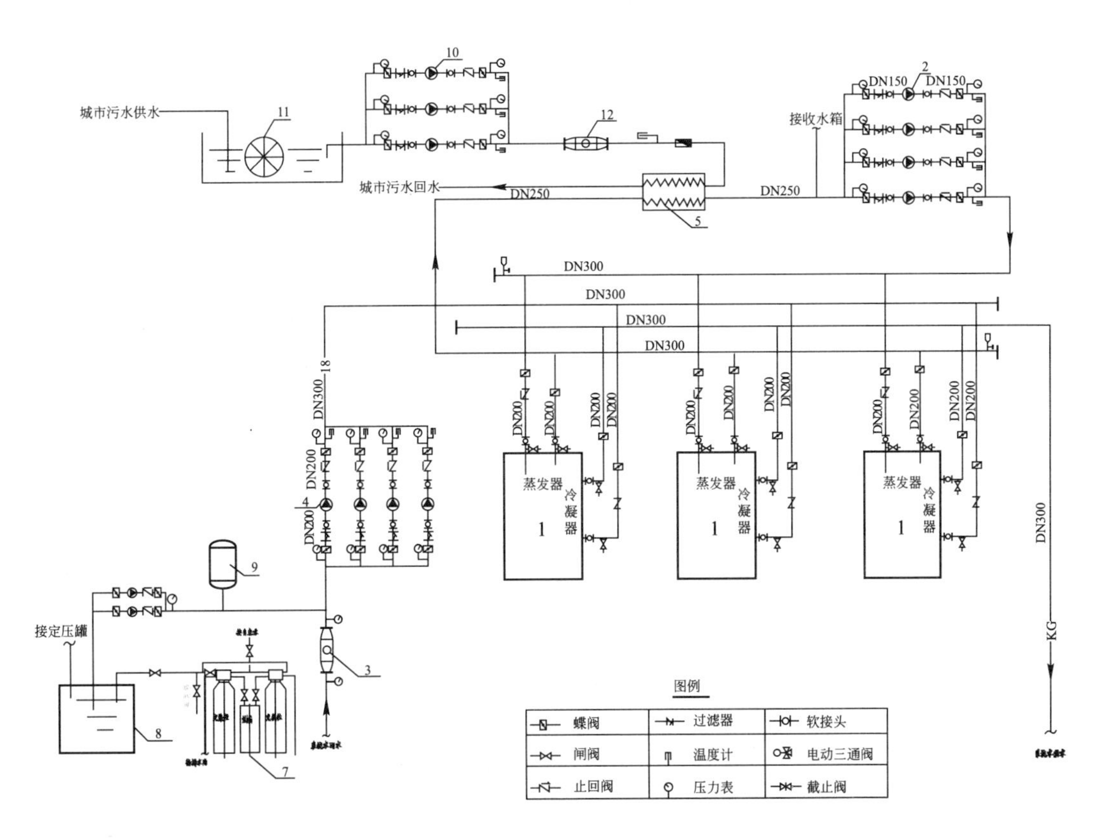

图 5-29　污水源热泵供暖系统工作原理图

（3）系统能效测评结果

抽取地下水源热泵系统 2 号机组、污水源热泵 1 号机组进行测试，得到机组全天运行工况下的平均性能测试结果，及系统全天运行工况下的平均性能测试结果，如表 5-18 所示。

地下水源热泵2号机组测试结果 **表5-18**

序号	测试项	测试结果
1	热源侧进口温度(℃)	12.7
2	热源侧出口温度(℃)	5.4
3	循环水侧供水温度(℃)	44.6
4	循环水侧回水温度(℃)	38.3
5	热源侧流量(m^3/h)	103
6	循环水侧流量(m^3/h)	180
7	机组制热量(kW)	1323
8	机组耗功率(kW)	307
9	机组性能系数	4.31

地下水源系统全天候运行工况下的性能测试结果如表5-19所示。

地下水源热泵系统测试结果 **表5-19**

序号	测试项	测试结果
1	系统总供热量(kWh)	32163
2	系统总耗电量(kWh)	13257
3	热泵机组总耗电量(kWh)	8620
4	系统循环泵总耗电量(kWh)	2098
5	井水循环泵总耗电量(kWh)	2539
6	地下水源热泵系统性能系数	2.43

备注:

$$地下水源热泵系统性能系数=\frac{系统总供热量}{总耗电量(热泵机组+系统循组泵+井水循环泵)}$$

污水源热泵测试结果如表5-20所示。

污水源热泵1号机组测试结果 **表5-20**

序号	测试项	测试结果
1	热源侧进口温度(℃)	14.0
2	热源侧出口温度(℃)	11.1
3	循环水侧供水温度(℃)	47.1
4	循环水侧回水温度(℃)	40.9
5	热源侧流量(m^3/h)	169
6	循环水侧流量(m^3/h)	110
7	机组制热量(kW)	796
8	机组耗功率(kW)	192
9	机组性能系数	4.14

污水源系统全天候运行工况下的性能测试结果如表5-21所示。

污水源热泵系统测试结果 **表 5-21**

序号	测试项	测试结果
1	系统总供热量(kWh)	18693
2	系统总耗电量(kWh)	7476
3	热泵机组总耗电量(kWh)	4663
4	系统循环泵总耗电量(kWh)	1056
5	中介水循环泵总耗电量(kWh)	1150
6	污水一级泵总耗电量(kWh)	367
7	污水二级泵总耗电量(kWh)	240
8	污水源热泵系统性能系数	2.50

备注：

$$地下水源热泵系统性能系数 = \frac{系统总供热量}{总耗电量}$$

（4）系统能效测评结果分析

根据测试结果和运行记录，计算得到该项目 12.56 万 m^2 采暖系统年消耗一次能源量为 1305 吨标准煤/a。小区热源改造之前，历年供暖季的烟煤耗量在 2950～3050t 之间，平均每个采暖季 3000t(折合标准煤约 2790t/a)、耗电 512400kWh，总能耗折算标准煤为 2970t/a。改造前后供暖季总耗煤量对比如表 5-22 所示。

供暖季总耗煤量对比 **表 5-22**

供暖方式	耗电量(kWh)	耗煤量(吨标准煤)	折算总耗煤量(吨标准煤)
地下水＋污水源热泵	3718735	/	1305
燃煤锅炉	512400	2790	2970

由此计算得出，该项目每采暖季节约标准煤 1665t，CO_2 减排量 4112t/a。

5.3.3 太阳能光伏

1. 广州珠江城

（1）光伏构件

该项目在珠江城 31～70 层东西立面遮阳百叶和塔楼屋顶位置建设一个太阳能光伏发电系统。塔楼屋顶采用广东金刚玻璃公司生产的蓝色 156 多晶硅全玻璃中空 Low-E 光伏组件 GG-SP-120 型，配置为：6mm 超白钢化玻璃＋(PVB ＋156 多晶硅电池)＋6mm 透明钢化玻璃＋12A＋6mm 钢化 Low-E 玻璃＋1.52mm PVB ＋6mm 防火钢化玻璃；东西立面遮阳百叶光伏发电系统采用尚德电力公司生产的黑色 125 单晶硅双玻璃光伏组件 STP40B，配置为：5mm 超白钢化玻璃＋(PVB＋125 单晶硅电池)＋5mm 透明钢化玻璃。

双玻璃光伏组件具有以下特点：

1）双玻璃光伏组件的室外表面采用 6mm 太阳能专用的低铁超白钢化玻璃，其透光率可达 91%以上，既增加电池片对太阳能的吸收，又能满足建筑物对玻璃强度的要求。

2）双玻璃光伏组件采用 6mm 透明钢化玻璃作为背面玻璃，大面强度能达到 84MPa，具有很高的抗冲击性能，提高建筑安全性能。

3）封装材料采用太阳能专用 PVB 胶膜。PVB 胶膜具有良好的粘结性、韧性和弹性，具有吸收冲击的作用，可防止冲击物穿透，即使玻璃破损，碎片也会牢牢粘附在 PVB 胶片上，不会脱落四散伤人；同时，PVB 胶膜具有抗老化、高透过的特点，既可以提高建筑物的安全性能，又可以保证光伏发电系统运行的稳定性和可靠性。

4）所有玻璃经过二次均质热处理，最大程度降低钢化玻璃自爆率。

5）此双玻璃光伏组件系列产品已通过了国家建材 3C 认证，并通过了 IEC61215 标准和 IEC61730 标准的测试，具有德国莱茵 TÜV 权威机构的认证。

珠江城光伏发电系统将玻璃光伏组件作为一种新型建筑材料替代传统的建筑面板材料，与建筑物实现了构件化、一体化，并保持了完好的建筑外观效果，如图 5-30 所示。

图 5-30　广州珠江城外观图

在塔楼屋顶部位，系统采用 6mm 超白钢化玻璃 +（PVB + 156 多晶硅电池）+ 6mm 透明钢化玻璃 + 12A + 6mm 钢化 Low-E 玻璃 + 1.52mm PVB + 6mm 防火钢化玻璃的双夹层中空 Low-E 玻璃光伏组件，采用框架式半隐框玻璃幕墙结构形式安装在屋顶主体钢结构上。玻璃光伏组件合片完成后，先在加工厂内组框打胶，使用中性硅酮结构胶将特制的铝合金副框粘结到光伏组件上，到工地现场再将带铝副框的光伏组件吊装到钢支承结构上放置，然后用铝合金压块螺钉固定住，在光伏组件电缆连接完成后将面板之间的缝隙用硅酮耐候胶密封。安装技术成熟，维护方便。既达到了屋顶外围护结构的功能，又能利用太阳能发电。

在东、西两立面部位，系统采用 5mm 超白钢化玻璃 +（PVB 胶片 + 硅电池片）+ 5mm 钢化玻璃的光伏组件，巧妙地安装在透明玻璃幕墙立面外的梭形铝合金百叶的上层外侧，具有良好的遮阳效果和热功性能。双玻璃光伏组件在工厂里采用中性硅酮结构胶牢固地粘结在梭形铝合金百叶前端的上侧面，组件的四周留缝隙并用硅酮耐候胶密封，利用胶的变形性能来达到的抗震性能和平面内变形性能，如图 5-31 和图 5-32 所示。

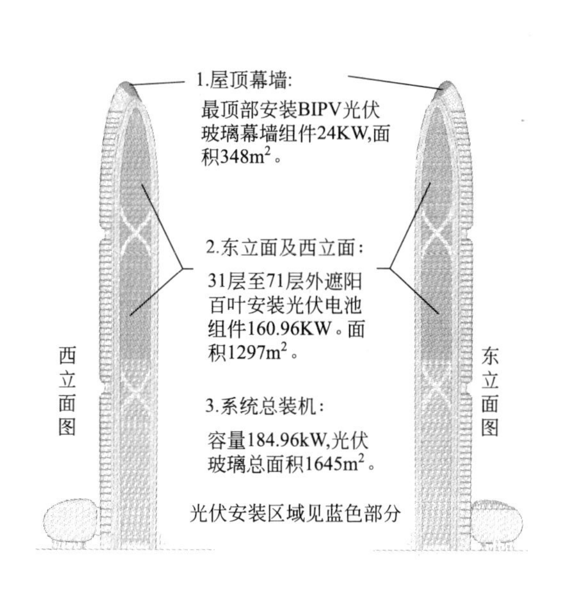

图 5-31　光伏组件安装位置示意图

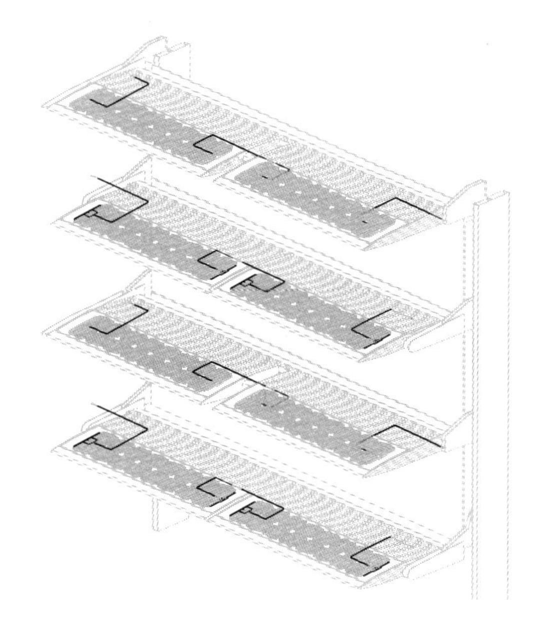

图 5-32　BIPV 光伏百叶安装节点走线示意图

（2）光伏系统设计

东西立面外遮阳百叶单晶硅光伏组件，共安装 4024 块 40Wp 组件，总功率为 160.96KW，年平均发电量 9.4 万 kWh。塔楼屋顶多晶硅光伏组件，共安装 200 块 120Wp 组件，总功率为 24KW，年平均发电量 2 万 kWh。珠江城整体总安装容量为 184.96KW，年平均发电量 11.4 万 kWh，光伏发电接入建筑物用户侧 380V 电网，供给地下室照明使用。

塔楼屋顶采用 6 台德国 SMA 生产的 Sunny Boy 5000TL 组串型并网逆变器。根据光照强度相近原则，将屋顶组件分成左、中、右三部分，每部分再分成南北两侧，采取 17 串 2 并或 16 串 2 并的阵列方式各接入一台逆变器。

东西立面外遮阳百叶(31 ~70 层)部位采用德国 SMA 生产的 26 台 Sunny Boy 5000TL 并网逆变器和 8 台 Sunny Boy 4000TL 并网逆变器。根据楼层划分光伏阵列，31 ~16 层及 56 ~61 层采取 64 串 2 并的方式各接入一台逆变器 SB5000TL 中，47 ~48 层及 54 ~55 层采取 94 串 1 并的方式各接入一台逆变器 SB4000TL 中，27 ~28 层采取 60 串 2 并的方式各接入一台逆变器 SB5000TL 中，64 ~65 层采取 56 串 2 并的方式各接入一台逆变器 SB5000TL 中，66 ~67 层采取 96 串 1 并的方式各接入一台逆变器 SB4000TL 中，68 ~69 层采取 88 串 1 并的方式各接入一台逆变器 SB4000TL 中。

（3）安全设计

玻璃光伏组件的玻璃厚度按照建筑和幕墙规范经过专业计算软件得到，采用建筑幕墙的框架式结构支承体系，与建筑物有机结合一体化，并进行建筑幕墙“四性测试”，保证达到建筑幕墙的抗风压、抗震、抗暴雨台风冰雹等自然灾害、变形性能的要求。

采取严格措施防直击雷和感应雷：所有光伏组件的金属框架与支承结构相互连通形成均压环，并通过钢筋连接到建筑主体的防雷体系上。直流汇线箱、直/交流配电柜、逆变器等设备均内置有防雷模块，并进行牢靠有效接地。光伏组件上的接线盒内置旁路二极管进行“孤岛”保护，逆变器同样具有“孤岛”保护、过压保护、防逆流等功能。

(4) 并网系统设计

因为珠江城光伏组件从31层到71层塔楼屋顶，跨度太高，所以采用分散发电、集中控制、多点并网的用户侧并网方式，共采用了40台逆变器，每一个楼层配电室各放置一台逆变器，塔楼屋顶的逆变器全部放置在70层配电室，然后再集中到23层、49层、69层三个位置变电所接入预留的开关回路进行并网，再供给大楼照明用电。

(5) 系统能效分析

1) 系统效率与发电量

珠江城总安装容量为184.96KW，预计年平均发电量约11.4万kWh。

系统效率从以下几个方面考虑：光伏组件输出功率 P 偏差 ±3%，取最大影响系数0.97；组件随温度升高输出功率会下降，取最大影响系数约0.90；表面积灰影响系数约0.93；太阳辐射的不均匀性和光伏阵列的不完全匹配的损失影响系数约0.95；从安装位置到配电室的传输线路压降损耗控制在2%以内，影响系数取0.98；则有：系统效率 $=0.97\times0.90\times0.93\times0.95\times0.98=0.76$。

2) 成本与综合效益分析

珠江城光伏发电系统总投资1300万元，包括工程费用、其他费用、预备费用等，全部企业自筹。在光伏组件使用寿命25年期间，费效比4.56元/kWh。

珠江城年平均发电量约11.4万kWh，每年至少节省电费11.4万元，每年节约节省标准煤约45.6t，减排 CO_2 约106.7t，具有良好的环境效益。

2. 威海市民文化中心

(1) 光伏构件

该项目采用的是非晶硅薄膜电池，电池片的转换效率达到8%，工作温度为 -40 ~ 85℃，具有优异的高温性能和弱光发电性能。组件安装构造方式为非晶硅薄膜电池作为一种建筑材料运用到屋顶的BIPV形式，如图5-33所示。

图5-33 威海市民文化中心

(2) 光伏系统设计

该项目在山东省威海市市民文化中心安装太阳能光伏发电系统，拟定最终规模装机容量为480kWp。太阳能光伏发电系统通过光伏组件转化为直流电力，再通过并网型逆变器将直流电能转化为与电网同频率、同相位的正弦波电流，并入电网。屋顶整个中央安装的非晶硅光伏系统有2518块非晶硅BIPV组件，按照2串30并组成42个太阳能电池方阵，通过42台德国KACO公司生产的Powador4501xi并网逆变器将直流电逆变为交流电，均衡匹配组成两个三相五线制交流并网系统，通过两条电缆并接到负一层总配电室两个低压母线上，供大楼负载使用，并通过逆功率控制。

整个系统共有光伏电池方阵42个，采用2串30并方式接线，光伏电缆线全部藏在主龙骨内，向线槽方向汇集，下到线槽一定距离进入集线箱汇集成两对6m^{2}的光伏电缆引出。光伏屋顶投影面积6030m^2，除去边部异形光伏组件，光伏发电面积5556m^2，2518块光伏组件依据安装位置和倾斜角度划分为42个光伏区域。

在结构方面，采用三角形拟合曲面形式，主梁通过可调节连接件与主体钢结构连接，保证采光顶安装精确性，主梁间留有不小于15mm的间隙，可调节随温度变化引起的伸缩。主梁与主体钢结构之间用螺栓连接、三维可调；主梁接头采用插接式；次梁与主梁之间用螺钉或螺栓连接。这样采光顶形成单独的铰支结构体系，使采光顶本身具备吸收和消化结构变形的能力，具有施工方便、受力合理并能与主体结构协调一致的抵抗外部突发作用。针对屋顶曲面造型、主龙骨之间存在的夹角问题，为此开发了一种套芯，材料按实际角度切割，可实现插接方式连接，采光顶变形可保证，伸缩缝处的集水槽通过U形胶垫搭接得以连续贯通，此处结构力学性能仍满足设计结构安全要求。通过精心设计，威海市文化中心光伏项目具备了可靠的安全性能。

在电气安全方面，该光伏电站监控系统采用基于MODBUS协议的RS 485总线系统，整个监控系统分成站控层和现场控制层。RS 485的总线虽然存在效率相对较低(单主多从)，传输距离较短，单总线可挂的节点少等缺点，但其成本较低，在国内应用时间长，应用经验丰富。通过设在现场控制层的测控单元进行实时数据的采集和处理。实时信息包括：模拟量(交流电流和电压)、开关量、脉冲量及其他来自每一个电压等级的CT、PT、断路器和保护设备及直流、逆变器、调度范围内的通信设备运行状况信号等。微机监控系统根据CT、PT的采集信号，计算电气回路的电流、电压、有功、无功和功率因数等，显示在LCD上。开关量包括报警信号和状态信号。对于状态信号，微机监控系统能及时将其反映在LCD上。对于报警信号，则能及时发出声光报警并有画面显示。电度量为需方电度表的RS 485串口接于监控系统，用于电能累计，所有采集的输入信号应该保证安全、可靠和准确。报警信号应该分成两类：第一类为事故信号(紧急报警)即由非手动操作引起的断路器跳闸信号。第二类为预告信号，即报警接点的状态改变、模拟量的越限和计算机本身，包括测控单元不正常状态的出现。控制对象为各电压等级断路器、逆变器等。控制方式包括：现场就地控制，电场控制室内集中监控PC操作。此外，该项目特别设计了电池方阵巡检系统，结合集线的功能集成了具有巡检功能的集线箱。综上所述，系统具有过压、失压、过载过流、漏电、短路保护功能和防孤岛效应功能，能确保系统电气安全。

(3) 并网系统设计

威海市民文化中心光伏发电系统采用的是并网发电系统。为了解决夏天发电最高峰时可能出现的向外电网发送电的情况，特为系统设计了一套逆功率检测保护控制器。逆功率检测保护控制器的功能是用来检测太阳能光伏发电系统并网点所连的变压器低压侧总出线的总输出功率，根据检测到的功率大小，输出相应信号控制执行机构动作。逆功率检测保护控制器对低压侧总输出进行闭环检测，根据检测总输出功率的大小，输出相应信号控制光伏发电系统14个回路投入并网运行或切断并网；当检测到变压器二次侧低压母线总负载消耗小于光伏发电系统时，控制器将逐个切断光伏回路，直到光伏发电功率小于负载消耗功率；当逆功率检测保护控制器检测到逆向倒送电时，控制器将所有的光伏发电系统回路切断，停止光伏发电系统并网，不向外部电网反送电能。

（4）光伏系统能效

1）系统效率与发电量

并网光伏发电系统的总效率由光伏阵列的效率、逆变器的效率、交流并网效率等三部分组成。光伏并网发电系统发电量计算公式如下：

$$发电量\ Q = S_{srea} \times R_{\beta} \times \eta_{system} \times \eta_{module}$$

式中 S_{srea}——光伏发电区域总面积

R_{β}——光伏发电区域日照辐射量，查当地气象部门数据取年平均数为 5.067 × 106MJ/m^2 换算成电量单位为 1407.5kWh/m^2；

η_{system}——并网光伏系统发电效率，$\eta_{system} = K_1 \times K_2 \times K_3 \times K_4 \times K_5$，各分项系数建议值如下：

K_1——光伏电池长期运行性能修正系数，$K_1 = 0.854$；

K_2——灰尘引起光电板透明度的性能修正系数，$K_2 = 0.9$；

K_3——光伏电池升温导致功率下降修正系数，$K_3 = 0.9$；

K_4——导电损耗修正系数，$K_4 = 0.95$；

K_5——逆变器效率，$K_5 = 0.977$；

η_{module}——太阳电池组件转换效率，按 4.8% 计算。

威海市民文化中心光伏工程发电量为：

$$Q = S_{srea} \times R_{\beta} \times \eta_{system} \times \eta_{module}$$
$$= 5556 \times 1407.5 \times 0.854 \times 0.9 \times 0.9 \times 0.95 \times 0.946 \times 0.048 = 23.3\ 万\ kWh$$

2）成本与综合效益分析

该项目太阳能光伏发电系统造价为 3674 万元，光伏发电面积为 5556m^2，单位面积成本为 6612.67 元/m^2（因系统使用的太阳能电池模块可以直接起到屋顶钢化镀膜加层玻璃的作用，钢化镀膜加层玻璃造价约为 3000 元/m^2）。

可实现的节能减排效益如表 5-23 所示。

节能减排效益 **表 5-23**

年发电量	节约燃油	节约标准煤	减排 CO_2	减排 SO_2	减排 NO_X	减排粉尘	节约用水
23.3 万 kWh	6.058 万 L	83.88t	232.3t	2.749t	1t	63.376t	100.19 万 L

第6章 可再生能源建筑应用做法和经验

可再生能源建筑应用推广工作启动以来，国家层面采用“需求侧带动、财政补贴、示范引路”的总体思路，制定了从项目示范，到城市和县级示范、再到省级示范的三步走策略。同时，充分调动各地财政和住房城乡建设主管部门的工作积极性，积极探索了一些好的做法和经验，使中央和地方相互配合、协调一致，共同推动工作。在工作推动过程中，组织机构和管理队伍建设、总体推进思路、政策法规建设、市场机制建设以及技术研发和标准体系建设等几个环节是重要保证。通过近几年的不懈努力，取得了一些可喜的进展。本章着重总结在推进工作的过程中一些好的做法和经验。

6.1 加强组织机构建设、明确管理队伍

从国家层面来讲，在我国可再生能源建筑应用工作开展之初就明确了管理机构和人员队伍，即由财政部经济建设司和住房城乡建设部建筑节能与科技司共同负责可再生能源建筑应用示范工作，同时在住房城乡建设部科技发展促进中心设立国家可再生能源建筑应用示范项目管理办公室，负责可再生能源建筑应用示范项目的管理工作。

各地省级财政和住房城乡建设部门为加强对可再生能源建筑应用示范工作的组织领导，依托已成立的建筑节能领导小组(或绿色建筑领导小组)或成立可再生能源建筑应用示范工作领导小组，具体负责各省的可再生能源建筑应用推广、协调和统筹工作。部分省份还依托当地建设科技推广部门或墙改节能部门设立省可再生能源建筑应用示范项目管理办公室负责项目的日常管理。

北京市可再生能源建筑应用工作由市住房城乡建设委和财政局共同管理。市住房城乡建设委的建筑节能与建筑材料管理处、科技与村镇建设处和财政局经济建设二处负责建立和完善推进可再生能源建筑应用工作的政策、标准、机制与规划，市建筑节能与建筑材料管理办公室和市住房和城乡建设科技促进中心负责对应用项目的协调、指导、监督、服务等具体业务管理工作。福建省住房和城乡建设厅建筑节能与科技处负责可再生能源建筑应用日常管理工作，并由专人负责，同时成立了福建省海峡绿色建筑发展中心、绿色建筑与建筑节能专业委员会等技术咨询机构，提供可再生能源建筑应用示范项目的技术咨询、评估服务，受省住房和城乡建设厅委托负责项目实施过程的监督检查。

天津市设立由分管市长担任组长的“建筑节能领导小组”，市建委、财政局、发改委、科委等职能部门作为成员单位，下设可再生能源建筑应用管理部门，专门负责可再生能源建筑应用推广工作。项目管理办公室(设在天津市墙体材料革新和建筑节能管理中心)，负责对重点区域内的可再生能源项目进行全过程监管，包括在项目的设计、施工、监理、验收、测评等环节，依据国家法律法规和工程强制性标准加强监督检查和指导，对不符合现

行标准或不能实现项目预期节能目标的要责令整改，保证示范项目的实施质量；设立财政配套办公室，负责对推广可再生能源的项目资金补贴，包括中央财政补贴资金的拨付和监管，市级财政奖励资金的拨付和监管；设立能效测评办公室，负责组织对可再生能源推广项目进行能效检测工作，为项目验收和补贴资金的拨付提供依据。

河南省住房和城乡建设厅成立了可再生能源建筑应用示范城市和示范县工作督导小组，督导小组下设办公室，不定期对示范城市和示范县的可再生能源建筑应用实施情况和资金使用情况进行检查和督导，协调解决实施过程中存在的问题；根据需要组织相关技术培训，协调做好技术服务、咨询等工作。同时，结合实际，搭建平台，开展现场观摩和技术交流，召开可再生能源产品推介会，组织项目办人员和专家进行现场督导和指导，为项目建设单位提供技术服务。

黑龙江省建立了以省财政厅、省住房和城乡建设厅主管领导为组长，技术支持部门、各地市财政、建设主管部门为成员的管理机构。2011 年 12 月成立了由省住房和城乡建设厅厅长任组长、省财政厅副厅长为副组长，建设、财政、纪检、专家等成员组成的黑龙江省可再生能源建筑应用工作领导小组，主要负责项目的申报、实施、监督和验收工作。领导小组下设办公室在住房和城乡建设厅建筑节能与科技处。定时召开专题会议，研究部署，落实计划。同时，完善了从项目申报、资金划拨、资金筹措、项目设计、设备选型、招投标等系列制度，并根据岗位制定了岗位责任制，目标考核机制，切实推进该项工作的开展。

青海省为加强可再生能源建筑应用工作，成立了由省住房城乡建设厅党委书记为组长，省住房城乡建设厅、省财政厅、省发改委、省经委等部门处室负责人和省内专家为成员的青海省可再生能源建筑应用示范工作督导小组，主要负责对可再生能源建筑应用实施情况和资金使用情况进行检查和督导，协调解决实施过程中存在的问题，根据需要组织相关技术培训，协调做好技术服务、咨询等工作。督导小组下设办公室，办公室设在省住房城乡建设厅建筑节能与科技处，负责项目的协调、监督检查和指导。各示范城市(县)均成立了可再生能源建筑应用项目建设领导小组和专门的管理办公室，抽调骨干人员负责可再生能源建筑应用示范项目建设日常的协调、监督和检查，为切实推进示范项目建设工作，提供了组织保障。

宁波市为切实做好市可再生能源建筑应用示范市建设工作，成立了由分管副市长任组长，市住建委、规划、发改、财政、经信、国土、水利、海事、质监、法制办等部门为成员的领导小组，负责对可再生能源建筑应用示范市建设工作的统一组织和协调。领导小组下设办公室，办公室设在市住建委，并抽调精干人员在办公室具体负责全市可再生能源建筑应用的项目管理职能等，有效保障了示范市建设各项工作的有序开展。

云南省为加强可再生能源建筑应用国家示范项目管理，成立了建设领域可再生能源建筑应用领导小组及项目办，领导小组由建设厅主管的副厅长担任，相关处室领导组成。下设项目管理办公室(简称项目办)，项目办负责处理可再生能源建筑应用领导小组日常事务；负责推广适合本地气候、地理地质条件的可再生能源在建筑中的应用；负责监督可再生能源的应用做到与主体工程同时设计、同时施工、同时验收；负责对可再生能源建筑应用示范项目补助资金使用进行管理和监督，确保补助资金专款专用，落到实处；负责全省可再生能源项目的申报、评审、实施和管理。项目办设在云南省建设科技协会，由厅法规科技外事处、云南省建设科技协会、省建筑技术发展中心及昆明市建设工程质量检测中心抽调人员组成，合署办公。

广西壮族自治区为进一步推动可再生能源建筑应用示范工作的顺利开展，于2009年8月成立了可再生能源建筑中规模化应用推广工作领导小组，负责组织、协调可再生能源建筑应用监督管理体系的建设和日常运行，指导全区可再生能源建筑应用示范工作。领导小组下设办公室，设在自治区住房和城乡建设厅，同时明确了办公室及各成员单位的工作职责，为统筹安排、协同推进可再生能源建筑应用示范工作打下了坚实基础。

贵州省可再生能源建筑应用工作由省住房城乡建设厅建筑节能与科技处负责管理和监督，全省9个市(州)均有相应机构，88个县(区、市)大多数成立相应部门。目前，省住房和城乡建设厅正筹备“贵州绿色建筑与科技促进中心”，全面协调可再生能源和绿色建筑的推广应用。中心将下设可再生能源发展部、建筑节能技术服务部、绿色建筑推广部等部门，负责全省建筑节能、可再生能源与绿色建筑方面的培训、推广、技术咨询、能效测评等工作。

深圳市政府建立“推行建筑节能和发展绿色建筑联席会议”。该联席会议是深圳市发展可再生能源建筑应用示范的决策机构，由市政府主管城市规划、建设的副市长任会议召集人，会议成员包括住房建设、发展改革、财政、规划土地、人居环境、水务、城管等部门及各区政府负责人。为推动深圳市可再生能源建筑应用示范工作，联席会议多次召开会议，研究落实了可再生能源建筑应用项目建设任务分配、可再生能源推广应用政策、市级财政资金配套、可再生能源建筑应用配套能力建设等重要事项。按照市政府联席会议议定，深圳市住房和建设局为可再生能源建筑应用日常管理机构，负责组织实施可再生能源建筑应用推广工作，包括制定具体政策、发布标准、组织科研、推广产业等。另外，深圳市住房和建设局下属事业单位深圳市建设科技促进中心为可再生能源建筑应用项目管理单位。负责在节能科技与建材处的指导下跟踪管理可再生能源建筑应用项目、组织能效监测、参与政策标准制定等。

重庆市为加强对可再生能源建筑应用的指导和监管，2005年12月，市住建委成立了以委主任为组长的重庆市建筑新能源开发利用工作领导小组，负责建筑新能源开发利用工作的组织和协调。领导小组办公室设在市建设技术发展中心(市建筑节能中心)，负责全市可再生能源建筑应用的日常管理和牵头实施工作。2009年，以机构改革为契机，专门成立了建筑节能处，进一步强化全市建筑节能工作的统筹指导。2009年底，重庆市被财政部、住房和城乡建设部确定为全国可再生能源建筑应用示范城市后，市住建委委托市建筑新能源开发利用工作领导小组办公室开展可再生能源建筑应用城市示范的具体组织实施工作。目前市建筑新能源开发利用工作领导小组办公室专职工作人员有8人，其中研究生以上学历6人，高级工程师2人。

示范城市和示范县的组织管理机构建设从示范申报阶段已经开始设立，多数示范市县由可再生能源建筑应用领导小组全权负责示范申报的协调工作，一般由政府分管副市长或副县长任组长，住房城乡建设、发改、经信、财政、规划、国土、水利、环保等有关单位业务负责人为小组成员，主要负责重大问题的研究决策和重要规定、事项的审批等。领导小组下设办公室，一般在市或县住建部门，作为可再生能源建筑应用示范应用工作的日常管理机构，具体负责制定和落实示范工作方案，立项管理，计划安排，项目督查、管理和验收，可再生能源建筑应用业务指导，联系国家和省级相关部门及相关行业专家等。另外，部分城市比如南京市、上海市，还同时成立由高校、科研单位、行业协会、建筑设计院等相关专业人员组成的咨询专家组，负责项目的技术评审、咨询、验收和服务，开展技术研究、技术培训、宣传和交流。一个完善的组织机构和整齐的人员队伍保障了可再生能源建筑应用工作的快速有序推进。

6.2 科学规划，确立明确的发展思路

我国推进可再生能源建筑应用发展采用“以点带面，三位一体”的整体发展思路，制定了从项目示范，到城市和县级示范、再到省级示范的三步走策略。通过国家对可再生能源在建筑应用的政策法规、技术标准引导，以及示范工程和技术推广，切实提高我国可再生能源建筑应用的技术水平，并降低可再生能源建筑应用的价格门槛，带动相关材料、产品的技术进步，加快推广和普及的步伐，促进可再生能源建筑应用产业化快速发展。

“以点带面，三位一体”的发展思路要求首先要开展可再生能源建筑应用工程项目的示范试点，在条件成熟的城市或地区，选择有代表性的建筑小区和公共建筑进行可再生能源在建筑中规模化应用的示范，进行“布点”工作，然后在示范项目建设及运行过程中总结和积累相应的工程和管理经验，提升技术水平，对成熟可靠的技术编制技术推广目录，支持和鼓励有经济和技术实力的企业申请建立产业化基地，以促进关键技术的研发升级，实现规模化生产，快速提高产能。

有了技术基础和产能的保证，可再生能源建筑应用示范开始逐渐过渡到示范城市和示范县的层面上来，实现由“点”到“面”。通过以点带面，形成可再生能源建筑规模化、一体化、成套化应用的技术体系和相关技术标准、配套的政策法规，形成政府引导、市场推进的机制和模式，进行稳步推广。

6.2.1 需求侧带动，财政补贴和示范引路

一项新技术的快速推广离不开政府的引导、扶持和推动。政府通过政策制定、财政激励，通过需求侧带动，以资金补贴刺激市场，通过示范工程的形式引路，开启可再生能源建筑应用规模化发展的快车。

2006 年，财政部与住房和城乡建设部联合印发了《关于推广可再生能源建筑应用实施意见》，全面启动可再生能源建筑应用示范工程，主要包括地源热泵和太阳能光热项目示范，与之配套的补助资金《可再生能源建筑应用专项资金管理暂行办法》，推动示范工程建设。从 2006 年到 2008 年共审批通过了 4 批可再生能源建筑应用示范项目，共 371 个。2009 年 3 月，专门针对太阳能光电建筑应用，财政部、住房和城乡建设部颁发了《关于加快推进太阳能光电建筑应用的实施意见》以及配发的《太阳能光电建筑应用财政补助资金管理暂行办法》，明确支持开展光电建筑应用示范，推出“太阳能屋顶计划”，强调大力支持太阳能光伏产业，并提出对符合条件的太阳能光电建筑应用示范项目给予资金补助。

2009 年，国家发改委、科技部和国家能源局联合发出《关于实施金太阳示范工程的

通知》，指出中央财政从可再生能源专项资金中安排部分资金支持实施“金太阳示范工程”，综合采取财政补助、科技支持和市场拉动方式，加快国内光伏发电的产业化和规模化发展，以促进光伏发电技术的进步。“金太阳示范工程”的申报范围涵盖了太阳能屋顶发电的项目，因此，也属于可再生能源的支持范围。并网光伏发电项目原则上按光伏发电系统及其配套输配电工程总投资的50%给予补助，偏远无电地区的独立光伏发电系统按总投资的70%给予补助。光伏发电关键技术产业化和产业基础能力建设项目，给予适当贴息或补助。

国家通过对示范工程的实施投入必要的资金，补贴投资成本，以及为加强监管，从而保证工程质量和运行效果，积极推广成功经验，扩大示范效应，逐步过渡到市场化运作，带动国内可再生能源建筑应用的规模化发展。

6.2.2 建立产业化基地、争取技术突破、扩大产能

随着可再生能源建筑应用示范项目的实施，示范效应已经显现，部分示范项目所在城市已经对可再生能源的利用和发展做出统一规划和科学管理，出台了相关的激励政策。地方政府结合项目实施中的需要，组织有关科研单位对可再生能源建筑应用标准、技术导则进行修编，对可再生能源供热制冷收费等课题展开研究。设备集成商加快对集成技术的研发、推广等，这些都为可再生能源建筑应用发展奠定了良好的基础。

但在推进我国可再生能源在建筑中的规模化应用的过程中，可再生能源建筑应用产业的瓶颈制约也日益凸现，地源热泵的产能不能满足规模化应用的需求；太阳能热水系统与建筑一体化结合程度不高；太阳能光伏发电产业缺乏技术上的突破，生产成本较高等，加快培育可再生能源建筑应用的产业化基地成为当前紧迫而重要的任务。

通过产业化基地的培育建设，积极探索适合不同地区地质条件的热泵技术，加快太阳能利用技术与建筑结合的一体化进程，要逐步建立起太阳能、热泵技术在建筑应用的产业化基地。创建可再生能源的研究开发平台，重点研究与建筑结合的可再生能源设备、产品的规模化生产，与建筑结合的可再生能源技术集成、可再生能源与建筑一体化所需的部品、构件生产技术等，集成应用国内外各式各样太阳能等可再生能源技术，对实践中证明是成熟、安全可靠的，其技术水平居行业先进水平的主要或关键技术快速推广应用，对具有一定生产规模，具有良好的市场信誉，并拥有实施产业化的资金筹措能力，质量管理机构健全的企业提高太阳能热利用产品和热泵机组的生产能力。

可再生能源建筑应用产业化示范应以企业为龙头，突出重点，集中优势，逐步扶持具备较大生产规模、管理体制和运行机制完善、技术和产品成熟的企业；同时还应充分考虑设备及产品的市场需求量、经济成本、区域经济发展不平衡等因素。因此，有必要通过示范带动，在政府引导下，形成市场推进的机制和模式。

鼓励企业与大专院校、科研单位产学研相联合，开发拥有自主知识产权的可再生能源建筑应用设备产品生产技术，增强自主创新能力；研究可再生能源产品设备与建筑结合的标准化生产模式，提高技术在建筑中的应用水平。

引导和扶持部分企业由分散式作业向集约化生产模式的转变，扩大生产规模，增加产品多元化，降低生产成本，最终形成具有系统集成能力的可再生能源建筑应用产业化示范基地。通过对产业化示范基地的建设，把一些实施技术先进适用，运行稳定可靠，经济合理的设备产品及时运用到示范工程项目上，进行示范推广。

企业方面也应主动加强技术创新方面的投资，提升技术含量，消除供应瓶颈，增强产业竞争能力。鼓励以生产企业为主，整合一定资源建立研究中心，进行技术攻关；产业化重点领域、主导产品计划达到的产业化水平、主导产品的主要技术性能参数、适用范围和应用条件、推进产业化的经济、社会、环境效益分析、推进产业化的技术方案和措施，为可再生能源在建筑中的规模化应用铺平道路。

6.2.3 树立品牌、全面推广

通过产业基地的建设，总结产业化示范基地的成果和经验，一方面提高了太阳能热利用产品和热泵机组的生产能力，同时加快可再生能源在建筑应用中共性关键技术的集成。同时，还形成适应各类建筑功能要求的城乡建筑应用太阳能等可再生能源相关政策法规、制定和修订有关产品的国家标准，包括产品性能、实验方法和能效标准以及系统的安装、设计等。

加强对企业生产的设备及产品质量监控体系的建设，建立起产品质量国家标准和认证体系，对可再生能源建筑应用设备及产品推行自愿性产品认证，引导社会消费行为，促进企业加快优质产品的研发。

鼓励企业进行品牌建设，大力实施品牌战略，通过名优品牌创建，实施品牌带动，推动企业上质量、上水平、上规模，促进企业从外延扩张型到质量效益型转变，形成一个合理、规范的可再生能源建筑应用产品的公平竞争的健康发展的市场。

天津市鼓励可再生能源相关企业扩大投资，太阳能热水系统代表企业有奇信太阳能科技有限公司在滨海高新区投资建厂等，太阳能光伏发电系统代表企业有天津京磁公司、天津津能公司、尤尼索拉柔性电池公司等；在引进国内最大的太阳能光伏生产厂商保定英利公司在宁河开发区投资建厂，热泵系统代表企业有与加拿大合资的丰汇特诺(天津)能源设备有限公司，引进沈阳金都铝业装饰工程公司在天津注册子公司，开展太阳能与建筑一体化示范工程等。

重庆市积极引导可再生能源相关企业如重庆嘉陵制冷空调设备有限公司等发展壮大，形成了水源热泵机组的批量生产能力，其水源热泵机组销售额已达到销售总额的25%，并于2008年被住房和城乡建设部批准为可再生能源示范项目产业化基地。引导美的、海尔、格力等国内大型空调设备企业，结合推进可再生能源建筑应用的需要，加大产品研发投入，为推进可再生能源建筑应用提供有效的技术和产品保障，其中重庆通用公司已与美的集团组建重庆美的通用公司，拥有达到国际先进水平的空调核心制冷技术——离心式制冷压缩技术，在中央空调领域具有独特的技术优势，目前正在水源热泵技术方面积极开展试点示范。

通过示范工程的引导和产业化基地的建设，全面带动可再生能源建筑应用产品和技术的全面升级，可再生能源建筑应用技术的进行大规模推广水到渠成。

6.2.4 进一步开拓市场、推动更大规模应用

可再生能源建筑应用前期需要投资，比一般建筑的成本要高些，在庞大的住宅市场上，可再生能源建筑应用所占的比例还较小。随着科技的发展，可再生能源建筑应用的成本占房价的比例变小，再加上政府的政策引导及对可再生能源补贴力度的加大，可再生能源建筑应用的国内潜力市场必然被快速开启。培育国内光伏市场，既有利于降低企业经营风险，也可以真正将绿色能源留在国内。一方面，以政府采购的形式在西藏、内蒙古、青海等地发展小型光伏电站、风电互补等，解决偏远地区无电用户供电问题；另一方面，在经济发达、产业基础较好、地方有积极性的深圳、上海、保定等城市，实施我国屋顶计划，推进太阳能建筑一体化应用示范。

6.3 加快完善政策法规体系，做好制度保障

6.3.1 加快立法，形成良好的法律基础

从国家层面来看，《可再生能源法》、《节约能源法》以及《民用建筑节能条例》的颁布形成了良好的法律基础。2006 年，《可再生能源法》颁布，其第十七条规定："国家鼓励单位和个人安装和使用太阳能热水系统、太阳能供热采暖和制冷系统、太阳能光伏发电系统等太阳能利用系统。"2007 年 10 月，《节约能源法》颁布，其第四十条规定："国家鼓励在新建建筑和既有建筑节能改造中使用新型墙体材料等节能建筑材料和节能设备，安装和使用太阳能等可再生能源利用系统。"2008 年 8 月，《民用建筑节能条例》颁布，其第四条规定："国家鼓励和扶持在新建建筑和既有建筑节能改造中采用太阳能、地热能等可再生能源。在具备太阳能利用条件的地区，有关地方人民政府及其部门应当采取有效措施，鼓励和扶持单位、个人安装使用太阳能热水系统、照明系统、供热系统、采暖制冷系统等太阳能利用系统。" 这三个重要法律的相继实施为大力推广可再生能源建筑应用赋予了充分的法律保障。

可再生能源建筑应用已从"十一五"时期的积极探索、试点示范步入"十二五"时期的法制化、规模化的发展轨道。各地也积极制定本地区的节能行政法规，河北、陕西、山西、湖北、湖南、上海、重庆、青岛、深圳、武汉、南京、太原等地出台了建筑节能条例(见表 6-1)，条例中设置单章节提出推广可再生能源建筑应用。如：湖北省、湖南省在其制定的民用建筑节能条例中规定：政府投资新建的公共建筑和既有大型公共建筑实施节能改造时，应当选择应用一种以上可再生能源。浙江省 2012 年 5 月 25 日，省十一届人大常委会第二十五次会议审议通过了修订后的《浙江省实施〈中华人民共和国节约能源法〉办法》，该办法第二十八条明确规定：新建公共机构办公建筑、保障性住房、十二层以下的居住建筑、建筑面积 1 万 m^2 以上的公共建筑、应当按照国家和省规定标准利用一种以上可再生能源用于采暖、制冷、照明和热水供应等。可再生能源利用设施应当与民用建筑主体工程同步设计、同步施工、同步验收。此外，浙江省、江苏省、宁波市、南宁市、柳州市等地以政府令形式出台建筑节能管理办法，提出推广可再生能源建筑应用的要求。

“十一五”期间全国建筑节能立法情况统计表　　表 6-1

层面	所在省市	法律法规	施行时间
中央		中华人民共和国可再生能源法	2006 年 1 月 1 日
		中华人民共和国节约能源法	2008 年 4 月 1 日
		民用建筑节能条例	2008 年 10 月 1 日
		公共机构节能条例	2008 年 10 月 1 日
地方	山西省	《山西省建筑节能管理条例》	2008 年 10 月 1 日
	陕西省	《陕西省建筑节能条例》	2007 年 1 月 1 日
	湖北省	《湖北省民用建筑节能条例》	2009 年 6 月 1 日
	湖南省	《湖南省民用建筑节能条例》	2010 年 3 月 1 日
	河北省	《河北省民用建筑节能条例》	2009 年 10 月 1 日
	重庆市	《重庆市建筑节能条例》	2008 年 1 月 1 日
	青岛市	《青岛市民用建筑节能条例》	2010 年 1 月 1 日
	深圳市	《深圳经济特区建筑节能条例》	2006 年 11 月 1 日
	大连市	《大连民用建筑节能条例》	2010 年 10 月 1 日
	天津市	《天津市建筑节能管理条例》	2012 年 5 月 9 日
	吉林省	《吉林省民用建筑节能与发展应用新型墙体材料管理条例》	2010 年 9 月 1 日
	广东省	《广东省建筑节能管理条例》	2011 年 7 月 1 日
	上海市	《上海市建筑节能条例》	2011 年 1 月 1 日
	江苏省	《江苏省建筑节能管理办法》	2009 年 12 月 1 日
	南京市	《南京市民用建筑节能条例》	2011 年 1 月 1 日
	安徽省	《安徽省民用建筑节能办法》	2008 年 1 月 1 日
	山东省	《山东省民用建筑节能条例》	2013 年 3 月 1 日
	宁波市	《宁波市民用建筑节能管理办法》	2010 年 8 月 1 日

6.3.2　及时发现规律性的问题，出台有效的管理制度

由于各地的实际地理环境、资源状况、经济发展情况、人员水平等有很大差异，因此，在开展可再生能源建筑应用推广工作的过程中，在项目的申报、建设、检测、验收等环节会碰到各种各样的问题。这时就需要根据实际情况，进行深入分析，挖掘问题根源，找出其规律性，及时出台有效的管理制度，规范各关键环节，形成一个良性发展的轨道。这些有针对性的管理制度具有一定的灵活性和时效性，要根据可再生能源建筑应用推广工作的不同阶段进行相应的调整，以更好地适应新的发展变化。

由于地源热泵系统建筑应用项目投资大、风险多，项目失败的后果严重，因此，湖南省住房和城乡建设厅下发了《关于开展可再生能源示范地区地源热泵建筑应用项目技术论证工作的通知》，要求地源热泵项目技术论证按项目立项批准权限实行分级管理，由示范地区住房城乡建设行政主管部门组织实施。勘察设计单位进行地源热泵专项设计时，对地源热泵专项设计进行技术论证，论证意见应作为设计审批、施工图审查备案的依据。从而

在源头上保证了地源热泵系统建筑应用项目技术的合理性及安全可靠性。针对湖南省一些可再生建筑应用示范市县工作进展较慢的情况，省财政厅、省住房城乡建设厅会同相关部门建立了约谈制度和实行联动惩处制度。通过与相关责任人员进行谈话，提醒、督促其采取有效措施，全面落实示范工作。约谈对象为示范地区人民政府分管负责人和住房城乡建设局(委)、财政局负责人。根据具体情况选择集体约谈或者个别约谈。经过约谈的市、县，工作无明显起色且不能按进度完成示范任务的，除收回财政补助资金外，将该地区纳入"黑名单"管理。由省财政厅、省住房和城乡建设厅实行严格的联动惩处制度，即在一定时期内暂停对该市、县既有建筑节能改造、光电一体化建筑应用示范等项目的申报。情节特别严重的，将暂停项目申报的措施扩大到其他能源类项目，并将暂停事宜通报市、县级人民政府。

河南省住房和城乡建设厅对示范市县项目实行"动态管理"，优化完善可再生能源建筑应用示范项目。针对示范市县在项目的遴选和实施过程中，由于多方面的原因(比如项目投资方资金链问题、建设质量问题、土地纠纷问题等)，会导致项目建设的停滞或取消，为便于示范市县项目的顺利实施，确保项目的建设质量和进度，要求城市和县级示范的备案示范项目统一纳入全省可再生能源建筑应用示范项目库并实行动态管理，随时更新和掌握各示范市县的建设情况，及时报送住房城乡建设部备案。

6.3.3 适时出台科学合理的经济激励政策

一个新产业的发展离不开政府的引导、扶持和推动。政府手中抓握的是政策，因此，必须从政策激励着手，特别是经济激励政策刺激市场，开启可再生能源建筑应用产业快速发展之路。

1. 投资补贴

可再生能源建筑应用产业的特点是初投资大，回收年限长。因此，由中央财政负责采用补贴初投资的方法来减轻开发商资金回收压力，提高投资可再生能源建筑应用产业的积极性是一个即时见效的促进办法。

由财政部和住房和城乡建设部共同启动的"可再生能源建筑应用示范项目"包括太阳能光热、光电、地源热泵，即是采用直接补贴初投资的办法，针对项目建设单位，一次性补贴总项目建设成本的一部分资金。各地方的项目单位申报的积极性很高，有力地带动了可再生能源建筑应用产业的快速发展。由科技部、国家能源局共同启动的"金太阳示范工程"同样采用的补贴初投资的方法对示范项目按投资额度的一定比例进行直接补贴，项目单位申报的热情很高。

另外，部分地方政府加大财政资金支持力度，采用资金配套的方法放大资金效应，快速拉动市场。重庆市市级财政按照中央财政补助资金1:1予以配套，支持可再生能源建筑应用城市示范项目。南京市地方配套资金实施市区两级配套，计划配套资金1.1亿，已落实配套5600多万元，已拨付补助资金和已落实的地方性配套资金比例约为1:3。扬州市地方配套资金8000万，其中市级财政配套5000万，区级财政配套3000万。宁波市安排8050万元支持项目建设和地方配套能力建设，并设立350万用于示范项目以奖代补。宁海县配套县财政资金1000万元。嘉善县根据节能减排的效果，奖励增量成本的6%的资金，最高奖励额度为150万元。建德市安排本市配套资金900万元。三亚市财政配套补助资金为 4 元/m^2(应用建筑面积)。青岛市“十一五”期间市财政对中央财政补助资金配套 4500 万，配套资金与中央补助资金共同使用。福州配套财政资金 1000 万元。安徽铜陵落实配套资金 1250 万。河北省财政设立建筑节能专项资金，用于建筑节能技术标准制定、课题研究、示范项目补助等，自 2007 年以来，累计补助资金约 5500 万元。北京市发展改革委、住房城乡建设委等部门于 2006 年发布《关于发展热泵系统的指导意见》，规定对采用热泵建设采暖的建筑使用市政府固定资产投资，按照地下水源和地表水源热泵 35 元/m^2，地源和再生水源热泵 50 元/m^2 的标准给予补助；于 2009 年发布《北京市加快太阳能开发利用促进产业发展指导意见》，对采用太阳能技术的建筑应用项目，使用市政府固定资产投资按照 200 元/m^2 集热器的标准给予补贴，对农村节能住宅建设中采用太阳能采暖系统的，使用市固定资产投资对太阳能采暖系统按 30% 给予补贴。2010 年 3 月，北京市出台了《北京市太阳能光伏屋顶发电项目补助资金使用管理办法》，办法中规定符合要求的太阳能光伏屋顶发电项目，由市财政局根据项目建成后的实际发电效果，按照 1 元/(W・a)的标准从验收合格当年起给予连续 3 年补助。

上海市于 2012 年 8 月颁布的《上海市建筑节能项目专项扶持办法》中规定，利用太阳能、浅层地热能等可再生能源与建筑一体化的居住建筑或公共建筑项目，法定必须安装太阳能热水系统的除外，对使用一种可再生能源的，居住建筑的建筑面积 5 万 m^2 以上；公共建筑单体建筑面积 2 万 m^2 以上。对使用两种及以上可再生能源的，居住建筑面积 4 万 m^2 以上；公共建筑单体建筑面积 1.5 万 m^2 以上的条件下。对采用太阳能光热或浅层地热能的示范项目每 m^2 受益面积补贴 60 元；采用太阳能光伏的示范项目每瓦补贴 5 元。明确了该市可再生能源建筑应用项目的专项资金补贴范围和标准，有利推进了上海市可再生能源建筑应用的发展。

陕西省为推动太阳能光热光电建筑一体化应用项目建设，对于太阳能光电建筑一体化示范项目，按照太阳能电池组峰值功率，省财政奖励资金标准不超过 7 元/W；对于装机规模在 1MW(含 1MW)以上的，省财政给予 1.2 元/W 项目启动补助，并优先支持申报中央财政金太阳示范工程项目和光电建筑一体化示范项目补助资金。对于以合同能源管理方式(由获得国家发改委、财政部批准的节能服务公司资质的单位实施)建设太阳能光伏发电系统的，按照安装的屋顶面积给予产权人每平方米 50 元的奖励。太阳能照明示范项目，按照太阳能电池组峰值功率，2012 年省财政奖励资金标准不超过 10 元/W；太阳能光热建筑一体化示范项目，按照太阳能系统覆盖用户的建筑面积，2012 年省财政奖励资金标准不超过 12 元/m^2。

浙江省 2009 年出台了《关于我省太阳能光伏发电示范项目扶持政策的意见》，明确规定对列入太阳能光伏发电的示范项目，省级财政采取 0.7 元/kWh 的补贴标准，同时要求项目所在地政府通过配套政策对项目进行扶持；为支持可再生能源建筑应用，省财政在安排建筑节能专项资金时，重点支持地源热泵空调、太阳能等新能源建筑应用示范项目，还每年安排 100 万元支持可再生能源建筑应用示范县，用于示范项目建设；杭州市即将出台财政支持政策，对国家太阳能光电建筑应用示范项目补助资金为中央补助资金的 1/3，从而加快推进可再生能源建筑应用。

2. 低息贷款

可再生能源建筑应用产业所需投资规模巨大，可再生能源产业作为国家重点扶持的产业，低息贷款有利于减轻可再生能源生产企业还本付息的负担，降低生产成本。可以由国家开发银行、农业开发银行等对可再生能源建筑应用企业、用户以及产业化和商业化的活动提供政策性的低息贷款用于购买可再生能源建筑应用产品或生产设备，提高设备生产企业和用户的积极性。银行方面应积极创新信贷产品，拓宽担保品范围，简化申请和审批手续，对可再生能源建筑应用项目投入的固定资产可按有关规定向银行申请抵押贷款。

3. 专项基金扶持

除了低息贷款外，政府还可以采用专项基金进行扶持，例如可以设立太阳能产业专项基金。太阳能尤其是光伏发电需要的投资很大，而从事这一产业的主要力量是民营企业，资金问题是制约发展的瓶颈。解决这一问题，除采取必要的信贷优惠政策外，还应设立太阳能产业投资基金。目前设立公司型产业投资基金的法律环境已趋于成熟，如《创业投资企业管理暂行办法》和《合伙企业法》已经开始施行，建议有关部门着手推动建立可再生能源建筑应用产业投资基金。

江苏、山东、陕西、湖北、河南、宁夏、内蒙古、浙江等省市区设立专项资金支持可再生能源建筑应用。江苏省“十一五”期间共拨付了3.6亿元用于可再生能源建筑应用和推广。山东省设立新能源发展应用专项扶持资金，省级财政每年拿出4亿元支持发展应用，其中，对列入省级新能源示范工程的太阳能光伏建筑一体化项目、地源热泵系统供热制冷项目、太阳能光伏与LED结合照明项目给予一定资金支持。2010年，山东省省级示范工作正式启动，首批确定了50个项目，补助资金1.18亿元。陕西省2007~2010年已安排专项资金5400万元，2011年建筑节能专项资金基数为2000万元。同时，支持省级示范项目的建设，太阳能光热根据太阳能光热建筑一体化的程度、系统类型、节能量确定补助标准，补助额度不超过15元/m^2。对单项工程应用太阳能光电产品装机容量小于200 kW，但不小于30kW的项目和省内主要城市照明工程（不小于15tWP），按照15元/W给予补贴。宁夏2010年开展了自治区可再生能源建筑应用示范工作，列入示范项目13项，下达补助资金5000多万元。湖北省从2011年开始，省政府设立了建筑节能以奖代补专项资金，2012安排2000万元，按照“贡献大、得益多”和“完成好、奖励多”的原则进行分配，用以鼓励各地推进可再生能源建筑应用等建筑节能工作。2011年河南省省财政已安排4500万元以奖代补资金补助该省光电建筑应用等示范项目建设，2012年计划安排9000万元配套资金支持可再生能源相关示范项目的建设。以后每年的财政配套资金会逐年递增。浙江省省级财政对列入太阳能光伏发电的示范项目，采取0.7元/kWh的补贴标准，每年安排100万元支持可再生能源建筑应用示范县，用于可再生能源建筑应用示范项目建设。内蒙古以示范市县及示范项目为载体，一方面积极申报国家级的示范项目，另一方面结合本地实际，自治区财政2010年配套5000万元，组织了一批自治区级可再生能源建筑应用示范项目。海南省设立省级可再生能源建筑应用财政补助引导专项资金，2010年和2011年，累计已下达了4000万元省级补助资金，主要用于引导补助海南省太阳能热水系统建筑应用示范项目建设。

陕西省省级财政建立了建筑节能专项资金，用于可再生能源建筑应用、既有建筑节能改造、居住建筑供热计量改造等工作及能力建设。其中，用于可再生能源建筑应用的资金比例不低于50%。2007~2010年已安排专项资金7400万元，2012年建筑节能专项资金6000万元。其中5000万元用于推动省级太阳能光电建筑应用项目建设。

吉林省为了进一步扩大对全省可再生能源建筑应用示范项目的支持力度，省财政每年配套可再生能源建筑应用专项奖励资金2000~4000万元，用于补助可再生能源建筑应用示范。2012年年财政厅安排专项资金2000万元，并下达了4000万元补助资金的项目计划。

部分省市利用其他已有的相关基金开展可再生能源建筑应用示范补贴工作。北京市为加大可再生能源建筑应用示范的力度，利用市基本建设专项资金等财政性资金组织可再生能源建筑应用示范项目，包括在宾馆饭店、写字楼、污水处理厂、体育场馆等公用、商业设施、开发区、工业园区推行"2万千瓦光伏屋顶工程"；在中小学推行太阳能热水、太阳能灯、小型并网光伏发电、太阳能科普教室的"阳光校园工程"；在新建保障性住房、工业企业推行"光能热水工程"；在农村推行设施农业、农民住宅、农村浴室使用太阳能的"阳光惠农工程"；在有条件的公园推行"园林阳光夜景工程"。

广东省住房和城乡建设厅与省科技厅联合出台了《科技促进建筑节能减排实施方案》，从2012年开始，每年从省科技重大专项中拿出1亿元支持建筑节能减排工作，设立了多个示范园区、小区和楼宇，其中，重点支持可再生能源的利用。各地也陆续建设了一大批可再生能源示范项目，通过大量的试点示范工程建设，以及全省太阳能等可再生能源在建筑中的应用技术论坛、太阳能等可再生能源技术产品展览会有力地促进了全省建筑节能新材料、新产品、新技术的推广应用，不断推进省级可再生能源在建筑中的应用。累计下达近6000万元，主要用于引导补助省级太阳能热水系统建筑应用示范项目建设。从2012年开始，为了更好地激励市县开展示范工作，根据属地管理原则和市县分配的任务量比例，将省级补助资金直接下达市县，由市县财政、住建主管部门负责具体示范项目的实施工作。

海南省下发省政府227号令，海南省设立省级可再生能源建筑应用财政补助引导专项资金，自2010年起，省财政每年给予2000万元省级财政补助资金支持引导省级太阳能热水系统建筑应用示范项目建设。截至目前，省级财政专项资金累计为6000万元。省级示范项目补助标准为太阳能热水系统增量投资的30%~50%，其中保障性住房、医院病房、学校宿舍等公益性项目补助标准为50%，商品房等社会投资项目为30%。2012年的专项补助资金已根据新修订的资金管理办法，按照属地管理原则，下达市县具体实施示范。

青海省从2008年起，省财政厅每年安排2600万元专项资金实施太阳能建筑应用示范项目，安排太阳能路灯、太阳能采暖和热水应用示范项目59个，示范面积88.7万m^2，安装太阳能路灯5811盏，共拨付资金12500万元。

宁波市为有效调动建设单位可再生能源建筑应用的积极性，出台了《宁波市可再生能源建筑应用示范城市建设实施意见》，加大了地方财政的配套力度，安排8050万元支持项目建设和地方配套能力建设。同时，为保障示范补助资金的使用效果和有效监管，印发了《宁波市可再生能源建筑应用示范项目申报评审与资金管理暂行办法》、《宁波市可再生能源建筑应用示范项目以奖代补管理暂行办法》等文件，通过补助和奖励等多种方式，增强政策的针对性和有效性。

深圳市政府，2010年安排地方资金1.2亿元，作为可再生能源建筑应用城市示范配套补助资金，用于项目补贴和配套能力建设工作等。2005~2011年，市政府"新型墙体材料专项基金"列支2383万元，用于支持太阳能建筑应用项目、标准科研等。2009年，市政府设立“建筑节能发展资金”，市财政安排首笔资金3000万元，将太阳能建筑应用项目及标准科研列为其主要资助内容。2009年，市政府发布设立“新能源产业发展专项资金”，市财政连续7年每年将安排5亿元，用于支持太阳能等新能源产业的发展。

4. 税收优惠

税收优惠政策是促进可再生能源技术产业化，提高市场渗透力和经济竞争力的重要政策手段。按照《可再生能源法》的规定，可再生能源包括风能、太阳能、水能、生物质能、地热能、海洋能等非化石能源，这些能源的开发利用已获得了增值税和企业所得税税收优惠政策的支持。

在企业所得税方面，企业利用废水、废气、废渣等废弃物为主要原料进行生产的产品，如利用地热、农林废弃物生产的电力、热力，可在5年内减征或免征所得税；对符合国家规定的可再生能源利用企业实行加速折旧、投资抵免等方面的税收优惠；根据《外商投资企业和外国企业所得税法》的规定，对设在沿海经济开放区和经济特区、经济技术开发区所在城市的老市区或者设在国务院规定的其他地区的外商投资企业，开发可再生能源利用项目的，减按15%的税率征收企业所得税；可再生能源开发项目属于国家重点鼓励发展的产业，根据西部大开发的有关政策，设在西部地区可再生能源开发企业，享受减按15%的税率征收企业所得税优惠等。

税收优惠政策的实施，降低了可再生能源开发利用企业的增值税税负和企业所得税税负，增强了这些企业的市场竞争力，推动了可再生能源开发利用的发展。比如对风力发电实行增值税减半征收的优惠政策后，风力发电在内蒙古、青海、新疆等地得到了极大的发展。

从2008年1月1日起施行的《企业所得税法》对资源综合利用、环境保护、节能节水等继续给予税收优惠。该法规定，企业综合利用资源，生产符合国家产业政策规定的产品所取得的收入，可以在计算应纳税所得额时减计收入；企业购置用于环境保护、节能节水、安全生产等专用设备的投资额，可以按一定比例实行税额抵免。除此以外，在以下两个方面还应作出具体税收优惠措施：

（1）从事可再生能源建筑应企业取得的营业税应税收入，暂免征收营业税，对其无偿转让给用能单位的因实施合同能源管理项目形成的资产，免征增值税。

（2）可再生能源建筑应项目，符合税法有关规定的，自项目取得第一笔生产经营收入所属纳税年度起，第一年至第三年免征企业所得税，第四年至第六年减半征收企业所得税。

我国中央政府一方面根据我国的实际情况制定全国层面的激励政策，另一方面应主动引导各级政府要因地制宜地灵活采用各种有效的激励政策。另外，有关部门应对相关的税收优惠政策进行整合，形成完整的税收扶持政策。

2010年江苏省印发《江苏省地源热泵系统取水许可和水资源费征收管理办法》，对符合条件的地源热泵系统的水资源费实行减征和免征。闭式地表淡水源热泵系统的循环冷却水部分，免收水资源费；污水源热泵系统和地埋管土壤源热泵系统免征水资源费。海南省对应用太阳能热水系统的项目，给予一定的建筑面积补偿或财政补助政策扶持。内蒙古呼和浩特市对2011年新申报的可再生能源示范项目的商品房性能认定费和测绘费按50%收取，2011年列入绿色建筑和省地节能环保型国家康居示范工程的项目，不再进行商品房性能认定，测绘费按50%收取。吉林省松原市、珲春市等示范市县均要求：具备应用条件的示范项目要采用太阳能与建筑一体化，并对建筑工程项目，政府减半收取城市基础设施配套费。林甸县等市县出台了可再生能源项目用电实行峰谷电价的优惠政策，通河县出台了可再生能源项目用电实行民用电价的优惠政策以及对使用可再生能源项目给予 20 元/m^{2}的资金补贴。

6.3.4 因地制宜，科学制定强制安装激励政策

前期投资成本较大是可再生能源建筑应用的普遍问题，即使对相对安装成本较低的太阳能热水器来说，购置设备的一次性投入仍然较高，因此普通用户使用的积极性不是很高，只有部分零散用户自愿安装。由于没有形成一致意愿，热水器的安装很不规范，并且无秩序的安装使得太阳能热水器不能实现和建筑的和谐共存，不但影响了建筑物的品质，同时还带来一些安全隐患。

当前最受青睐的太阳能热水器激励政策是强制安装政策，其最大特点是通过立法或行政手段要求新建建筑必须安装太阳能热水器，政府通常不提供财政补助。该政策是通过实施在用户端的强制安装政策，营造出一个稳定的太阳能热水器市场，从而带动太阳能热水器技术和产业的发展。

实施大规模的太阳能热水器强制安装政策需要有三个方面的基础条件：一是产品性能可靠、质量好；二是有良好的市场基础；三是有良好的制造业基础；三者缺一不可。如果产品不过关，建筑行业和用户都不能接受；如果公众和用户对产品的认知度不好，政策的落实和实施难度就较大；如果制造业基础薄弱，产能无法满足市场的需求，强制性政策营造的市场的最大受益者可能就不是国内的制造商，而是国外制造商。自 2004 年开始，太阳能热水器产品已纳入国家质量监督检验检疫总局的定期抽检目录，历次抽检结果表明，产品的质量水平稳步提高，产品质量是值得信赖的，而且我国的市场基础和制造业基础都非常好，具备实施强制性安装政策的基本条件。

我国部分地方政府实施了强制安装政策，获得了一些宝贵的经验。

海南省：2007 年 1 月 1 日起，凡新建、改建的 12 层以下住宅建筑和宾馆酒店，应推广应用太阳能热水系统与建筑一体化技术。

江苏省：2008 年 1 月 1 日起，全省城镇区域内新建 12 层及以下住宅和新建、改建和扩建的宾馆、酒店、商住楼等有热水需求的公共建筑，应统一设计和安装太阳能热水系统。

深圳市：2006 年 11 月 1 日起，具备太阳能集热条件的新建 12 层以下住宅建筑，建设单位应当为全体住户配置太阳能热水系统。

邢台市：2007 年 1 月 1 日起，全市新建、扩建和改建的低层、多层住宅及宾馆酒店，全面推广应用太阳能热水系统与建筑一体化技术。

三门峡市：2007 年 3 月 1 日起，所有新建和改建的低层、多层、小高层住宅建筑，必须进行太阳能热水系统与建筑一体化设计。

济南市：2008 年 1 月 1 日起，新建 12 层以下的住宅和宾馆酒店，必须采用太阳能热水系统，凡新建的实施集中供应热水的公共建筑必须采用太阳能集中供热水技术和产品。

南京市：从 2008 年 2 月 20 日起，新建 12 层及以下住宅，新建、改建和扩建的宾馆、

酒店、商住楼等有热水需求的公共建筑非特殊情况要求统一安装太阳能热水器。

武汉市：具备太阳能集热条件的新建12层及以下住宅、医院、学校、宾馆饭店、健身中心、游泳馆，以及政府机关和政府投资的建筑、新农村建设中的农民居住用房等建筑工程，自2008年4月1日起，应与太阳能热水系统同步设计、施工、验收和投入使用。

秦皇岛市：2008年9月1日起，城市区新建和改扩建的低层(别墅)、多层和中高层住宅建筑，以及政府直接投资或进行补贴的需要热水供应的各种新建公共建筑，一律进行太阳能热水系统与建筑一体化设计和施工，要求做到同步设计、同步施工、同步验收、同步交付使用。

这些地方的强制性安装政策有利于规范化的设计和施工，可以把热水器的安装纳入到建筑设计体系中来，进行一体化的设计和施工，保证了太阳能热水系统安装的规范、安全和美观。

从全国范围内来讲，鼓励太阳能年总辐照量大于3900MJ的地方实施强制安装政策，强制安装的范围可为12层及以下的民用建筑，包括住宅建筑和宾馆、酒店等公共建筑，太阳能保证率可根据太阳能资源的不同而设定。

积极开展政策研究和管理体制建设，制定国家行动方案，推动全国强制安装政策的尽快实施。在实施全国强制安装政策之前要完成的工作包括：总结地方政策经验和教训、细化工程应用技术支撑体系、加强产品质量控制体系建设、制定太阳能热水器安装施工和运行维护管理办法、研究制定强制安装的配套措施和政策等。

现有的各省、市太阳能热水系统强制安装政策注重对政策的宏观性、重要性和必要性进行论述，但是真正使得强制安装的政策更好的实施还需要更为详细的规定与之相配合，出台相应的实施细则，对政策如何支持、怎样鼓励、支持到什么程度等问题做出具体规定。

主要体现在太阳能光热利用的强制推广，其中江苏、安徽、山东、浙江、宁夏、海南、湖北、宁波、内蒙古赤峰、巴彦淖尔、福州市、南京市、深圳等省市提出“新建12层以下住宅及新建宾馆、酒店、商住楼等有热水需要的公共建筑应当按照规定统一设计、安装太阳能热水系统”；宁波市要求新建12层以下及12层以上居住建筑的逆6层，应当实施太阳能建筑一体化；上海市明确在新建6层及以下住宅强制使用太阳能热水系统(见表6-2)。

“十一五”期间全国部分省市太阳能热利用强制性政策统计表　　表6-2

省市	政策文件	适用建筑类型1	适用建筑类型2
北京市	北京市太阳能热水系统城镇建筑应用管理办法	新建的居住建筑、酒店、学校、医院等，满足安装条件的都将优先采用工业余热、废热作为生活热水热源，不具备采用工业余热、废热的，应当安装太阳能热水系统	已有老住宅楼，只要2/3以上的业主同意，必须安装太阳能热水系统
海南省	海南省太阳能热水系统建筑应用管理办法	新建十二层以下住宅建筑强制	新建公共建筑鼓励
黑龙江	关于在全省建筑工程中加快太阳能热水系统推广应用工作的通知	新建、改建的多层住宅建筑(含别墅)优先采用	小高层、高层以及其他公共建筑鼓励

续表

省市	政策文件	适用建筑类型1	适用建筑类型2
浙江省	浙江省建筑节能管理办法	新建12层以下的建筑强制	—
青海省	建筑利用太阳能工作指导意见	居住建筑、公共建筑鼓励	—
云南省	太阳能热水系统与建筑一体化设计施工技术规程	所有新建建筑项目强制	11层以下的居住建筑和24m以下设置热水系统的公共建筑强制
河北省	关于执行太阳能热水系统与民用建筑一体化技术的通知(冀建质［2008］611号)	12层及以下的新建居住建筑强制	12层及以下的新建居住建筑强制
安徽省	太阳能利用与建筑一体化技术标准	新建12层以下住宅及新建、改建和扩建的公共建筑强制	城镇区域内12层以上新建居住建筑鼓励
辽宁省	关于加快推进太阳能光电建筑应用的实施意见	全省新建、改建的多层和小高层居住建筑，公共建筑鼓励	—
山东省	关于加快太阳能光热系统推广应用的实施意见	县城以上城市规划区内新建、改建、扩建12层及以下的住宅建筑和集中供应热水的公共建筑(强制)	12层以上高层住宅建筑、公共建筑鼓励
江苏省	江苏省建筑节能管理办法	新建宾馆、酒店、商住楼等有热水需要的公共建筑以及十二层以下住宅(强制)	—
宁夏	宁夏回族自治区民用建筑太阳能热水系统应用管理办法	12层以下(含12层)的住宅建筑(强制)	单位集体宿舍、医院病房、酒店、宾馆、公共浴池等公共建筑强制
宁波市	宁波市民用建筑节能管理办法	12层以下的居住建筑(强制)	新建有生活热水系统的公共建筑及12层以上居住建筑的逆6层强制
深圳市	深圳经济特区建筑节能条例	新建12层以下住宅建筑(强制)	新建公共建筑和12层以上住宅建筑鼓励
青岛	青岛市民用建筑节能条例	新建12层以下的居住建筑和实行集中供应热水的医院、学校、宾馆、游泳池、公共浴室等公共建筑(强制)	—
邢台市	关于实施太阳能建筑一体化打造“太阳能建筑城”的意见	低层、多层住宅及宾馆酒店采取优惠鼓励政策	—
沈阳市	关于进一步加强在建筑工程中推广应用太阳能技术的通知	新建和改建的低层(别墅)和多层住宅建筑(强制)	小高层、高层住宅及其他公共建筑鼓励
济南市	济南市关于在民用建筑中加快推广应用太阳能热水系统及成套技术的实施意见	低层多层住宅建筑(强制)	中高层、高层住宅建筑采取试点；政府投资建设公共建筑优先采用
南京市	南京市建委、规划、房产、建工等部门联合发文	12层以下新建住宅(强制)	有热水需求的公共建筑强制
苏州市	《苏州市民用建筑节能管理办法》	12层及以下新建居住建筑(强制)	有热水需求的公共建筑强制

续表

省市	政策文件	适用建筑类型1	适用建筑类型2
武汉市	关于在新建建筑工程中推广使用太阳能热水系统的指导意见	12层及以下新建建筑(强制)	部分公共建筑、政府机关和政府投资的建筑、新农村建设中的农民居住用房等建筑工程强制
郑州市	关于在全市民用建筑工程中推广应用太阳能的通知	12层(含12层)以下住宅、宾馆和酒店等建筑工程、实施集中供应热水的医院、学校、游泳池、公共浴室等公共建筑(强制)	12层以上住宅、宾馆和酒店等建筑工程鼓励
昆明市	关于加快以太阳能和生物质能为重点的可再生能源综合开发利用的若干意见	新建、改建、扩建的住宅、学校学生公寓、酒店、工厂生活设施、幼儿园、体育场馆、医院、休闲会所等热消耗量大的单位和住户(强制)	—
太原市	关于推进建筑中可再生能源应用的实施意见(并政发[2008]41号)	新建、改建的12层以下住宅建筑(含别墅)和新、改、扩建的宾馆、酒店、商住楼等有热水需求的公共建筑(强制)	12层以上建筑鼓励
德州市	关于加快太阳能推广应用工作的通知	有热水需求的公共建筑(强制)	—
威海市	威海市民用建筑领域太阳能热水系统推广应用管理规定	新建住宅小区的12层及以下居住建筑(强制)	13层及以上居住建筑采取试点
合肥市	关于贯彻执行安徽省地方标准《太阳能利用与建筑一体化技术标准》的通知	新建12层及以下居住建筑(强制)	12层以上新建居住建筑鼓励
开封市	关于加强在民用建筑中推广应用可再生能源技术的通知	医院、学校、饭店、酒店、游泳池、公共浴室等热水消耗大户(强制)	新建、改建政府机关办公建筑和大型公共建筑鼓励
珠海市	珠海市建筑节能办法	新建12层以下住宅建筑(强制)	新建公共建筑和12层以上住宅建筑鼓励
秦皇岛市	关于全面推广太阳能与建筑一体化的意见	低层、多层、中高层新建建筑(强制)	—
福州市	关于加强民用建筑可再生能源推广应用和管理的通知	12层及以下住宅(含商住楼)(强制)	13层以上的居住建筑和其他公共建筑、农村集中建设的示范村、镇鼓励
铜陵市	关于进一步加强太阳能建筑应用工作的通知	新建12层及以下居住建筑(强制)	新建、改建和扩建的实施集中供应热水的公共建筑鼓励
银川市	关于银川市推行太阳能建筑一体化应用工作的通知	12层以下的住宅、宿舍(公寓)、政府机关办公楼等(强制)	—
烟台市	烟台市人民政府办公室转发市住房城乡建设局等部门关于加快太阳能成套技术推广应用的实施意见的通知	新(改、扩)建的12层及以下住宅建筑(包括别墅)(强制)	新建12层以上高层住宅建筑鼓励

6.4 逐步完善市场机制

一般来说，经济激励政策多是在产业发展的初期或特殊时期，作为短期内刺激经济拉动市场的一种暂时性的政策，都不可能成为长期的。因此，需要随着产业的发展水平作相应的调整，转入到市场机制发挥作用，以下是几种被证实切实有效的发展可再生能源建筑应用产业有效的市场机制。

6.4.1 投融资机制

由于可再生能源分布的区域差异性的特点，再加上目前处于市场培育的初期且成本较高，融资渠道较少。建议银行与保险机构加快金融创新，在吸引民间资本上创新机制、完善制度，扩大投资渠道，形成多元投资结构和多个开发主体，通过公平竞争，促进成本的降低和新技术的发展。

可再生能源的开发往往需要大量的资金，因此银行要加大信贷规模，制定比常规能源发展更具体的优惠投资政策，加大产业化建设和服务体系的信贷规模，提供长期的低利率贷款。由于市场对开发新能源与可再生能源战略意义仍然认识不足，市场风险大，开发周期长，新能源与可再生能源建设项目往往没有常规能源建设项目那样的固定融资渠道，所以政府提供优惠的融资政策尤为必要。考虑新能源和可再生能源的开发利用周期较长，应将有关项目的还贷期限适当延长，真正起到贷款扶持的作用。

6.4.2 合同能源管理模式

所谓合同能源管理(简称 EMC)，是一种基于市场的、全新的节能项目投资机制，即由节能服务公司提供资金和全过程服务，在客户配合下实施节能项目，在合同期间与客户按照约定的比例分享节能收益。其实质就是以减少的能源费用来支付节能项目全部成本的节能业务方式。这种节能投资方式允许客户用未来的节能收益为工厂和设备升级，以降低目前的运行成本；或者节能服务公司以承诺节能项目的节能效益、或承包整体能源费用的方式为客户提供节能服务。

合同能源管理主要有以下三种模式：一是节能效益分享型，即节能服务公司自己融资，帮助客户实施节能项目的改造，按照合同约定，按照一定比例分享节能效益，合同结束之后，设备和节能效益全部被客户所用；二是节能量保证型，资金不一定全部来自节能服务公司，也可能是客户自己有一部分资金，节能服务公司最主要的是要保证所承诺的节能量，否则就要进行赔付；三是能源费用托管型，即客户的能源费用，包括电、热能全部交给节能服务公司管，节能服务公司自己改造，节约的效益自己所有。

合同能源管理是发达国家普遍推行的、运用市场手段促进节能的服务机制。我国引进合同能源管理机制以来，通过示范、引导和推广，节能服务产业迅速发展，专业化的节能服务公司不断增多，服务范围已扩展到工业、建筑、交通、公共机构等多个领域。各地区、各部门要充分认识推行合同能源管理、发展节能服务产业的重要意义，采取切实有效措施，努力创造良好的政策环境，深入研究制定与我国具体国情相结合，科学合理的能源服务管理模式，促进节能服务产业加快发展。

推行合同能源管理需要遵循两个基本原则：一是坚持发挥市场机制作用。充分发挥市场配置资源的基础性作用，以分享节能效益为基础，建立市场化的节能服务机制，促进节能服务公司加强科技创新和服务创新，提高服务能力，改善服务质量。二是加强政策支持引导。通过制定完善激励政策，加强行业监管，强化行业自律，营造有利于节能服务产业发展的政策环境和市场环境，引导节能服务产业健康发展。

我国推行合同能源管理的目标是通过政策和市场的联合作用，扶持培育一批专业化节能服务公司，发展壮大一批综合性大型节能服务公司，建立充满活力、特色鲜明、规范有序的节能服务市场，逐步建立比较完善的节能服务体系，专业化节能服务公司进一步壮大，服务能力进一步增强，服务领域进一步拓宽，使得合同能源管理成为用能单位实施节能改造的主要方式之一。

快速发展启动的专业化节能服务市场的发展必然会对可再生能源建筑应用产业发展具有强力的拉动作用。当前，可再生能源建筑的应用推广主要是以“政府引导，市场推动”的模式展开。可再生能源建筑应用已被纳入各级政府国民经济和社会发展中长期计划中，尤其中央财政在接下来的“十二五”期间加大了对这方面的资金扶持力度。与此同时，充分发挥市场机制效率，整合各方力量积极推动可再生能源建筑应用，建立渠道多元化的投融资机制，逐步由政府引导向市场需求拉动转变，政府财政补贴发挥“指挥棒”的作用，而市场机制则是今后长期发展应用推广的主力，充分实现可再生能源建筑应用系统的可持续、低成本运行，最终完全交由市场推行。

在市场化的推行过程中，多个省市和地区先后引入国际上先进的市场化节能机制——合同能源管理模式。由专业的节能服务公司负责建筑耗能设备的相关设计、投资建设和运行管理。在操作程序上，节能服务公司将每年的能源运营费用包干，通过先进节能技术和精细化管理实现节能运行，再从节约的运营费用中回收其投资费用及获得投资回报，由此实现合同双方的互利共赢，同时达到减排降耗的目的。此种方法为后期将可再生能源建筑应用完全交由市场推行的发展模式进行探索与实践。在这一方面江苏、广西、河南等省区率先做出了大胆尝试，取得了很好的成效，并且积累了丰富经验。

江苏省目前已经把合同能源管理及能源服务产业作为新兴产业进行重点扶持及推广。在省内多个市县陆续出台的《可再生能源建筑应用城市示范工作方案》中均明确提出对合同能源管理试点项目的重点资助，对从事合同能源管理相关企业的大力扶持，以及对相关人才队伍的培养建设。同时，江苏省目前已实现了多个类似的合同能源管理，如南京鼓楼国际服务外包产业园(265 万 m^2)的江水源热泵空调系统合同能源管理，南通洋口港开发区(85 万 m^2)的海水源热泵合同能源管理以及昆山花桥国际商务城(12 万 m^2)的地源热泵空调系统合同能源管理等，这些项目均取得了较好的成果，实现多方共赢，达到预期节能减排的目的。

广西壮族自治区可再生能源可应用类型丰富，近年来在可再生能源建筑应用领域取得了长足发展，已建成的项目中包括各类水源热泵、土壤源热泵、太阳能光热系统、太阳能风能发电等各种方式。目前柳州市已引入合同能源管理模式，大力推进地源热泵发展。由能源公司先期投资，为较高的办公建筑集中使用中央空调以及集中使用热水的学校、医院，建筑面积 5 万 m^2 以上、12 层以下的建筑群进行相关设备的安装或改造，推行地源热泵系统，实现三联供(即供暖、供冷、供生活热水)，投入使用后能源公司收取相应的服务费用。其中较为典型的是广西生态工程职业技术学院地源热水供应系统合同能源管理项目。

河南省积极开展能源合作，将建筑应用可再生能源推向市场化，探索应用新模式。政府通过经济手段、制定有明确目标的可再生能源建筑应用的政策和规范，为可再生能源建筑应用规模化和产业化提供一个稳定、有序、公平竞争的市场经济环境。其中，鹤壁市在2009年4月率先发布了《鹤壁市推进可再生能源建筑应用实施办法》，在开展能源合作、能源合同管理等工作上取得了突破，成立了一家以地源热泵为热源的供热公司，这是河南省第一家以可再生能源为热源的供热公司。2011年该市新增的集中供热用户均由该公司应用可再生能源进行供热，目前，为100万m^2建筑提供供热服务的项目已全面展开。

北京市部分项目采用合同能源管理方式进行热泵系统运行管理，采用合同能源管理的方式，对于开发方，节省供暖设备的投资，实现系统、设备的最优化配置；对于物业管理方，形成建造、运营的延续性，有效避免由于供暖质量而产生的负面影响；对于业主方，可以按时、按质地得到供暖、制冷的服务，不再支付供暖设备的维修、维护费用。通过节能运行和科学水力平衡调解，可以避免能源浪费，增加社会效益，使得室温更舒适，增加住户对供热、制冷的满意度，通过规范运行操作以及及时、专业的设备维护保养，使得设备使用的安全性增加。如北京市和利时示范工程、雍景天成住宅小区示范工程等采取了合同能源管理方式，取得了良好的节能效果和经济效益。

辽宁省在可再生能源建筑应用项目建设中，各地鼓励采用合同能源管理的运行模式，让有能力的技术支撑单位建设、运营、管理一体化运行，确保工程质量和施工效果，从而调动了施工单位的积极性，减轻了财政和建设单位的负担，吸引了社会资金的投入。抚顺市清原县采用了合同能源管理模式，由能源公司先期投资，以减少的能源费用支付节能项目。该县22所中学采用合同能源管理模式，由节能服务公司对学校热水供应系统进行投资建设，通过水源热泵机组加热，为学生集中供应热水。学生在宿舍里就可以洗上热水澡，学校无需管理即可提高服务水平和安全水平，按实际用量，能源公司每年收益节能费，实现了多赢目标。

新疆的吐鲁番市、乌苏市、昌吉市、奇台县可再生能源建筑应用示范(水源热泵)项目采取能源合同管理模式，积极鼓励项目支撑单位采取“建设—运营—服务”为一体的能源管理模式。同时，各市县建设、发改、财政等部门加强项目管理、实施和验收及审批工作，确保可再生能源建筑应用示范项目顺利开展，取得一定成效。

合同能源管理能有效地刺激企业节能减排的动力，因此在市场化运作、管理都逊色很多的工业节能和建筑节能领域，会得到很大的运用，根据中国节能协会节能服务产业委员会(EMCA)对于节能服务产业的估算，节能市场总规模大约4000亿元，未来发展空间非常巨大。

6.5 不断推动技术研发和标准体系建设

可再生能源建筑应用技术进步也是支撑可再生能源建筑应用产业发展的重要条件之一。国家和各地建设、财政主管部门要积极支持可再生能源建筑应用技术的开发、集成和应用示范，组织引进、消化、吸收国外先进技术，优先支持科技含量高、经济性好、节能效果显著、拥有自主知识产权的可再生能源建筑应用设备产品生产技术与装备的研究开发，增强自主创新能力。研究可再生能源产品设备与建筑结合标准化生产模式，大力推进技术进步，提高技术及应用水平。同时，各地建设、财政主管部门要制定可再生能源建筑应用的技术及产品推广、限制、淘汰指导目标，引导技术及产品发展方向。加强工程建设中的监督检查工作，严肃查处使用国家明令禁止的淘汰产品和技术的行为，加快淘汰落后的技术、产品。

随着可再生能源建筑应用示范项目的实施，示范效应已经显现，部分示范项目所在城市已经对可再生能源的利用和发展做出统一规划和科学管理，出台了相关的激励政策。地方政府结合项目实施中的需要，组织有关科研单位对太阳能热水系统的标准、技术导则进行修编。设备集成商加快对集成技术的研发、推广等，为太阳能光热利用产业化发展奠定了良好的基础。

鼓励企业与大专院校、科研单位产学研相联合，开发拥有自主知识产权的太阳能光热利用设备产品生产技术，增强自主创新能力；研究太阳能光热利用设备与建筑结合的标准化生产模式，提高太阳能光热利用技术在建筑中的应用水平，特别是提高太阳能光热与建筑一体化应用水平。

企业方面也应主动加强技术创新方面的投资，提升技术含量，消除供应瓶颈，增强产业竞争能力。鼓励以生产企业为主，整合一定资源建立研究中心，进行技术攻关；产业化重点领域、主导产品计划达到的产业化水平、主导产品的主要技术性能参数、适用范围和应用条件、推进产业化的经济、社会、环境效益分析、推进产业化的技术方案和措施。

6.5.1 技术标准体系

建立完善的可再生能源建筑应用的技术标准体系是推广可再生能源建筑应用的必要的技术支撑条件，也是发展过程中的一个重要环节。国家和地方政府相关部门在组织推动和实施可再生能源建筑示范项目的过程中，要不断地总结经验和制定措施，积极编写和制定太阳能光热、光电、地源热泵等方面的设计规程、技术规范等。同时，要大力推动建筑领域中有太阳能光热、光电、地源热泵等的国家相关技术标准的贯彻和执行，并结合当地实际，积极研究制定太阳能光电技术在建筑领域应用的设计、施工、验收标准、规程及工法、图集，促进太阳能光电技术在建筑领域应用实现一体化、规范化。各太阳能光热、光电、地源热泵等企业也应要制定本单位产品在建筑领域应用的企业标准，提高应用水平。

为有效指导和规范不同技术的实施，全国大部分省市的可再生能源建筑应用的技术标准体系不断完善，基本涵盖了设计、施工、验收、运行管理等各个环节。各地结合地区实际，对国家标准进行了细化，部分地区执行了更高水平的标准。

浙江省在《浙江省建筑节能标准体系研究》的基础上，先后组织制定了《居住建筑太阳能热水系统设计、安装及验收规范》、《太阳能结合地源热泵空调系统设计、安装及验收规范》和《太阳能热水系统设计与安装图》等一大批地方工程建设标准和图集，《浙江省地源热泵应用技术规程》和《太阳能光伏建筑应用技术规程》正在积极编制之中。重庆市地表水水源热泵技术在评估、设计、验收、运行管理等各个环节建立了较完善的标准体系。江苏省从技术标准体系建设、技术标准执行监管、技术推广和限制禁止制度三个方面建立了可再生能源建筑应用技术政策体系。陆续颁布实施了 37 项与建筑节能相关的技术标准、规范，以及与建筑节能标准配套的技术图集、规程，初步形成了具有江苏特点的技术标准体系构架。涉及可再生能源建筑应用领域的技术标准、规程、图集有9项。安徽省先后编制出台了《太阳能利用与建筑一体化技术标准》（DB 34/854—2008）、《安徽省太阳能建筑一体化设计图集》、《安徽省地源热泵系统工程标准图集》、《地源热泵系统工程技术规程》等可再生能源产品标准、应用设计标准及图集、质量验收规程、检测评定标准共计20多项。北京市为了加速北京地区社会主义新农村建设步伐，提高郊区广大农民的生活质量，使郊区广大农民住上节能、环保、舒适的绿色建筑太阳房，编制了《村镇住宅太阳能采暖应用技术规程》、《北京市廉租房、经济适用房及两限房建设技术导则》，该导则对可再生能源应用有所突破和创新，要求经济适用房和廉租房应采用太阳能热水系统，并优先使用集中式太阳能热水系统，两限房提倡采用太阳能热水系统。河南省编印了20多个相关技术标准、图集、规程及应用手册，包括《河南省社会主义新农村村庄建设规划导则》、《社会主义新农村村庄规划建设指导手册》、《河南省社会主义新农村优秀住宅示范图集》、《可再生能源在新农村建设中应用手册》等体现新农村建设的技术手册。一系列标准的编制，完善了我国可再生能源建筑应用的技术标准体系，加快了可再生能源建筑应用标准化进程，有力地推动了省级可再生能源利用工作的全面开展(见表6-3)。

全国可再生能源建筑应用技术标准统计表　　表6-3

层面	技术类别	省市	标准名称
国家	太阳能热水		《民用建筑太阳能热水系统应用技术规范》
	太阳能热水		《太阳热水系统设计、安装及工程验收技术规范》
	太阳能采暖		《太阳能供热采暖工程技术规范》
	太阳能空调		《民用建筑太阳能空调工程技术规范》
	地源热泵		《地源热泵系统工程技术规范》GB 50366—2005(局部修订)
	光伏		《民用建筑太阳能光伏系统设计与安装图集》
	光伏		《民用建筑光伏构件》（产品标准）
	光伏		《光电建筑一体化系统运行与维护规范》（行标）
	光伏		《太阳能光伏玻璃幕墙电气设计规范》
	光伏		《民用建筑太阳能光伏系统应用技术规范》
	评价		《可再生能源建筑应用工程评价标准》
地方	太阳能	北京	《太阳能热水系统施工技术规程》DB11/T 461—2007
			《村镇住宅太阳能采暖应用技术规程》
			《太阳能光电建筑应用技术规程》
			北京市通用图集《太阳能热水系统设计施工安装》
		上海	《民用建筑太阳能应用技术规程(热水系统分册)》DGJ 08—2004A—2006
		福建	《民用建筑与太阳能热水系统一体化设计、安装及验收规程》DBJ 13—80—2006
		山东	《山东省太阳能热水器安装与建筑构造图集》（图集号L05SJ904）
		青海	《民用建筑太阳能利用规划设计规范》
			《青海省民用建筑太阳能热水系统应用技术规程》
		江苏	《建筑太阳能热水系统工程检测与评定标准》DGJ 32/TJ90—2009

续表

层面	技术类别	省市	标准名称
地方	太阳能	河北	《民用建筑太阳能热水系统一体化技术规程》 《太阳能光伏照明系统应用技术导则》 《民用建筑太阳能热水系统安装图集》
		海南	《太阳能热水系统与建筑一体化设计施工及验收规程》DBJ 12—2009
		安徽	《太阳能利用与建筑一体化技术标准》DB 34854—2008 《安徽省太阳能建筑一体化设计图集》 《安徽省民用建筑太阳能热水系统工程检测与评定标准》
		重庆	《民用建筑太阳能热水系统一体化应用技术规程》DBJ/T 50—083—2008
		江苏	《建筑太阳能热水系统设计、安装与验收规范》DGJ 32/J08—2008
		云南	《太阳能热水系统与建筑一体化设计施工技术规程》DBJ 53—18—2007
		广东	《公共和居住建筑太阳能热水系统一体化设计施工及验收规程》DBJ 15—52—2007
		辽宁	《辽宁省民用建筑太阳能热水系统一体化技术规程》
		浙江	《居住建筑太阳能热水系统设计、安装及验收规范》
	热泵	河北	《热泵系统工程技术规范》
		福建	《福建省地源热泵系统工程技术规程》
		山西	《水源热泵施工工法》
		上海	《地源热泵系统工程技术规程》
		江苏	《地源热泵系统工程技术规程》DGJ 32/TJ 89—2009
		重庆	《河床反向渗滤取水与水源热泵系统联合应用技术规程》DBJ/T 50—084—2008
			《重庆市地表水水源热泵系统适应性评估标准》
			《重庆市地表水水源热泵系统设计标准》
			《重庆市地表水水源热泵系统施工质量验收标准》
			《重庆市地表水水源热泵系统设计标准图集》
			《重庆市地表水水源热泵系统运行管理规程》
			《重庆市地表水水源热泵系统建筑应用管理规定》
		天津	《埋管式地源热泵技术规程》
		大连	《大型水源热泵区域供热供冷技术规程》
		广西	《广西壮族自治区地源热泵系统工程技术规范》DB45/T 586—2009
		安徽	《地源热泵系统工程技术规程》
			《安徽省地源热泵系统工程标准图集》
		山东	《地源热泵系统工程技术规程》DBJ 14—068—2010
		青岛	《青岛市地源、水源热泵工程运行管理指导意见》

6.5.2 技术研发体系

对可再生能源建筑应用的技术研究与开发一定要加大投入力度，快速提高我国可再生能源建筑应用的技术水平，突破技术瓶颈。“十一五”期间，国家科技支撑计划把建筑节能、绿色建筑、可再生能源建筑应用等作为重大项目，对一批共性关键技术进行研究攻关，取得了明显成效。清华大学在国家“十一五”支撑计划课题“太阳能规模化应用关键技术研究”的支持下，目前正在开展相关研究，并取得了初步成果。各地围绕建筑节能工作发展需要，将可再生能源建筑应用统筹于建筑节能技术研发，组织关键技术攻关、工程试点应用、标准规范编制，为在建筑工程中大规模推广应用可再生能源提供技术支撑。

江苏省明确了符合江苏省情的技术路线，即发展具有民俗风情、符合民众生活习惯且适用、经济的被动式节能建筑，加强在公共建筑中采用节能产品和设备、推广应用新能源和可再生能源。湖南省依托相关高等院校、科研单位建设了湖南省可再生能源建筑应用产学研创新平台，开展“中南地区可再生能源与绿色建筑关键技术合作研究”、“绿色低碳小区关键技术应用及项目示范”等多个课题列入省科技厅重大科技专项和国家国际科技合作项目。重庆市通过国家“十一五”科技支撑计划项目“长江上游地区地表水水源热泵系统高效应用关键技术研究与示范”的实施，取得了高效节能地表水水源热泵机组等一系列具有自主知识产权、技术指标达到国内领先水平的可再生能源建筑应用技术成果，初步形成了重庆市经济、适用、高效的地表水水源热泵系统技术模式、工程模式和管理模式，建立了长江上游地区开展地表水水源热泵推广应用的支撑体系。宁波市坚持走产学研各项工作紧密结合的路子，扶持成立了宁波大学可再生能源建筑应用研发中心，开展可再生能源及技术的科研攻关和产品研发，化解示范市建设中的技术难题，提升可再生能源技术产品质量；青岛市在“青岛市建筑节能工程监管平台”现有功能的基础上增加了项目建设过程关键节点监管功能，对全市可再生能源建筑应用项目的立项、设计、施工及验收等关键环节进行全过程监管，利用“青岛市民用建筑能耗监管平台”对可再生能源建筑应用项目及太阳能光电建筑应用示范项目的运行工况进行长期实时监测，帮助项目建设单位选择合理的运行策略，确保项目实现节能目标。

陕西省可再生能源建筑应用技术创新工程中心建设和可再生能源建筑应用技术研发已列入了陕西省“十一五”、“十二五”科技计划。在可再生能源相关技术与产品研究开发方面，具有较强的研发能力，拥有一批处于科研前沿的高等院校和科研机构，已取得了一批可再生能源建筑应用技术成果。西安交通大学开发出了“模块化太阳能热泵中央热水系统”成套产品，可远程全自动控制，可扩展性良好，高度集成化设计，有机融合了太阳能真空集热技术的高效与蒸汽压缩式热泵技术的稳定、经济、可靠等技术特点，有效解决了传统太阳能规模化热利用的不稳定及经济性双重瓶颈问题，实现了全天候稳定供热，获科技部中小企业创新基金无偿资助，已经形成了相关的技术产品。开展“适应低温环境的高效热泵热水器及压缩机关键技术研究与产业化”的研究，研发适应低温环境的两级压缩转子式压缩机，开发适用的热泵热水系统，并将该类产品系列化、产业化。针对当前的土壤类型辨别法、稳态测试法、探针法和现场测试法存在的问题，开展地下换热器换热性能测试设备的研制，为地源热泵系统的设计提供准确的热物性参数，已经完成了U形埋管热电比拟换热模型的建立，申请了发明专利。完成了定温压阶跃干扰热响应和定热流阶跃干扰热响应埋管换热器性能测试实验，并测得了实验台当地的土壤导热系数。针对地源热泵竖直地埋管管群的钻孔间距和布置形式问题，开展了地源热泵管群传热研究，对管群中埋管换热性能进行评价，解决实际工程中的设计及施工的问题。

四川省积极调动全省有条件的城市和相关单位加大对可再生能源在建筑中应用技术的

研究力度，并取得了一定的成果。例如：由成都市建委和四川省建筑科学研究院联合研制的“水平螺旋浅埋式土-气型地源热泵技术”，在全国首次应用于工程实际中取得了较好效果，经住房和城乡建设部鉴定达到国内领先水平，在全川起到了很好的示范和带动作用。省科技实力雄厚的成都市，2007 年启动了成都市“十一五”科技发展规划重大专项 4 个，其中适应成都气候的地(水)源热泵关键技术与配套产品研究与示范，课题经费达 900 万元，课题主要研究内容有：成都地区地源热泵正确选址与选型、地源热泵系统节能设计优化与运行控制参数确定、成都地区应用地源热泵技术对环境影响评估、地源热泵系统地下换热计算分析、相关产品开发和地源热泵集成的示范工程技术、相关技术规程标准等。四川省建筑科学研究院积极筹措资金对可再生能源建筑应用技术进行研究，成功申请国家科技部“十二五”研究课题经费达 1747 万，目前已取得多项研究成果，申请专利 4 个，部分专利产品已成功推向市场并取得良好效果。

宁波市为加强可再生能源技术产学研相结合，以一个体系、一个中心和两个基地为核心，全方位提高技术支撑体系建设水平。“一个体系”是指通过印发《宁波市民用建筑太阳能热水系统与建筑一体化设计、安装及验收实施细则》、《宁波市地源热泵系统建筑应用技术导则》及应用设计软件等一系列技术导则和细则，大力完善符合地方实际、操作性更强的可再生能源建筑应用技术标准体系。“一个中心”是指按照产学研紧密结合的工作思路，扶持成立了宁波大学可再生能源建筑应用研发中心，开展可再生能源建筑应用技术的开发、集成和应用示范，破解示范市建设中的技术难题，提升可再生能源技术产品质量；两个基地是指，建立了爱握乐太阳能光热和埃美圣龙地源热泵建筑一体化两个示范基地，开展可再生能源建筑应用实践教育，使宁波市的可再生能源建筑应用技术水平进一步增强。

天津市委组织开展了建筑节能可再生能源建筑应用课题研究，主要有“天津市可再生能源利用技术数据库建立与应用”、“太阳能与热泵联合的多用途新能源系统”、“北方地区全年运行太阳能空调系统的适用性研究”等 60 多个课题。每年安排专项科研资金用于可再生能源技术研究工作。2012 年在应用课题研究计划中安排研究“基于高温热泵的大型温泉洗浴废水余热回收利用项目”、“被动式建筑设计与应用研究”、“宾馆类建筑能效交易方法研究”等项目。

浙江省安排专项资金开展可再生能源建筑应用关键技术研究，先后完成了“推动建筑节能及建筑新材料应用”和“夏热冬冷地区建筑节能新技术及工程示范”等重大研究课题和“浙江省公共建筑能源高效利用集成技术研究”省科技厅专项科研项目，组织开展了“浙江省浅层地热能资源普查”、“浙江省浅层地能热泵与建筑功能适宜性研究”、“建筑一体化太阳能光伏发电系统应用研究”和“浙江省可再生能源建筑应用现状与发展对策研究”等一系列有关可再生能源建筑应用的研究工作，进一步完善了浙江省可再生能源技术支撑体系，为推进建筑节能及可再生能源建筑应用工作奠定了理论基础。

重庆市建委会同市科委通过国家“十一五”科技支撑计划项目“长江上游地区地表水水源热泵系统高效应用关键技术研究与示范”和重庆市重大科技专项“节能与废弃物综合利用”等重大科研项目，通过这些重大科研项目的实施，取得了高效节能地表水水源热泵机组等一系列具有自主知识产权、技术指标达到国内领先水平的可再生能源建筑应用技术成果，初步形成了经济、适用、高效的可再生能源建筑应用技术模式、工程模式和管理模式，建立了以地表水水源热泵推广应用为重点的可再生能源建筑应用支撑体系。

新疆维吾尔自治区为引导可再生能源建筑应用健康发展及规模化推广应用，区住房城乡建设厅开展了“新疆可再生能源建筑应用后评估及对策”研究工作。通过搭建课题研究平台，有效整合相关科研、设计、项目建设、技术服务单位及骨干专家资源，共同完成研究工作，通过周期性对可再生能源及技术建筑应用情况从资源条件、技术可行性、节能效益、经济效益、运行管理、行政监管等方面结合已建项目进行全面评估并提出对策，为进一步完善地方政策法规、技术标准，提高工程质量及今后规模推广提供支持，为引导和指导后续建设项目更好地选用新技术提供依据。研究类型有太阳能光电建筑应用、太阳能光热建筑应用、浅层地热能(土壤源、地下水、污水源)建筑应用、干空气能建筑应用和复合能源建筑应用。分别委托新疆新能源研究所、新疆建筑设计研究院、新疆建筑科学研究院、新疆电力科学研究院、新疆第一水文地质大队、新疆绿色使者空气环境公司共同完成。先后开展了“新疆地源热泵技术建筑应用研究”、“太阳能与地热能复合供暖技术研究”、“可再生能源建筑应用后评估及对策研究”、“ 乌鲁木齐地区沙砾石和泥岩地质条件下地源热泵技术应用研究” 等方面的课题研究，以解决当前可再生能源在建筑中应用的技术问题，为编制地方标准提供一定的技术支撑。

太阳能利用技术的相关科技开发项目已列入了国家科技部的科技攻关或支撑计划。在太阳能制冷技术研究方面，国家加大支持力度，鼓励科研人员进行相关开发，投入资金提高太阳能制冷系统整体技术水平，开发我国的太阳能制冷系统的适用技术，加强能力建设，包括相关标准的编制、设计手册编写、开发设计计算软件，以及国家中心检测能力的提高和检测项目的扩充等。提高骨干企业的产品研发能力，改进现有产品与建筑结合的适用性能，提高产品质量和工艺水平，开发安全可靠性更好、性能更加稳定、高效的新产品。

需要注意的是，可再生能源建筑应用，无论是太阳能利用，还是地源热泵技术应用，都与当地的自然条件和人文风俗是密切相关的，一定要因地制宜，根据当地的情况推进可再生能源建筑应用的研究开发和推广。强调相关产业的发展。我们要承认在技术上与国外的差距，但是也要认识到与国外自然条件、人文环境方面有很大差异。因此，要加强自主创新，加强可再生能源技术的研究开发，发展我国可再生能源建设应用的适用技术和产品。

第7章　建筑节能大事记

2010年6月

财政部、住房和城乡建设部印发《关于加大工作力度确保完成北方采暖地区既有居住建筑供热计量及节能改造工作任务的通知》，确保完成‘十一五’期间1.5亿平方米的改造任务

为贯彻落实《国务院关于进一步加大工作力度确保实现“十一五”节能减排目标的通知》（国发［2010］12号）提出的“完成北方采暖地区居住建筑供热计量及节能改造5000万平方米，确保完成‘十一五’期间1.5亿平方米的改造任务”要求，财政部、住房和城乡建设部印发《关于加大工作力度确保完成北方采暖地区既有居住建筑供热计量及节能改造工作任务的通知》（建科［2010］84号），要求各地住房城乡建设、财政主管部门加强监管，加快组织改造项目验收工作，总结改造模式，扩大改造范围。同时，通知还要求对已完成改造的项目，同步实施按用热量计价收费。2010年新开工的改造项目必须按照《供热计量技术规程》要求，实施供热计量及室内温度调控改造。对在2009年财政部组织的核查中确定为不满足分户计量要求的改造项目，要在今年采暖期前全部整改完毕。

住房和城乡建设部举办“新能源与可再生能源技术应用培训班”

为深入贯彻落实《可再生能源法》和《民用建筑节能条例》，住房和城乡建设部建筑节能与科技司委托住房和城乡建设部科技发展促进中心于2010年8月2日在上海举办新能源与可再生能源利用技术应用培训班。培训班邀请业内专家和生产企业代表现场演讲，并组织学员参观上海世博会，了解新能源与可再生能源应用情况。

2010年7月

住房和城乡建设部印发《关于切实加强政府办公和大型公共建筑节能管理工作的通知》，要求切实加强政府办公和大型公共建筑节能管理工作

为切实加强公共建筑节能管理，确保完成公共建筑“十一五”节能减排任务，住房和城乡建设部下发《关于切实加强政府办公和大型公共建筑节能管理工作的通知》，要求各地住房城乡建设行政主管部门明确目标、狠抓落实、加强监督检查和体制创新，实现2010年公共机构能源消耗指标在2009年基础上降低5%的目标。

住房和城乡建设部印发《建筑门窗节能性能标识试点工作管理办法》，要求进一步加强建筑门窗节能性能标识工作

为促进门窗行业技术进步，确保建筑节能取得实效，住房和城乡建设部下发《关于进一步加强建筑门窗节能性能标识工作的通知》（建科［2010］93号），要求各地加强建筑门窗节能性能标识工作，利用3年左右时间，对全国规模以上门窗企业的主要产品进行节能标识，努力提高当前主要门窗产品的节能性能，使获得标识的门窗广泛应用于新建建筑和既有建筑节能改造。

住房和城乡建设部开展居住建筑和中小型公共建筑基本信息和能耗信息统计工作

住房和城乡建设部印发《关于确认居住建筑和中小型公共建筑能耗统计城市名单的通知》（建办科函［2010］507号），在79个城市开展居住建筑和中小型公共建筑基本信息和能耗信息统计工作。

2010年9月

住房和城乡建设部印发《绿色工业建筑评价导则》，推进绿色工业建筑的发展

为推动我国绿色工业建筑的发展，规范绿色工业建筑评价标识，住房和城乡建设部组织有关单位编制了《绿色工业建筑评价导则》，作为开展绿色工业建筑评价，指导我国现阶段绿色工业建筑的规划设计、施工验收和运行管理的依据。并要求各地区结合本地绿色工业建筑评价的实际情况，制定相应的实施办法，积极推进绿色工业建筑的发展。

第十五届中国国际生态建筑建材及城市建设博览会成功召开

第十五届中国国际生态建筑建材及城市建设博览会于2010年9月3～6日在河北廊坊国际会议展览中心举办，城博会以“加强城市生态建设、彰显城市特色魅力，促进城市品牌营销、助推城市和谐发展”为宗旨，大会设立“特色品牌城市展”，集中展示全国“园林城市”、“节水型城市”、“人居环境奖城市”、“可再生能源示范城市”的城市风采和先进经验。大会以生态城市建设、可持续发展为方向，设置“生态建材、生态建筑展”和“城市建设配套服务展”。

国务院新闻办公室新闻发布会通报应对气候变化情况，住房城乡建设系统落实节能减排战略成效明显

在国务院新闻办公室举行的新闻发布会上，住房和城乡建设部总经济师李秉仁对近年来住房和城乡建设系统在节能减排和应对气候变化方面采取的措施、取得的成效以及下一步工作措施作了介绍，并回答了记者的提问。部建筑节能与科技司、城市建设司、村镇建设司的有关负责人出席了新闻发布会。

2010年10月

住房和城乡建设部举办第二期“新能源与可再生能源技术应用培训班”

为深入贯彻落实《可再生能源法》和《民用建筑节能条例》，更好地学习可再生能源在建筑中的应用，住房和城乡建设部建筑节能与科技司委托住房和城乡建设部科技发展促进中心于2010年11月8日在深圳市承办第二期新能源与可再生能源技术应用培训班。培训班邀请业内著名专家和企业家现场演讲，并结合学习内容，组织学员参观相关示范工程项目，使学员能够更多的了解新能源与可再生能源在建筑中的应用。

2010年北方采暖地区供热计量改革工作会议在天津成功召开，会议要求进一步加大供热计量改革工作力度，确保完成建筑节能任务目标

会议的主要目的是贯彻落实党中央、国务院关于节能减排的战略部署和住房和城乡建设部、发展改革委、财政部、质检总局联合下发的《关于进一步推进供热计量改革工作的意见》（建城［2010］14号）文件精神，加大推进供热计量改革力度，促进建筑节能工作。会议部署下一阶段各地要开展的重点工作：大力推行按用热量计价收费；完善供热计量监管体制机制。引入节能服务公司模式；加强供热计量产品质量监管；保质保量完成既有居住建筑供热计量及节能改造工作，同时加强检查和督促，确保完成“十一五”期间1.5亿m^2的既有居住建筑供热计量及节能改造任务。

2010年12月

住房和城乡建设部启动城乡建设领域节能减排专项监督检查活动

为进一步推进住房城乡建设领域节能减排工作，住房和城乡建设部决定，于12月中旬开展住房城乡建设领域节能减排专项监督检查。此次检查根据国务院明确的住房城乡建设领域节能减排任务，检查建筑节能、供热计量改革、城市照明节能及城镇污水处理、生活垃圾处理设施建设运行管理方面的情况。

2011年1月

住房和城乡建设部制定《全国绿色建筑创新奖实施细则》和《全国绿色建筑创新奖评审标准》

为做好全国绿色建筑创新奖的管理及评审工作，引导我国绿色建筑健康发展，根据《全国绿色建筑创新奖管理办法》（建科函［2004］183号），住房和城乡建设部重新制定了《全国绿色建筑创新奖实施细则》和《全国绿色建筑创新奖评审标准》，并决定开展2011年度全国绿色建筑创新奖申报评审工作。

住房和城乡建设部建筑节能与科技司印发2011年工作重点

住房和城乡建设部建筑节能与科技司印发《关于印发住房和城乡建设部建筑节能与科技司2011年重点工作的通知》（建科综函［2011］8号），提出2011年工作重点将以“十一五”工作为基础，以构建好“十二五”总体工作框架为目标，围绕部里的中心工作，创新机制，突出抓实抓好建筑节能，积极发展绿色建筑，组织实施好国家科技重大项目，促进国际科技合作取得实效，为“十二五”期间建筑节能与建设科技取得新进展开好局，起好步。

住房和城乡建设部成立住房和城乡建设部低碳生态城市建设领导小组

为贯彻落实中央加快转变经济发展方式，建设资源节约型、环境友好型社会的战略部署，积极稳妥推进城镇化，引导国内低碳生态城市的健康发展，住房和城乡建设部决定成立低碳生态城市建设领导小组。

财政部、住房和城乡建设部印发《关于进一步深入开展北方采暖地区既有居住建筑供热计量及节能改造工作的通知》，明确“十二五”时期北方采暖地区既有改造工作目标

通知明确“十二五”期间改造工作目标：到2020年前基本完成对北方具备改造价值的老旧住宅的供热计量及节能改造；到“十二五”期末，各省(区、市)至少要完成当地具备改造价值的老旧住宅的供热计量及节能改造面积的35%以上，鼓励有条件的省(区、市)提高任务完成比例。通知要求，地级及以上城市达到节能50%强制性标准的既有建筑基本完成供热计量改造，完成供热计量改造的项目必须同步实行按用热量分户计价收费。

财政部、住房和城乡建设部启动新一批太阳能光电建筑应用一体化示范，补贴方式再创新

财政部、住房和城乡建设部印发《关于组织实施太阳能光电建筑应用一体化示范的通知》（财办建［2011］9号），明确了光电建筑一体化项目与建筑一体化、并网技术、关键设备质量、项目建设周期要求。通知还明确了中央财政对示范项目建设所用关键设备和工程安装等其他费用分别给予补贴。对示范项目采用的晶体硅组件、并网逆变器以及储能铅酸蓄电池等关键设备，按中标协议供货价格的50%给予补贴，补贴资金拨付至设备供货企业。对示范项目采用的非招标产品(非晶硅组件)，补贴标准按晶体硅组件最低中标协议供

货价格的一定比例确定，补贴比例暂定为50%，并依据施工图专项审查报告(或专项论证结论)和供货协议书确定的产品供应量核定补助额度，将补贴资金拨付至项目业主单位。示范项目建设的工程安装等其他费用采取定额补贴，补贴标准暂定为6元/W，补贴资金拨付至项目业主单位。

2011年3月

财政部、住房和城乡建设部印发《关于进一步推进可再生能源建筑应用的通知》，要求到2015年底，新增可再生能源建筑应用面积25亿m^2以上

为进一步推动可再生能源在建筑领域规模化、高水平应用，促进绿色建筑发展，加快城乡建设发展模式转型升级，财政部、住房和城乡建设部印发《关于进一步推进可再生能源建筑应用的通知》(财建［2011］61号)。通知明确“十二五”期间可再生能源建筑应用推广目标：切实提高太阳能、浅层地能、生物质能等可再生能源在建筑用能中的比重，到2020年，实现可再生能源在建筑领域消费比例占建筑能耗的15%以上。“十二五”期间，开展可再生能源建筑应用集中连片推广，进一步丰富可再生能源建筑应用形式，积极拓展应用领域，力争到2015年底，新增可再生能源建筑应用面积25亿m^2以上，形成常规能源替代能力3000万吨标准煤。通知要求，“十二五”期间，切实加大推广力度，加快可再生能源建筑领域大规模应用；积极推进可再生能源建筑应用技术进步与产业发展；以可再生能源建筑应用为抓手，促进绿色建筑发展；切实加强组织实施与政策支持。

第七届国际绿色建筑与建筑节能大会成功召开

由中国城市科学研究会、中国建筑节能协会及中国城科会绿色建筑与节能专业委员会共同主办的第七届国际绿色建筑与建筑节能大会暨新技术与产品博览会于2011年3月28日在北京国际会议中心隆重召开。住房和城乡建设部副部长仇保兴主持开幕式。大会分为研讨会和展览会两大部分。研讨会围绕大会“绿色建筑：让城市生活更低碳、更美好”主题安排了1个综合论坛和23个分论坛。在综合论坛上，仇保兴作了题为《中国绿色建筑行动计划草案》的主题报告。在23个分论坛上，来自国内外的近200名政府官员、专家学者和企业界人士围绕“绿色建筑设计理论、技术和实践”、“绿色房地产业的健康发展”、“大型商业建筑的节能运行与监管”、“既有建筑节能改造技术及工程实践”、“从绿色建筑到低碳生态”、“太阳能在建筑中的应用”等题目发表演讲。博览会上，来自国内外的上百家知名企业向与会者展示了绿色建筑规划设计方案及工程实例、建筑智能技术与产品、建筑生态环保新技术新产品、绿色建材技术与产品、既有建筑节能改造的工程实践、可再生能源在建筑上的应用与工程实践、大型公共建筑节能的运行监管与节能服务市场、供热体制改革方案及工程实例、新型外墙保温材料与技术、低碳社区与绿色建筑等方面的最新技术与产品。

2011年4月

住房和城乡建设部公布2011年全国绿色建筑创新奖获奖项目

根据《全国绿色建筑创新奖管理办法》、《全国绿色建筑创新奖实施细则》和《全国绿色建筑创新奖评审标准》，住房和城乡建设部组织完成了2011年全国绿色建筑创新奖申报项目的评审和公示。经审定，“深圳市建科大厦”等16个项目获得2011年全国绿色建筑创新奖。

住房和城乡建设部办公厅发布关于2010年全国住房城乡建设领域节能减排专项监督

检查建筑节能检查情况的通报

2010 年 12 月 12 ~28 日，住房和城乡建设部组织对全国建筑节能工作进行了检查。检查范围涵盖了除江苏、浙江、甘肃、青海及西藏外的 22 个省(自治区)、4 个直辖市，共对 5 个计划单列市、22 个省会(自治区首府)城市、22 个地级城市以及 22 个县(县级市)进行了检查，抽查了 385 个工程建设项目的施工图设计文件和 391 个在建工程施工现场。对检查中发现的问题，下发了 63 个执法建议书。

2011 年 5 月

财政部、住房和城乡建设部印发《关于进一步推进公共建筑节能工作的通知》，要求在“十二五”期间，实现公共建筑单位面积能耗下降 10%

为切实加大组织实施力度，充分挖掘公共建筑节能潜力，促进能效交易、合同能源管理等节能服务机制在建筑节能领域应用，财政部、住房和城乡建设部印发《关于进一步推进公共建筑节能工作的通知》（财建［2011］207 号）。通知明确“十二五”期间公共建筑节能工作目标：建立健全针对公共建筑特别是大型公共建筑的节能监管体系建设，通过能耗统计、能源审计及能耗动态监测等手段，实现公共建筑能耗的可计量、可监测。确定各类型公共建筑的能耗基线，识别重点用能建筑和高能耗建筑，并逐步推进高能耗公共建筑的节能改造，争取在“十二五”期间，实现公共建筑单位面积能耗下降 10%，其中大型公共建筑能耗降低 15%。通知要求，加强新建公共建筑节能管理，深入开展公共建筑节能监管体系建设，积极推动公共建筑节能改造工作，大力推进能效交易、合同能源管理等节能机制创新，加强公共建筑节能组织管理。

2011 年 7 月

住房和城乡建设部举办绿色建筑评价标识专家培训会

为使绿色建筑评价标识专家委员会成员更加深入理解和更准确把握《绿色建筑评价标准》和相关技术文件的要求，统一绿色建筑评价尺度，推进各地一二星级绿色建筑评价标识工作顺利开展，住房和城乡建设部于 2011 年 7 月 20 ~21 日在北京举办部绿色建筑评价标识专家委员会部分成员培训会。经培训且考试合格的专家方可参与国家绿色建筑评价标识的评审工作。

住房和城乡建设部编制《国家机关办公建筑和大型公共建筑能耗监测系统数据上报规范》

为切实推进和加强国家机关办公建筑和大型公共建筑节能监管体系建设，指导各省(市)级监测系统的数据上传工作，规范部级监测系统和省(市)级监测系统之间数据传输的内容、方式和格式，保证数据的统一性、完整性和准确性，住房和城乡建设部组织编制了《国家机关办公建筑和大型公共建筑能耗监测系统数据上报规范》。规范要求，监测系统建设试点省(市)和已建成省(市)监测系统的省(市)从《规范》发布之日起，按要求开展数据上传工作。其他正在建设监测系统的省(市)，也应按《规范》要求完善建设方案，以便为系统建成后数据上传工作打下良好基础。

2011 年 8 月

住房和城乡建设部编制《建筑遮阳推广技术目录》

为充分利用建筑遮阳技术改善建筑物室内光热环境，降低运行能耗，提高能效，促进建筑遮阳技术健康发展，住房和城乡建设部组织印发《关于印发〈建筑遮阳推广技术目录〉的通知》（建科［2011］112 号），要求各地结合本地区实际情况，做好推广应用工作。

2011 年 9 月

五部委联合发出通知要求扩大建材下乡试点推广使用节能建材

为改善农村居民居住条件、提高农房建设质量、推动农房节能改造，住房和城乡建设部、国家发改委、工业和信息化部等五部委联合下发《关于做好 2011 年扩大建材下乡试点的通知》，要求逐步扩大建材下乡试点范围，继续推动水泥下乡，积极推广使用散装水泥，对推广使用节能建材产品予以补助。

2011 年北方采暖地区供热计量改革工作会议顺利召开

为贯彻落实国务院印发的《"十二五"节能减排综合性工作方案》（国发［2011］26 号），进一步推进供热计量改革，实施供热计量收费，促进建筑节能工作，2011 年 9 月 28 日住房城乡建设部在山东省日照市召开了 2011 年北方采暖地区供热计量改革工作会议。会议的主要任务是总结"十一五"期间供热计量改革取得的成效、主要做法和经验、存在的问题，部署下一阶段供热计量改革工作。住房城乡建设部副部长仇保兴做了题为"完善工作机制，全面落实供热计量收费"的工作报告。会议指出，供热计量改革工作在"十一五"期间虽然取得了明显成效，但还存在着不装表、装"假"表、不收费、"假"收费等突出问题。会议要求，建立健全供热计量收费机制；实行按用热量计价收费；开展能耗统计，逐步实现定额管理；实施老旧供热系统节能和计量改造；扎实做好"十二五"既有居住建筑供热计量及节能改造工作。

2011 年 12 月

住房和城乡建设部组织开展 2011 年度住房城乡建设领域节能减排专项监督检查的工作

为贯彻落实《节约能源法》、《民用建筑节能条例》和《国务院关于印发"十二五"节能减排综合性工作方案的通知》（国发［2011］26 号），进一步推进住房城乡建设领域节能减排工作，住房和城乡建设部于 2011 年 12 月中上旬开展 2011 年度住房城乡建设领域节能减排专项监督检查。

住房和城乡建设部制定《住房和城乡建设部关于落实〈国务院关于印发"十二五"节能减排综合性工作方案的通知〉的实施方案》，要求到"十二五"期末，建筑节能形成 1.16 亿吨标准煤节能能力

实施方案明确了建筑节能目标：到"十二五"期末，建筑节能形成 1.16 亿吨标准煤节能能力。其中：发展绿色建筑，加强新建建筑节能工作，形成 4500 万吨标准煤的节能能力；深化供热体制改革，全面推行供热计量收费，推进北方采暖地区既有建筑供热计量及节能改造，城镇居住建筑单位面积采暖能耗下降 15% 以上，形成 2700 万吨标准煤的节能能力；加强公共建筑节能监管体系建设，推动节能改造与运行管理，力争公共建筑单位面积能耗下降 10% 以上，形成 1400 万吨标准煤的节能能力。推动可再生能源与建筑一体化应用，形成常规能源替代能力 3000 万吨标准煤。减排目标：到"十二五"期末，基本实现所有县和重点建制镇具备污水处理能力，全国新增污水日处理能力 4200 万 t，新建配套管网约 16 万 km，城市污水处理率达到 85%，形成化学需氧量削减能力 280 万 t、氨氮削减能力 30 万 t。城市生活垃圾无害化处理率达到 80% 以上。

财政部、住房和城乡建设部联合组织 2012 年度可再生能源建筑应用相关示范工作

财政部、住房和城乡建设部印发《关于组织2012年度可再生能源建筑应用相关示范工作的通知》（财办建［2011］167号），开展2012年度可再生能源建筑应用有关示范申请工作。通知明确，2012年将在资源丰富、建筑应用条件优越、地方能力建设体系完善、工作基础较好的省(区、市)，启动可再生能源建筑应用省级集中推广重点区示范。

财政部、住房和城乡建设部发布《关于组织实施2012年度太阳能光电建筑应用示范的通知》，太阳能光电建筑新补贴措施出台

财政部、住房和城乡建设部《关于组织实施2012年度太阳能光电建筑应用示范的通知》（财办建［2011］187号)指出，2012年光电建筑应用政策向绿色生态城区倾斜，向一体化程度高的项目倾斜。通知明确，鼓励在绿色生态城区的公共建筑及民用建筑集中连片推广应用光伏发电。绿色生态城区应当以宜居、绿色、低碳为建设目标，以居住功能为主，把太阳能光伏发电等可再生能源建筑应用比例作为约束性指标，绿色建筑应达到一定比例。建材型等与建筑物高度紧密结合的光电一体化项目，补助标准约为9元/W；与建筑一般结合的利用形式，补助标准约为7.5元/W。最终补贴标准将根据光伏产品市场价格变化等情况进行核定。

住房和城乡建设部举办2011年供热计量收费工作宣贯培训班

为贯彻落实“2011年北方采暖地区供热计量改革工作会议”，加大推进供热计量改革力度，促进建筑节能工作，住房和城乡建设部城市建设司委托住房和城乡建设部科技发展促进中心于12月8~9日举办了2011年供热计量收费工作宣贯培训班，来自全国建设主管部门、供热企业900余人参加了会议。

2012年2月

住房和城乡建设部要求贯彻落实《国务院关于加强和改进消防工作的意见》

为贯彻落实国务院《关于加强和改进消防工作的意见》，准确理解和把握有关规定，切实落实各项要求。住房和城乡建设部印发《关于贯彻落实国务院关于加强和改进消防工作的意见的通知》（建科［2012］16号)。通知要求，新建建筑要严格执行《民用建筑外墙保温系统及外墙装饰防火暂行规定》中关于保温材料燃烧性能的规定，特别是采用B1和B2级保温材料时，应按照规定设置防火隔离带。外墙采用有机保温材料且已投入使用的建筑工程，要按照现行标准规范和有关规定进行梳理、检查和整改。

建筑大师吴良镛获2011年度国家最高科学技术奖，胡锦涛主席颁发奖励证书

中共中央、国务院14日上午在北京人民大会堂举行2011年度国家科学技术奖励大会。中国科学院和中国工程院两院院士、著名建筑与城乡规划学家、新中国建筑教育奠基人之一、人居环境科学创建者吴良镛荣获2011年度国家最高科学技术奖。中共中央总书记、国家主席、中央军委主席胡锦涛向获得2011年度国家最高科学技术奖的谢家麟院士、吴良镛院士颁发奖励证书。

2012年3月

住房和城乡建设部建筑节能与科技司印发2012年工作要点

2012年建筑节能与科技司工作以落实部建设工作会议的部署为主线，以节能减排、科技创新为重点，深入抓好建筑节能，全面推进绿色建筑发展；组织实施好国家科技重大专项和科技支撑计划项目；抓好墙体材料革新工作；开展全方位多层次的国际科技合作与交流；完善监督管理机制，推进科技成果转化。

公安部、住房和城乡建设部通报建筑外墙保温材料消防安全专项整治工作情况

2011年10月28日至12月31日，公安部、住房和城乡建设部开展了建筑外墙保温材料消防安全专项整治工作。通过开展专项整治，各地整改和查处了一大批建筑外墙保温材料消防安全隐患，有效预防和遏制了建筑外墙保温材料重特大火灾事故的发生。据统计，专项整治期间，全国共排查采用外墙保温材料的建筑38999栋，其中高层建筑17466栋，占总数的45%，公共建筑7526栋，占总数的19.3%；84.3%的公共建筑、50%的居住建筑设立了外墙保温材料燃烧性能等级及防火要求标识；改造、拆除各类广告牌等高温用电设备7.9万余平方米；发现火灾隐患26445处，督促整改隐患23482处，整改合格率88.8%；下发法律文书12336份，提请政府挂牌督办106家，责令“三停”496家，临时查封435家，强制执行19家，罚款1953万元，行政拘留89人。

中央财政进一步加大对北方既有居住建筑节能改造支持力度

为进一步推进北方既有居住建筑节能改造工作，中央财政下拨北方采暖区既有居住建筑供热计量及节能改造资金17亿元，加上之前预拨的36亿元，2012年拨付资金达53亿元。中央财政实施“以奖代补”，按照严寒地区55元/m^2、寒冷地区45元/m^2的标准予以补助。2012年，预计将完成节能改造面积1.9亿m^2，近300万户居民将住上“节能暖房”。

第八届国际绿色建筑与建筑节能大会成功召开

由中国城市科学研究会、中国建筑节能协会等共同主办的第八届国际绿色建筑与建筑节能大会暨新技术与产品博览会于3月29日在北京国际会议中心隆重召开。住房和城乡建设部副部长仇保兴主持开幕式，国内外代表3000余人参加了开幕式。开幕式上，仇保兴代表住房和城乡建设部与加拿大联邦政府自然资源部签署了《关于生态城市建设技术合作谅解备忘录》。大会分为研讨会和博览会两大部分。研讨会围绕大会主题安排了1个综合论坛和25个分论坛。在综合论坛上，仇保兴作了题为“我国绿色建筑发展和建筑节能的形势与任务”的主题报告。在25个分论坛上，来自国内外的200多名政府官员、专家学者和企业界人士围绕“绿色建筑设计理论、技术和实践”、“绿色建筑智能化与数字技术”、“既有建筑节能改造技术及工程实践”、“太阳能在建筑中的应用”等题目发表了演讲。博览会上，来自国内外的上百家知名企业向全世界展示了国内外绿色建筑与建筑节能领域的最新成果、发展趋势和成功案例以及建筑行业节能减排、低碳生态环保方面的最新技术、产品以及应用发展。

2012年4月

住房和城乡建设部办公厅通报2011年全国住房城乡建设领域节能减排专项监督检查建筑节能检查情况

2011年12月10日至29日，住房和城乡建设部组织了对全国建筑节能工作的检查。检查范围涵盖了除西藏自治区外的30个省(区、市)及新疆生产建设兵团，包括5个计划单列市、26个省会(自治区首府)城市、27个地级城市以及26个县(市)，共抽查了917个工程建设项目的建筑节能施工图设计文件及施工现场。对检查中发现的问题，下发了53份执法建议书。

住房和城乡建设部针对夏热冬冷地区既有居住建筑节能改造工作提出实施意见

《国务院关于印发“十二五”节能减排综合性工作方案的通知》(国发［2011］26号)明确提出，“十二五”期间完成夏热冬冷地区既有建筑节能改造5000万m^2。为贯彻国

务院部署，住房和城乡建设部、财政部就推动夏热冬冷地区既有居住建筑节能改造工作提出实施意见，要求积极探索适用于这些地区的既有建筑节能改造技术路径及融资模式，完善相关政策、标准、技术及产品体系，为大规模实施节能改造提供支撑。

2012年5月

财政部制定《夏热冬冷地区既有居住建筑节能改造补助资金管理暂行办法》，推动夏热冬冷地区既有居住建筑节能改造工作

中央财政对2012年及以后开工实施的夏热冬冷地区既有居住建筑节能改造项目给予补助，补助资金采取由中央财政对省级财政专项转移支付方式，具体项目实施管理由省级人民政府相关职能部门负责。补助资金将综合考虑不同地区经济发展水平、改造内容、改造实施进度、节能及改善热舒适性效果等因素进行计算，并将考虑技术进步与产业发展等情况逐年进行调整。2012年补助标准具体计算公式为：某地区应分配补助资金额＝所在地区补助基准×∑(单项改造内容面积×对应的单项改造权重)。地区补助基准按东部、中部、西部地区划分：东部地区15元/m^2，中部地区20元/m^2，西部地区25元/m^2。单项改造内容指建筑外门窗改造、建筑外遮阳节能改造及建筑屋顶及外墙保温节能改造三项，对应的权重系数分别为30%、40%，30%。

财政部、住房和城乡建设部联合印发《关于加快推动我国绿色建筑发展的实施意见》，明确“十二五”绿色建筑补贴方式

实施意见明确推动绿色建筑发展的主要目标：切实提高绿色建筑在新建建筑中的比重，到2020年，绿色建筑占新建建筑比重超过30%，建筑建造和使用过程的能源资源消耗水平接近或达到现阶段发达国家水平。“十二五”期间，加强相关政策激励、标准规范、技术进步、产业支撑、认证评估等方面能力建设，建立有利于绿色建筑发展的体制机制，以新建单体建筑评价标识推广、城市新区集中推广为手段，实现绿色建筑的快速发展，到2014年政府投资的公益性建筑和直辖市、计划单列市及省会城市的保障性住房全面执行绿色建筑标准，力争到2015年，新增绿色建筑面积10亿m^2以上。补贴标准：对高星级绿色建筑给予财政奖励。对经过上述审核、备案及公示程序，且满足相关标准要求的二星级及以上的绿色建筑给予奖励。2012年奖励标准为：二星级绿色建筑45元/m^2，三星级绿色建筑80元/m^2。奖励标准将根据技术进步、成本变化等情况进行调整。

住房和城乡建设部组织修订《民用建筑能耗和节能信息统计报表制度》

报表制度明确住房和城乡建设部负责全国民用建筑能耗和节能信息统计调查工作，分省市两级组织实施。各级住房城乡建设行政主管部门要加强对统计数据质量的监管，采取逐级审核的方式，确保统计数据的真实、可靠、完整，同时要对行政区域内的统计数据进行定期检查与抽查，并设立通报制度，及时通报抽查情况。报表分为年报和两年报。

财政部、住房和城乡建设部初步确定2012年太阳能光电建筑应用示范项目名单，并进行公示

财政部、住房和城乡建设部发布《关于对2012年太阳能光电建筑应用示范项目名单进行公示的通知》(财建便函［2012］33号)，初步确定了2012年光电建筑应用示范项目名单，并进行了公示。通知根据光伏产品市场价格变化最新情况，对2012年度中央财政对太阳能光电建筑应用示范项目的补助标准进行了适当调整：对与建筑一般结合的利用形式(构件型与支架型)，补助标准为5.5元/W，对与建筑物高度紧密结合的利用形式(建

材型），补助标准为7元/W。通知要求，列入2012年光电建筑应用项目示范的单位须在项目批准后一年内，即2013年5月底前完成相应的光伏发电装机任务。

住房和城乡建设部制定《绿色超高层建筑评价技术细则》

为推动我国超高层建筑的可持续发展，规范绿色超高层建筑评价标识，住房和城乡建设部组织编制了《绿色超高层建筑评价技术细则》，作为现阶段开展绿色超高层建筑评价，指导绿色超高层建筑的规划设计、施工验收和运行管理的依据。

附录1　可再生能源建筑应用发展目标与路径分析

针对我国可再生能源建筑应用发展的特点，在对诸多常用预测分析方法进行调研对比的基础上进行选择，在此采用组合预测方法——基于情景分析的灰色系统理论方法进行预测。以下详细叙述针对相关预测方法展开的调研以及相关的预测步骤与结果。

1.1　预测方法概述与选择

1.1.1　相关预测方法概述

目前，国内外关于中长期预测方面的方法种类很多，其采用的预测途径和预测精度也各有不同，但综合归纳起来主要有两大类型：传统方法和新兴方法。以下对这两大类型进行对比调研。

传统中长期预测方法主要包括：时间序列法、回归分析法、灰色模型法等。

时间序列方法能根据预测对象的历史数据建模，并利用模型预测出未来的预测值。优点是所需历史数据少、工作量小；缺点是没有考虑事物变化的因素，只致力于数据的拟合，对规律性的处理不足，只适用于外扰因素较少的预测的情况。

回归分析方法利用历史数据可以建立起事物发展及其相关影响因素的关系，如国民消费水平与工农业总产值之间的关系，并进而由这些因素未来的发展状况预测出未来的消费水平。其优点是模型参数估计技术比较成熟，预测过程简单；缺点是线性回归模型预测精度较低。而非线性回归预测计算开销大，预测过程复杂。适用于中期事物发展的预测。

灰色系统理论方法是20世纪80年代由我国邓聚龙教授提出的，用来解决新兴的信息不完备系统的数学方法。它把模糊控制的观点和方法延伸到复杂的大系统中，将自动控制与运筹学的数学方法相结合。多年来，灰色系统理论在中长期预测中的应用受到了广泛的关注，灰色预测是一种对含有不确定因素的系统进行预测的方法。它适用于贫信息条件下的分析和预测。优点是要求负荷数据少、不考虑分布规律、不考虑变化趋势、运算方便、短期预测精度高、易于检验；缺点是当数据离散程度越大，即数据灰度越大，预测精度越差。

为了解决这一问题，人们对灰色预测做了很多改进。如提出对历史数据的平滑处理、模型参数修正、等维信息数据处理和对预测值的修正等，改进后的模型能够较好的预测事物中长期的发展规律，可提高预测精度和灰色方法的适用范围。如通过结合灰色预测和马尔柯夫链理论的特点，并利用新信息优先的思想，提出了一种无偏灰色马尔柯夫预测模型。实验结果表明，这种方法的预测准确度尤其是中长期预测准确度得到了较大提高；通过将灰色 Verhulst 模型引入到中长期负荷预测中，可以很好地解决“S”形曲线增长或增长处于饱和阶段时采用灰色模型进行相关预测的误差较大，预测精度不能满足实际要求的问题。也有将现在的人工智能算法如将遗传算法、人工神经网络模型引入灰色模型对其加以改进的。

综上所述，这几种预测技术无论在理论上还是在实际应用中都比较成熟。但传统的中长期预测方法只是借助数学模型进行推算，并不切实关注到中长期预测中相关的跳变性因素。

新兴中长期预测方法主要包括：专家系统预测法、模糊预测法、人工神经网络预测法、小波分析预测技术及组合预测法等。

专家系统预测方法是相关领域或某种职业范围内具有相应实际经验或知识积累的人员对过去几年、甚至几十年的相关数据的宏观提炼，提取有关规律，按照一定的规则进行预测的方法。该方法能汇集多个专家的知识和经验，并且占有的资料、信息多，考虑的因素也比较全面，有利于得出较为正确的宏观结论；另一方面，专家系统是对人类的不可量化的经验进行转化的一种较好的方法，若能将它与其他方法有机地结合起来，构成预测系统，将可得到满意的结果。其缺点是：受数据库里存放的知识总量的限制；对无法预见的突发性事件适应性差；不适合一定精度要求的量化性预测。

模糊预测方法是由美国计算机与控制论专家 L. A. Zadeh 教授在 1965 年第一次提出的模糊集合理论发展而来，它是从事物的中介过渡性中去寻找中介倾向性的量化规律。模糊集合论的建立为模糊预测理论与方法的研究奠定了理论基础。模糊预测法将模糊信息和经验以规则的形式表示出来，并转换成可以在计算机上运行的算法，使得其在许多领域中得到了应用。将模糊方法应用于中长期预测可以更好的处理事物中长期发展中的不确定性，将这一理论应用中长期预测是很合理的选择。目前模糊集理论应用中长期预测主要有以下几种方法：模糊聚类法、模糊相似优先比法、模糊最大贴近度法等。这三种方法具有比传统方法预测精度高、预测误差小的优点。如运用模糊指数平滑法和模糊线性回归法进行电力系统中长期负荷预测，通过将输入的原始数据及模型中各相关参数模糊化，从而达到弱化模型对历史数据准确度的依赖，在原始负荷数据及影响因素的历史和未来发展数据不够准确的情况下，获得较高的预测精度。

人工神经网络预测方法是基于神经网络仿效生物处理模式以获得智能信息处理功能的理论产生的预测方法。自从 1943 年第一个神经网络模型被提出至今，神经网络的发展十分迅速，特别是 1982 年提出的 Hopfield 神经网络模型和 1985 年 Rumelhar 提出的反向传播算法，使这些模型成为用途广泛的神经网络模型，并在语音识别、图像处理和工业控制等领域的应用颇有成效。进入 20 世纪 90 年代，人工神经网络模型(Artificial Neural Networks，简记作 ANN)开始被用于中长期预测中。神经网络是由大量的简单神经元组成的非线性系统，每个神经元的结构和功能都比较简单，而大量神经元组合产生的系统行为却非常复杂。其优点是可以模仿人脑的智能化处理，对大量非结构性、非精确性规律具有自适应能力，具有信息记忆、自主学习、知识推理和优化计算的特点，还有很强的计算能力、复杂映射能力、记忆能力、容错能力及各种智能处理能力，特别是其学习和自适应功能是常规算法所不具备的。但人工神经网络方法则具有难以科学确定网络结构、学习速度慢、存在局部极小点、记忆具有不稳定性等固有缺陷。目前，研究和应用最多的是以下 4 种基本模型和它们的改进模型，即 Hopfield 神经网络、多层感知器、自组织神经网络和概率神经网络。人工神经网络预测法在中长期预测中的应用主要集中在电力负荷预测、气象预测及地质水文预测方面。其中主要以 BP 网络的应用最为广泛。如，将 BP(32)模型运用于大气质量中长期预测中，取得良好的预测效果。将 ANN 应用到电力系统中期负荷预测中，其基于优化理论，采用改进型 BP 算法，通过仿真算例证明了该算法的优点，并将训练结果应用到了配网规划的实例中，验证了 ANN 在中期负荷预测中的可行性。

小波分析预测方法是基于小波分析技术。小波分析作为近十多年来迅速发展起来的一种方兴未艾的科学方法在各个工程领域中受到了广泛的注意与重视。小波变换是 20 世纪 80 年代后期发展起来的应用数学分支，理论上构成较系统的构架，主要是由法国数学家 Y. Meyer、地质物理学家 J. Morle 和理论物理学家 A. Grossman 的工作，而把这一理论引入工程应用特别是信号处理领域的法国学者 G. Daubechies 和 S. Mallat 则起了极为重要的作用。

在事物发展的中长期预测中，当时间序列发生变化，尤其是发生突然变化时，常用算法的预测结果就不理想，而小波分析在时域和频域上同时具有良好的局部化性质，而且，能很好地处理微弱或突变的信号，其目标是将一个信号的信息转化成小波系数，从而能够方便地加以处理、存储、传递、分析或应用于重建原始信号。这些优点决定了小波分析可以有效地应用于中长期预测问题的研究。如将小波分析预测技术应用在水文中，结果初步表明，小波分析及由其发展出的小波网络模型在水文分析中是可行的、合理的。数学分析工具更为先进，将混沌重建相空间理论和小波网络模型相结合，对揭示水文动力系统复杂的非线性结构是很有效的，在水文中长期预测中具有较大优越性。

组合预测方法是在预测实践中将不同的预测方法进行适当的组合，形成所谓的组合预测方法。组合的主要目的是综合利用各种方法所提供的信息，尽可能地提高预测精度，只要组合适当，这一目的是完全可以达到的。

早在 1954 年，美国人 Schmict 就曾经用组合预测方法对美国 37 个城市的人口进行过预测，使预测精度有所提高。自从 J. M. Bates 和 C. W. J. Granger 首次提出组合预测方法以来，组合预测的研究已经取得很大的进展。1959 年，J. H. Bates 和 C. W. J. Granger 对组合预测方法进行了系统的研究，其研究成果引起了预测学者的重视。进入 20 世纪 70 年代，组合预测的研究更被预测工作者所重视，发表了一系列关于组合预测的论文。1989 年，国际预测领域的权威学术刊物《Journal of Forecasting》出版了组合预测专辑，充分说明了组合预测在预测领域中的地位。进入 20 世纪 90 年代，组合预测的研究更处于一个热潮之中。

近年来，我国在组合预测方法的研究方面也取得了一系列的研究成果，其中以唐小我和陈华友等人的研究成果尤为突出，为促进我国组合预测的理论研究与应用做出了重要的贡献。组合预测已经成为预测领域中的一个重要研究方向，引起了众多学者的浓厚兴趣。目前国内外学者主要提出以下一些组合预测方法：最小方差方法，无约束最小二乘方法，约束最小二乘方法，基于不同准则和范数的组合预测方法，递归组合预测方法等。以上各种不同的组合预测方法中，实际应用和理论研究最多的是最小方差方法。

在组合预测中，组合权重的确定是一个关键的问题，并有新方法不断提出，这些方法是用不同的数学方法来求解权重的，其算法的繁简程度略有不同，可从不同的侧面对同一问题进行组合预测。很多学者认为，在组合预测中，变权重的方法要比不变权重的方法更为科学，并对变权重组合模型及其求解进行了探讨。变权重组合预测方法也是当前预测科学研究中热门的课题之一。

根据上述各种方法的特点，将其列于附表 1-1 便于对比分析。

各种预测方法特点对照表 **附表 1-1**

方法种类		特点					
		历史数据需求量	预测准度	预测精度	复杂程度	对影响因素考虑程度	其他
传统方法	时间序列	少	一般	一般	简单	不考虑	适用于外扰因素较少的情况
	回归分析	中	一般	—	—	考虑	线性回归模型预测精度较低，而非线性回归预测计算量大，预测过程复杂
	灰色系统理论	少	一般	短期预测精度高	复杂	不考虑	适用于贫信息条件下，但数据灰度影响预测精度
新兴方法	专家系统预测	—	高	低	简单	考虑全面	对人类的不可量化的经验进行转化，但受数据库里存放的知识总量的限制
	模糊预测	一般	一般	高	复杂	考虑	将模糊信息和经验以规则的形式表示出来，并转换成可以在计算机上运行
	人工神经网络预测	多	高	高	非常复杂	考虑	具有难以科学确定网络结构、学习速度慢、存在局部极小点、记忆具有不稳定性等固有缺陷
	小波分析预测	一般	一般	一般	复杂	考虑	尤其时间序列发生突变时，小波分析在时域和频域上同时具有良好的局部化性质
	组合预测	可选择多种方法取长补短					组合权重的确定是一个关键问题

1.1.2 预测方法选取

针对可再生能源建筑应用发展预测，单一灰色系统理论方法存在一定的优缺点。

结合上述传统中长期预测方法中灰色理论预测模型是典型的计量经济学模型，具有要求样本数据少、运算方便、中长期预测精度高等优点，针对当前可再生能源在建筑中应用情况历史数据有限，与其他宏观参数（人口、GDP 等）间的关系不明确或无法获取，在这样的情况下，则是灰色理论预测模型的强项，即将相关影响因素作为一个“黑盒”，将未来看成是当前的继续，进而相对稳定平滑的对未来的发展进行预测，即利用可再生能源在建筑中应用的历史发展数据预测其在未来一定时期内的发展状况。

但是灰色理论预测模型是针对已有过往的历史数据，并不能对未来的非寻常状况做出反应，较为适合自然状态下的预测，或是没有较为明显突出的影响因素的预测。

在当前，针对可再生能源建筑应用发展的特点，政府行政行为等无法量化因素对其发展应用等方面的趋势影响显著，也即单一的灰色模型并不能对这方面作出较为快速的反应，从而如果在未来有一定的政策等的调整将会对其预测结果产生较大的偏差。采用某单一的预测方法在准确度与精确度两方面难以达到一定的要求。

因此，在此采用组合预测法，选取灰色预测模型，同时结合专家系统预测方法进行不同情景方案的设定，对可再生能源建筑应用在未来的增长趋势进行预测。

专家系统预测方法构建多情景预测分析方法的优点：在对无法量化因素的处理方面，情景分析法假定某种现象或某种趋势在未来发生的前提下，对预测对象可能出现的情况或引起的后果作出预测的方法。可以有重点地选择其中在未来可能较为突出的影响因素或事件进行概率评判与预测，通常通过对预测对象的未来发展作出种种设想或设计，较为适合有大致方向或目标的预测与评判，是一种直观的定性预测方法。

二者组合预测方法模型的特点：主观与客观上的结合；定性与定量上的结合。

二者的结合能够很好地兼顾定量与定性两方面的要求，不单单是在时间序列上对未来可再生能源建筑应用作出预测，而是考虑了诸多显著性影响因素等在内的。

因此，结合情景分析法，对未来的发展趋势给予特定的情景设定，对原有灰色理论模型加以修正，加入情景因子 θ，也可以将其理解为是组合权重。θ 的取值可以根据相应情景中的诸如政策强度等取区间(0，1)、1、(1，$+\infty$)之间的任意值，代表相对于历史数据不同的强度程度，也即表现为对灰色理论预测模型中发展系数 a 做修正。在具体模型中，θ 是联系情景分析方法与灰色系统理论方法的桥梁，可以直观地理解为不同情景方案下对应的 θ 值将对由灰色模型理论作出的预测结果进行有方向性的修正。组合方法示意图如附图 1-1 所示。

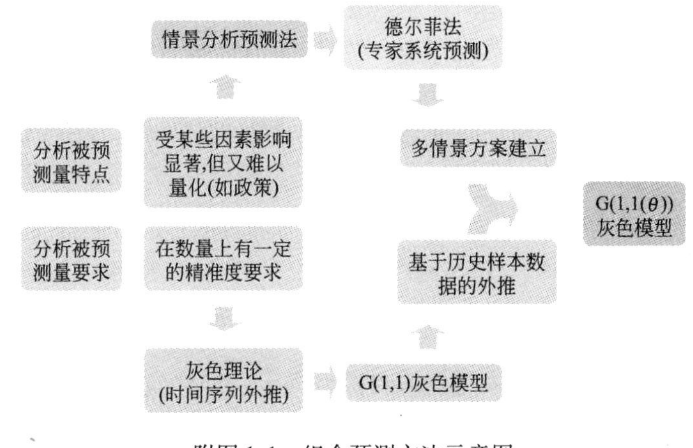

附图 1-1　组合预测方法示意图

1.2　情景分析方案建立

情景分析方法是专家系统预测方法的一种衍生载体，相关情景的构建可以以专家的主观判断或定性描述来完成，对于发展中的相关影响因素的考虑由专家对情景的描述而展现出来。

1.2.1　情景分析方法的特点与在建筑节能领域的应用

近年来，随着国际社会对能源需求与安全及其相关的气候与环境等问题的关注度不断提高，情景分析方法作为一种直观而又便捷的预测方法而被越来越多的应用于对未来各类能源问题的研究中。

情景分析方法对于探讨和制定未来发展战略、对策、规划或计划、政策措施等较为行之有效，在实践中被广泛地应用于经济、能源、环境等领域的研究分析和决策判断中。

该方法的最初创始便是源自于20世纪60年代末荷兰壳牌石油公司的战略规划，并获得成功，引起了各界广泛关注，而后被用于诸多其他领域。该方法注重对于事物发展在性质方面的预测，具有较大的灵活性，不受任何条件限制，易于充分发挥人的主观能动作用，对问题或形式考虑较全面，且简洁直观，有利于决策者更客观地进行决策。

对于能源及其相关问题，一般不是单一的自然科学问题，而更为广泛地涉及诸多社会科学及交叉领域科学，是存在于特定人类社会环境背景下，有一定的前提条件或制约限制。在对这方面展开研究时，一些常见的预测方法存在很大的局限性，必然借助于情景分析方法。

近期，国际上将其应用在能源环境领域较为典型的案例是政府间气候变化专门委员会(IPCC)第三工作组定义的研究全球气候变化时可广泛应用的四个气候变化情景，其通过对影响未来气候变化的因素设定可能发生的情景，而后分别估计每种情景下的气候变化情况，最后取得应对气候变化的策略和政策。

国内也有诸多相应的成功案例，如我国发改委能源研究所针对我国2020年能源需求变化和各类相关条件对国内未来可持续发展碳排放进行情景分析，取得了诸多有建树性的结论，结合社会、经济、环境等种种不确定性因素预判对未来能源需求的影响，并对迅速发展的建筑用能进行详细的分析；国家能源战略课题组也针对未来我国能源战略做了情景分析，以设定三种情景的方式，对我国2020年能源消费水平作出预测，并对不同情景下环境容量作出评判，给出分部门的情景计算，结论显示出建筑部门节能潜力较大。

同时，情景分析方法已经被一些规划类学科作为基础的中间方法环节之一，纳入到整个学科体系中。如在区域建筑能源规划中，对区域建筑能源需求预测则要求基于对区域规模建筑冷热负荷进行情景分析，作出相应的评估，这是整个区域能源规划的核心环节之一，关系到最终整体规划的合理性与可行性。

1.2.2 情景方案构建

在多层次情景方案构建时，依照当前我国可再生能源建筑应用趋势，以及到2020年左右各类相关应用技术具体的发展目标，设定低、中、高三个情景方案。针对情景分析方案的建立具体流程如附图1-2所示。

首先由专家确定情景蓝本，然后进行多轮的意见征集，确定对未来可再生能源建筑应用发展影响事件及因素，构建框架体系，完成适用于更广范围的专家调查表，然后进行调查问卷工作，整理结果，根据事件或因素发生的可能性大小，将其归入不同层次的情景中，同时得出不同因素影响力权重，最后得出情景因子 θ，即组合权重。

在情景方案构建时采用专家系统预测方法中较为常用的德尔菲法，通过核心专家小组多轮次反复征求意见的方法，制定出适用于面向更广范围专家团队的调查问卷，进行有一定样本容量的广泛调查，根据调查统计结果确定三个层次情景方案的构建。

德尔菲法是通过背对背的通信方式征询专家小组成员的预测意见，经过几轮征询，使专家小组的预测意见趋于集中，最后做出符合可再生能源建筑应用未来增长趋势的预测结论。依据系统的程序，采用匿名发表意见的方式，即团队成员之间不得互相讨论，不发生

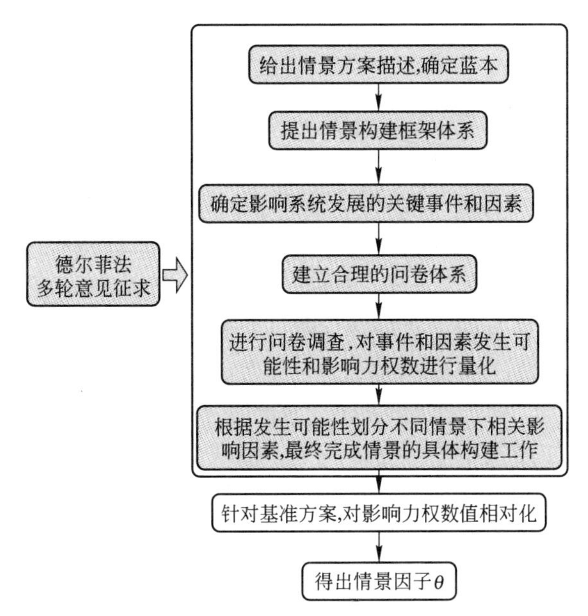

附图 1-2　情景分析方案建立流程图

横向联系，只能与调查人员联系，以反复的意见征集搜集各方意见。

采取此方法具有以下优点：(1)资源利用的充分性。由于吸收不同的专家与预测，充分利用了专家的经验和学识。(2)最终结论的可靠性。由于采用匿名或背靠背的方式，能使每一位专家独立地做出自己的判断，不会受到其他繁杂因素的影响。(3)最终结论的统一性。预测过程必须经过几轮的反馈，便于使专家的意见逐渐趋同，发表的意见较快收敛，形成专家们易接受的结论，具有一定程度综合意见的客观性。(4)简便易行，具有一定科学性和实用性。可以避免会议讨论时产生的害怕权威随声附和，或固执己见，或因顾虑情面不愿与他人意见冲突等弊病。

具体实施过程经过了如下步骤：

(1) 组成核心专家小组。按照本课题研究所涉及的三种可再生能源技术，即太阳能光热、光伏和浅层地能三类技术，每类技术选择三名专家共 9 人组成核心专家小组。

(2) 由课题组相关人员向所有核心专家组成员提出所要预测的问题(2015 年和 2020 年可再生能源建筑应用发展目标)及有关要求(按照情景方案描述构建三个层次情景方案或具体提出构建的合理方法)，并附上有关这个问题的所有背景材料。然后，由专家提出合理多层次情景方案构建蓝本，最后确定构建的主要框架及对发展影响的主要因素。

(3) 各位核心专家组成员根据相应的材料，针对可再生能源建筑应用未来发展提出情景构建时的大致框架以及各自认为的影响因素，并附上一定的理由，反馈给课题小组，完成第一轮意见征集。

(4) 课题小组将各位专家第一轮意见汇总，列成图表，进行对比，再分发给各位专家，作第二轮意见征集与修改，让专家比较各自与他人的不同意见，修改自己的意见和判断理解其他专家意见，确定情景构建时的框架和主要影响因素。大致框架由三层组成：第一层区分不同的可再生能源建筑应用技术，第二层为主要影响因素方面，第三层为更细化的影响因素。

（5）针对前两轮结果，对核心专家组成员发起第三轮意见征集，主要侧重于修改和细化第三层影响因素。

（6）将所有专家的修改意见收集，汇总，再次分发给各位专家，进行第四轮意见征集并定稿，以形成情景构建体系及相应的适用于更广范围的专家调查问卷《情景相关事件细化及因素量化专家意见调查表》，见本附录的附 A。

（7）将前面六步形成的专家调查问卷发放给范围更为广泛的专家团进行填写调查。

（8）对更为广泛的专家团的问卷调查结果进行统计与整理得到低、中、高三个层次的情景方案构建，以及不同影响因素对后期发展的影响权数。

1.2.3 不同情景方案描述

构建低、中、高三个层次情景方案，其中，基准情景是一个较为保守的方案，作为低方案；强化情景是一个有政策积极推进，同时以良好的市场自发性实施相配合，各方面条件都较为理想的超常规发展方案，作为高方案；参考情景是一个依据当前的发展可能性和未来短期内实际需求状况的折中方案。参考情景方案作为本研究的推荐方案，并建议努力创造条件，向强化情景方案积极靠拢。三个方案具体描述为：

1. 基准情景方案（低方案）

基准情景方案基本没有考虑能源结构调整的宏观要求以及温室气体减排的国际压力等，建筑能耗维持现有的增长态势不断增加。而同时，国家在可再生能源政策上趋于保守，在建筑应用领域推广力度不能更进一步而维持现状或甚至是有所减弱，这使得可再生能源建筑应用发展状况一般，在 2020 年前相关建筑用可再生能源技术的应用发展比较缓慢，总体投入跟不上建筑能耗逐年上涨的趋势，是一个比较保守的方案。假设在此情景下各类技术保持现有增长水平。

2. 强化情景方案（高方案）

强化情景方案是假设当前已处于传统常规能源几近枯竭，形势不容乐观，石油、天然气、煤等价格节节攀升，解决国家能源安全问题迫在眉睫的压力下，国家不得不加大相关领域的投资力度，政策倾向性较大。同时，由于能源价格等因素，市场自发地投入到可再生能源应用上，整个社会上下对于可再生能源建筑应用展现出一种自发性态势，各种新的应用模式及管理形式被灵活运用到可再生能源在建筑上的应用中，可再生能源在建筑耗能中所占的比例快速上升。这是一个在有市场自发机制以及良好政策调控下的市场、政策加强型方案。假设在此情景下各类技术应用量逐年处于高速增长水平。

3. 参考情景方案（中方案）

参考情景发展方案是介于以上两者之间，综合考虑了资源潜力、环境约束、社会总成本等多方因素，推进可再生能源建筑应用的相关政策力度到位，对各类资源评估合理，有一定的市场自发性，但仍然对政策扶持有一定的依赖度，是结合多方面取舍和平衡后的稳妥方案。假设在此情景下各类技术应用量逐年保持稳定的增长速率。

1.2.4 情景相关事件细化及因素量化

1. 情景方案构建体系

为使得可再生能源建筑应用未来发展不同情景中各影响因素细化采取层次划分，由此分为技术目标层、事件层和因素层列出，如附图 1-3 所示为情景方案的框架体系，也即为调查问卷的框架体系。

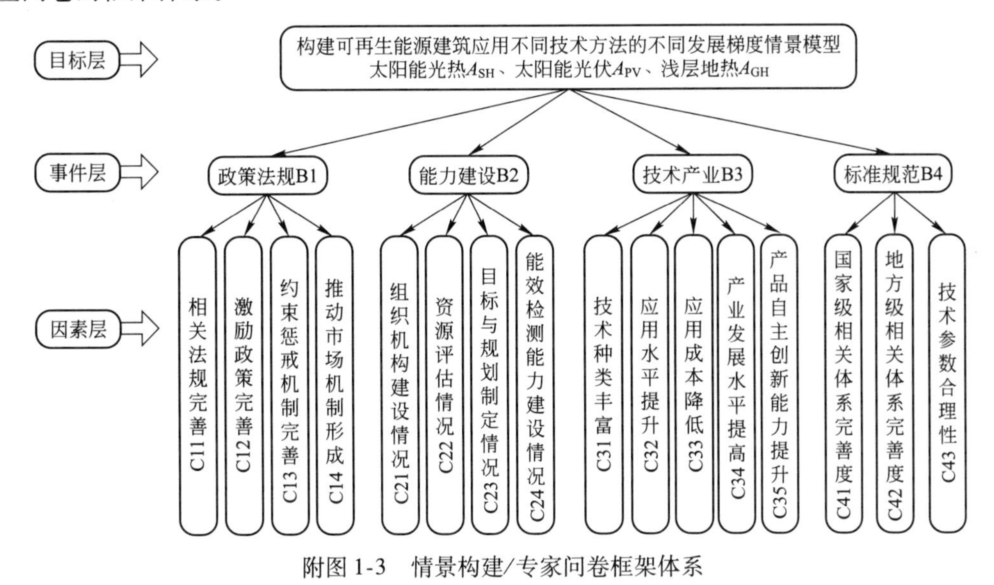

附图 1-3　情景构建/专家问卷框架体系

目标层由当前主要应用的三项技术构成；事件层包括政策法规、能力建设、技术产业和标准规范四项；因素层包括相关法规完善等 16 项，各项具体解释可参照本附录的附 A。

2. 情景方案构建问卷形式

由于对同一个影响因素(或被调查项)涉及两个维度的调查，即发生的可能性/实现的难易程度和对整体可再生能源建筑应用发展的影响两个方面，因此采用坐标绘点的方式便于简洁明了的表达各因素间的相对关系情况。

附图 1-4 所示为调查问卷中采用的直角坐标绘点形式，横轴表示各事件或因素实现的难易程度，作为不同层次情景中构成因素的划分依据；纵坐标表示相应事件或因素对整体发展的影响程度，作为对不同事件或因素影响力或作用程度的考量。

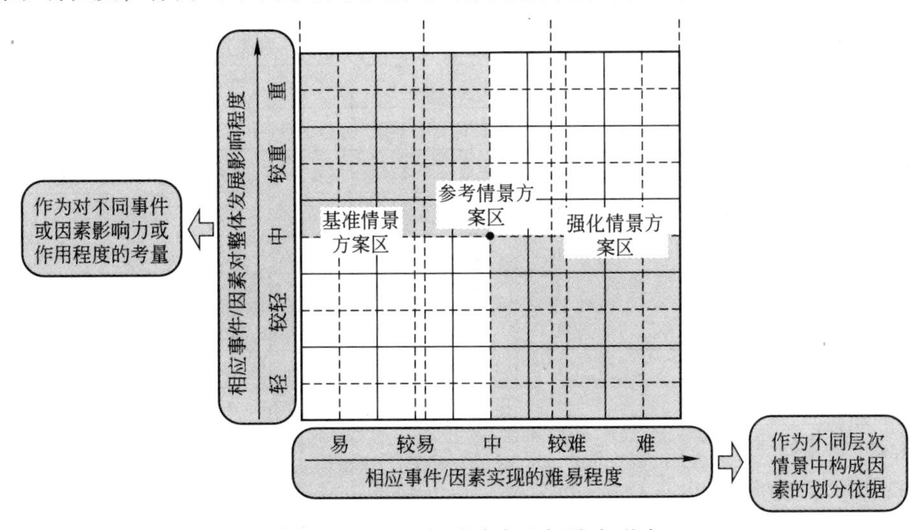

附图 1-4　调查问卷直角坐标绘点形式

3. 情景划分与量化处理

根据附图 1-4 中所示的不同情景划分方法，将对事件或因素实现难易程度评估的横向坐标轴划分为三个等分区间，各自与纵轴围合的面积从左到右依次分为基准情景方案区、参考情景方案区、强化情景方案区。对于调查问卷中各因素在不同区内出现的概率对其进行划分。显著性水平置信区间与对应区分度水平(显著性水平区分度为 $L=0.1$)如附表 1-2 所示。

情景划分显著性水平置信区间与对应区分度水平　　附表 1-2

显著程度	存在	明显	显著
出现概率	[0, 33.3%]	(33.3%, 50%]	(50%, 100%]
相应权数值	1.0	1.1	1.2

根据调查问卷统计数据进行显著性处理。最终更广度范围内的意见征集问卷共计发放 50 份，其中有效问卷 44 份，每项技术随机各选取 13 份，共计 39 份构成整体样本容量。经统计处理，综合光热、光伏以及浅层地能三类技术，相应的总体影响事件或因素点落在基准情景划分区内概率为 31.81%，参考情景为 45.27%，强化情景为 22.92%，如附表 1-3 所示。

根据调查问卷各情景中显著性因素划分与量化　　附表 1-3

		影响权重	基准情景(低)			参考情景(中)			强化情景(高)		
			太阳能光热	太阳能光伏	浅层地热	太阳能光热	太阳能光伏	浅层地热	太阳能光热	太阳能光伏	浅层地热
政策法规完善		0.74	1	1.1	1	1.2	1.1	1	1.1	1.1	1
能力建设成效		0.61	1.1	1.1	1	1.1	1.1	1.1	1.2	1	1.1
技术产业提升		0.68	1	1	1	1.1	1.1	1	1.2	1.2	1.2
标准规范完善		0.60	1	1	1.2	1.2	1.1	1.1	1.1	1.1	1
政策法规完善	相关法规完善	0.64	1.1	1.2	1.1	1	1.1	1.1	1	1.1	1.1
	激励政策完善	0.66	1	1.2	1.2	1.1	1.1	1	1.2	1	1
	约束惩戒机制完善	0.59	1	1.2	1	1	1	1.1	1.2	1.1	1.2
	推动市场机制形成	0.68	1	1	1	1.2	1	1	1.1	1.2	1.2
能力建设成效	组织机构建设情况	0.58	1.1	1.1	1.2	1	1.1	1	1	1	1
	资源评估情况	0.58	1	1	1.1	1.2	1.2	1.1	1.1	1	1
	目标与规划制定情况	0.56	1	1	1.2	1.1	1.2	1	1.2	1	1
	能效检测能力建设情况	0.62	1	1	1	1.1	1.1	1.2	1.2	1.1	1.1
技术产业提升	技术种类丰富	0.61	1	1	1	1.1	1.2	1	1.1	1	1.2
	应用水平提升	0.65	1	1	1	1.1	1.1	1.2	1.2	1.2	1
	应用成本降低	0.71	1	1	1	1.2	1	1.1	1.1	1.2	1.2
	产业发展水平提高	0.65	1	1	1	1	1	1	1.2	1.2	1.2
	产品自主创新能力提升	0.65	1	1	1	1	1	1	1.2	1.2	1.2
标准规范完善	国家级相关体系完善度	0.72	1	1	1	1.2	1.1	1.2	1.1	1.2	1.1
	地方级相关体系完善度	0.59	1	1	1.1	1.2	1.2	1.2	1	1.1	1
	技术参数合理性	0.58	1	1	1.1	1.2	1.2	1.1	1	1.1	1.1

根据相应事件及因素的显著程度，可以具体构建出以上情景方案，如附图 1-5 所示。

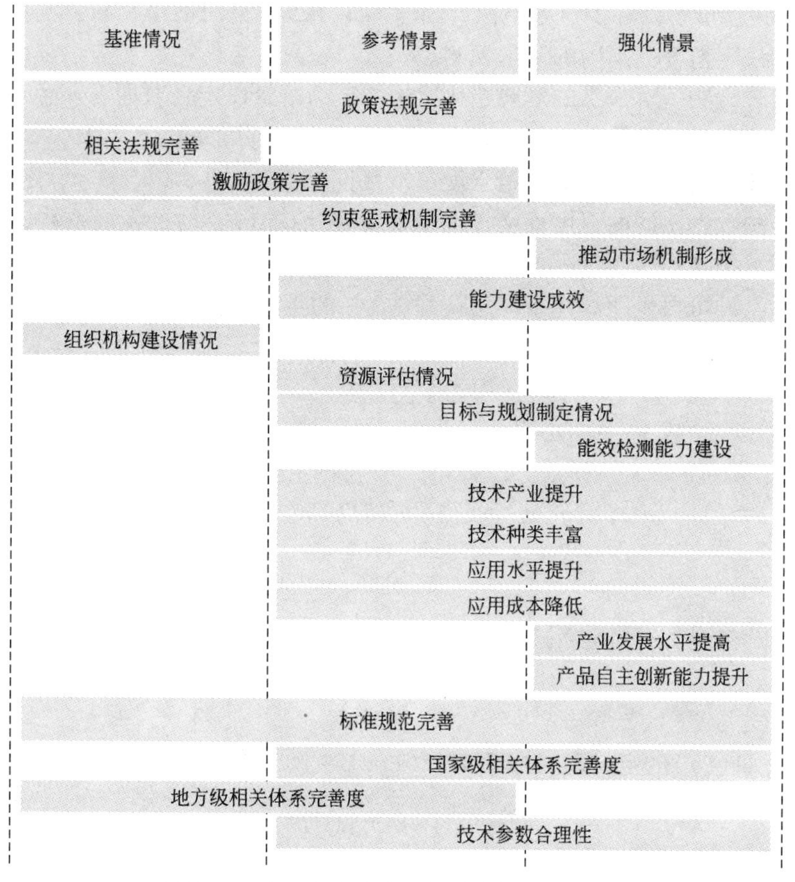

附图 1-5　各情景方案具体构成事件或因素划分

4. 量化结论

由附表 1-3 中影响权重项可以直观地看出政策法规完善、技术产业提升对未来的发展影响较大，而后是能力建设成效和标准规范完善。

横向比较三个情景，将基准情景量化值规格化到 1，即定义基准情景下其情景因子 $\theta_{base}=1$。

则

$$\theta_{mid}=\frac{参考情景量化值}{基准情景量化值}=\frac{68.2}{62.4}=1.093$$

同理，

$$\theta_{high}=\frac{强化情景量化值}{基准情景量化值}=\frac{72.3}{62.4}=1.159$$

θ 也即为组合预测方法中的组合权重。

1.3　组合预测模型建立

在此选用以其历史自身为相关因素的单因素 GM(1，1)模型。该模型优势为：适用于原始观测数据较少的预测问题，由于数据量很小，无法应用概率统计方法寻找统计规律，而 GM(1, 1)模型恰恰弥补了这个空白，同时 GM(1, 1)算法简单易行，预测精度相对较高，能够进行一定精度范围内的定量预测。

结合情景分析法，对未来的发展趋势给予特定的情景设定，对原有灰色理论模型加以修正，加入情景因子 θ，也可以将其理解为是组合权重，其形式变为 GM(1, 1(θ))。θ 的取值可以根据相应情景中的诸如政策强度等取区间(0, 1)、1、(1, +∞)之间的任意值，代表相对于历史数据不同的强度程度，也即表现为对 GM(1, 1)的发展系数 a 做修正。

组合模型的推导与建立过程如下：

假设已知某种可再生能源建筑应用技术［X］的年均增长率的原始数据序列为 GM(1, 1(θ))建模序列 $x^{(0)}$，

$$x^{(0)}=(x^{(0)}(1),\ x^{(0)}(2),\ \cdots,\ x^{(0)}(n)),$$

利用一次累加生成 1 - AGO，设 $x^{(1)}$ 为 $x^{(0)}$ 的 AGO 序列，则：

$$x^{(1)}=(x^{(1)}(1),\ x^{(1)}(2),\ \cdots,\ x^{(1)}(n)),$$

$$x^{(1)}(1)=x^{(0)}(1);$$

$$x^{(1)}(k)=\sum_{m=1}^{k}x^{(0)}(m),$$

令 $z^{(1)}$ 为 $x^{(1)}$ 的均值(MEAN)序列，有：

$$z^{(1)}(k)=0.5x^{(1)}(k)+0.5x^{(1)}(k-1),$$

$$z^{(1)}=(z^{(1)}(2),\ z^{(1)}(3),\ \cdots,\ z^{(1)}(n)),$$

则 GM(1, 1(θ))的定义型，即 GM(1, 1(θ))的灰微分方程模型为：

$$x^{(0)}(k)+\theta az^{(1)}(k)=b$$

灰导数 ($x^{(0)}(k)$)；情景因子 (θ)；发展系数 (a)；自化背景值 ($z^{(1)}(k)$)；灰作用量 (b)

以 $k=2, 3, \cdots, n$ 代入上式，有：

$$x^{(0)}(2)+\theta az^{(1)}(2)=b$$

$$x^{(0)}(3)+\theta az^{(1)}(2)=b$$

$$\cdots$$

$$x^{(0)}(4)+\theta az^{(1)}(2)=b$$

上面的方程可以转化为下述的矩阵方程：

$$\boldsymbol{y}_{\mathrm{N}}=\boldsymbol{BP}$$

$$\boldsymbol{y}_{\mathrm{N}}=[x^{(0)}(2),\ x^{(0)}(3),\ \cdots,\ x^{(0)}(n)]^{\mathrm{T}},$$

$$\boldsymbol{B}=\begin{bmatrix}-z^{(1)}(2) & 1\\ -z^{(1)}(3) & 1\\ \cdots & \cdots\\ -z^{(1)}(n) & 1\end{bmatrix},$$

$$P = [\theta a,\ b]$$

其中 $\boldsymbol{B}$ 为数据矩阵，$\boldsymbol{y}_N$ 为数据向量，$\boldsymbol{P}$ 为参数向量。利用最小二乘法求解，得到：

$$\boldsymbol{P} = (\theta a,\ b)^{T} = (\boldsymbol{B}^{T}\boldsymbol{B})^{-1}\boldsymbol{B}^{T}\boldsymbol{y}_N$$

将系数 $\boldsymbol{P} = [\theta a,\ b]$ 代入到公式 $x^{(0)}(k) + \theta a z^{(1)}(k) = b$，然后求解微分方程，可得灰色 GM(1，1($\theta$))内涵型的表达式为：

$$\hat{x}^{(0)}(k) = u^{k-2} \cdot v$$

其中 $u = \dfrac{1 - 0.5\theta a}{1 + 0.5\theta a}$，$v = \dfrac{b - \theta a \cdot x^{(0)}(1)}{1 + 0.5\theta a}$。

进行残差检验，令 $\varepsilon(k)$ 为残差，则：

$$\varepsilon(k) = \frac{\text{实际值} - \text{模型值}}{\text{实际值}} \times 100\%$$

$$= \frac{x^{(0)}(k) - \hat{x}^{(0)}(k)}{x^{(0)}(k)} \times 100\%$$

一般要求 $\varepsilon(k) \leqslant 20\%$，期望要求 $\varepsilon(k) \leqslant 10\%$，令 p^{o} 为精度，则有：

$$p^{o} = (1 - \varepsilon(avg)) \times 100\%$$

$$\varepsilon(avg) = \frac{1}{n-1}\sum_{k=2}^{n} |\varepsilon(k)|$$

1.4 各类技术常规能源替代量的计算方法

测算过程中的相关数据主要涉及的是：各种技术应用后，其年常规能源替代量的折算方法与数值大小。替代率的高低决定了该技术的节能潜力以及最终目标实现的难易程度。此类数据的获取是建立在对大量的相关检测数据基础上，做进一步统计分析得出的经验数据。以下分技术进行说明：

1.4.1 太阳能光热系统

由于太阳能光热系统涉及的是热能与其他形式能源之间的转换，对常规能源替代量的计算，在工程实际应用以及《国家可再生能源建筑应用示范项目能效评估报告》中均采用的是“比较取差值”的方法，即以常规系统方式同等情况下的能源需求量与该可再生能源建筑应用系统消耗的常规能源的差值，公式表示如下：

常规能源替代量 = 相同条件下常规系统能源消耗量 - 该系统常规能源消耗量

比较对象：选取常规的燃煤锅炉房(锅炉效率取 65%)作为比较对象。

燃煤锅炉房能耗计算：根据累计热负荷计算结果和燃料的热值及锅炉的效率计算锅炉消耗的煤量和使用侧循环水泵的耗电量，将二者的能耗都折合成一次能源(标准煤)求和即为锅炉房总能耗。

太阳能光热系统能耗计算：其安装完成后耗能较少，主要有集热板侧循环水泵的耗电量(部分工程不存在此部分)、使用侧循环水泵的耗电量以及控制系统少量耗电量，将这几个方面能耗折合为一次能源(标准煤)求和即得到该系统总能耗。

将上述二者做差值运算即得到太阳能光热系统的节能量。

根据对全国200多个示范项目中的75个光热项目能效评估验收报告中的全年常规能源替代量(吨标准煤)以及相应的实施量(万 m^2)统计得到该类系统服务的建筑以建筑面积为衡量指标的年度平均常规能源替代折算率，这其中未区分用于采暖或简单的生活热水制备等多种太阳能集热系统，所以存在一定的离散性，样本中各类系统构成与当前国内太阳能光热系统应用状况基本一致。相关统计散点图如附图1-6所示，图中横线表示所选样本平均水平，5.2kgce/(m^2·a)。

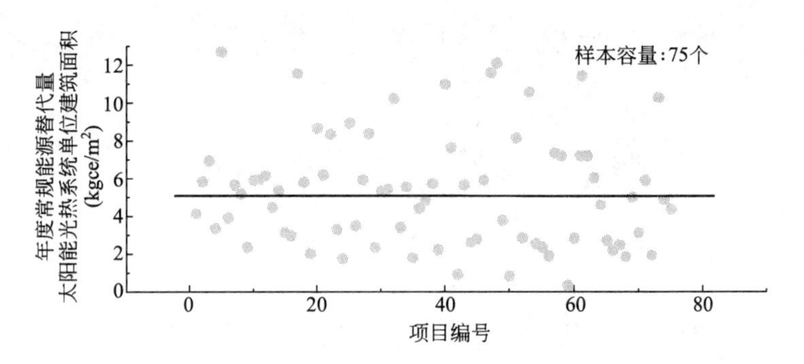

附图1-6 太阳能集热系统年常规能源替代折算率

1.4.2 太阳能光伏系统

对于太阳能光伏系统相关节能量的计算则较为简单，即：

常规能源替代量 = 光伏系统发电量 - 系统运行耗电量

以装机容量为1MWp为计算单位元，按太阳能年平均辐照水平为5013kJ/(cm^2·a)进行估算，估算过程列附表1-4：

1MWp太阳能光伏装机容量在全国范围内发电量估算表 **附表1-4**

符号	名称	单位	数值	备注
W	装机总量	MWP	1	
H	年峰值日照小时数	h	1392.5	$H=\frac{I_h}{I_0}$
η	光伏电站系统总效率	l	0.77	
I_h	倾斜面年总太阳辐射量	kWh/m^2	1392.5	$I_h = I \cdot a$
	倾斜面年总太阳辐射量	MJ/m^2	5013①	
I	水平面年总辐射量	kWh/m^2	1392.5	
	水平面年总辐射量	MJ/m^2	5013	
I_0	标准太阳辐射强度	kW/m^2	1	
L	年发电量	万kWh	107.22	L② $= W \times H \times \eta \times 0.1$
b	年衰减率		0.8%	
L'	20年年平均发电量	万kWh	99.4	
SC	折合标煤	tce	316.1	$SC = L' \times 3.18$③

① 该值为我国太阳能区划中三类地区与四类地区的分界值，较为保守。

② 为一般经验算式。

③ 采用发电煤耗法对发电量进行换算，2010年的折算系数为1kWh = 0.318kgce。

即1MWp太阳能光伏装机容量在我国常规能源年平均替代量折算为316.1tce/a。

如果按工程常用估算方法，在我国以装机1W则年发电量为1kWh，则计算出1MWp太阳能光伏在我国常规能源年平均替代量估算为318tce/a，二者近似，误差为0.59%。在此仍然取前者参与测算。

1.4.3 浅层地能应用系统

当前就全国而言，浅层地能主要是以地源热泵系统形式为主，所以以地源热泵系统来计算此类系统的常规能源替代量。浅层地能应用系统也涉及的是热能与其他形式能源之间的转换，折算的思路与太阳能光热系统相似，亦为“比较取差值”的方法。

比较对象：冬季选取常规的燃煤锅炉房(锅炉效率取65%)作为比较对象；夏季选取常规水冷电制冷冷水系统(冷水机组制冷系数按《公共建筑节能设计标准》第5.4.5条规定最低标准)作为比较对象。

评价方法：

1. 冬季

(1) 热泵系统能耗计算：根据累计热负荷计算结果和测试期间地源热泵系统平均性能系数计算地源热泵系统的耗能，电能转换率按《空调通风系统管理规范》附录B.0.1条计算为30.748%，并将其折合成一次能源(标准煤)。

(2) 燃煤锅炉房能耗计算：根据累计热负荷计算结果和燃料的热值及锅炉的效率计算锅炉消耗的煤量，使用侧循环水泵的耗电量等同于热泵系统使用侧耗电量，将二者的能耗都折合成一次能源(标准煤)求和即为锅炉房总能耗。

2. 夏季

(1) 热泵系统能耗计算方法同冬季。

(2) 常规电制冷冷水系统能耗计算：根据负荷计算结果和冷水机组性能系数计算冷水机组耗电量，冷冻循环泵耗电量等同热泵系统冷冻循环泵耗电量，冷却塔和冷却水等同热泵系统热源侧水泵耗电量(设有中间换热器的二次系统，按经过热泵机组的循环泵计算)。将所有能耗求和并折算成一次能源(标准煤)。

根据对全国200多个示范项目大量的能效评估验收，统计得到以该类系统服务的建筑面积为衡量指标的平均常规能源替代率为：冬季采暖工况(样本容量为148个项目)平均单季常规能源替代量为8.2kgce/(m^2·a)；夏季制冷工况(样本容量为121个项目)平均单季常规能源替代量为8kgce/(m^2·a)，考虑到北方部分系统只进行冬季采暖工况运行，而非双工况运行，同时结合样本相应系统的平均性能系数，则全国平均替代水平折算为12.7kgce/(m^2·a)。相关统计散点图如附图1-7所示。

对于其他可再生能源建筑应用技术如空气源热泵、新型生物质能等相对于常规能源替代量折算率由于缺乏统计数据及计算依据，在此不予给出。

现将三类常见可再生能源建筑应用技术常规能源替代量折算率汇总列于附表1-5。

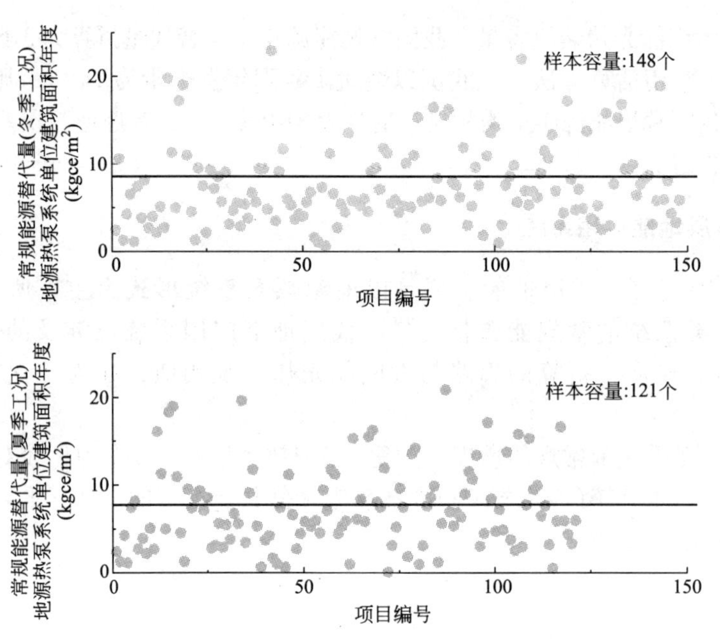

附图 1-7　浅层地能系统年常规能源替代折算率

可再生能源建筑应用年常规能源替代量折算率　　附表 1-5

技术种类	太阳能光热	太阳能光电	浅层地能
年常规能源替代量	5.2kgce/(m^2·a)	316.1(tce/a)/1MWp	12.7kgce/(m^2·a)

1.5　预测计算及结果分析

借助 Eviews7.0 计量经济学软件进行相关计算与分析，作出预测，具体步骤以下详细说明。

1.5.1　计算软件与步骤

在此采用计量经济学软件 Eviews7.0，主要目的是对繁琐的回归方程等求解运算。Eviews 是 Econometrics Views 的缩写，是美国 QMS 公司研制的在 Windows 下专门从事数据分析、回归分析和预测的工具。使用 Eviews 可以迅速地从数据中寻找出统计关系，并用得到的关系去预测数据的未来值。Eviews 的应用范围包括：科学实验数据分析与评估、金融分析、宏观经济预测、仿真、销售预测和成本分析等。该软件的最大的特点是擅长对时间序列数据进行各类回归分析，处理外推型预测模型。

预测计算过程如附图 1-8 所示，主要分为四大步骤：

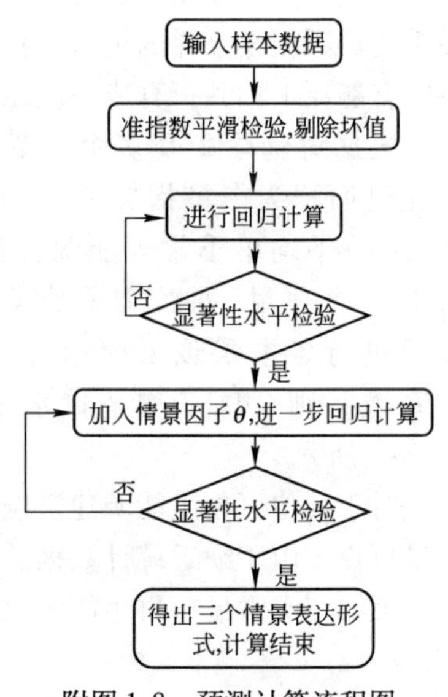

附图 1-8　预测计算流程图

第一步，输入样本数据，进行准指数平滑检验，而后进行回归计算，得到 GM(1，1)模型的基本形式；

第二步，对回归结果分析，查看 F 检验结果，以及显著性水平，若大于显著性水平要求，则返还上一步，否则进行下一步；

第三步，在基准情景的基础上，加入情景因子 θ，重新计算，对参考情景和强化情景加以外推，得到多情景方案表达形式 GM(1，1(θ))；

第四步，同样是对第三步回归结果进行 F 检验，观测显著性水平，若大于显著性水平要求，则返还上一步，否则计算结束。

1.5.2 预测结果

相应回归性方程求解结果如下所示：

基准情景(即 $\theta_{base}=1$ 时)：

$$y=4E-121e^{0.1416x},\quad R^2=0.991$$

基准情景(即 $\theta_{mid}=1.093$ 时)：

$$y=2E-154e^{0.1798x},\quad R^2=0.983$$

基准情景(即 $\theta_{high}=1.159$ 时)：

$$y=6E-187e^{0.2171x},\quad R^2=0.942$$

三个层次情景方案下逐年常规能源替代能力形成趋势如附图 1-9 所示。三种情景下可再生能源建筑应用预测结果如附表 1-6 所示。

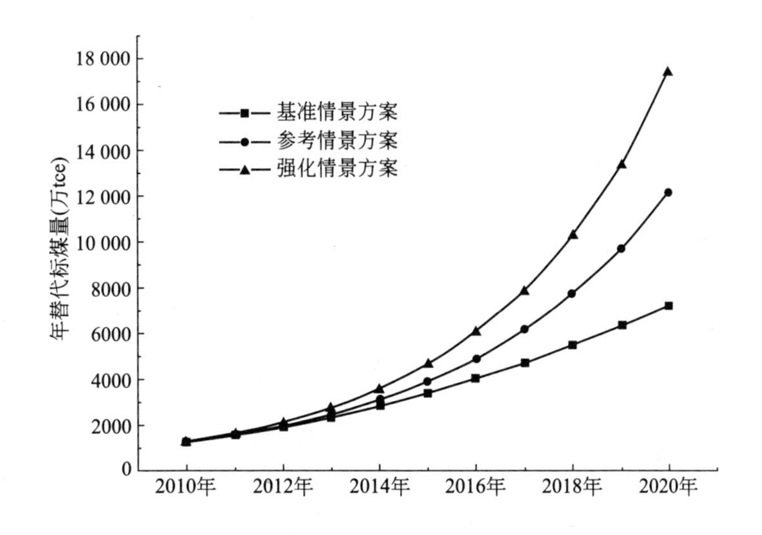

附图 1-9　三种情景下的常规能源替代趋势曲线图

三种情景下可再生能源建筑应用预测结果 **附表 1-6**

年份			2015 年	2020 年
基准情景	太阳能光热建筑应用	累计安装(亿 m^2)	34.88	60.53
		年均新增(亿 m^2)	4.85	4.97
		年替代量(万 tce)	2162.34	3753.11
	太阳能光伏建筑应用	累计安装(MWp)	4847.55	20347.78
		年均新增(MWp)	1349.66	4694.77
		年替代量(万 tce)	162.39	681.65
	浅层地能建筑应用	累计安装(亿 m^2)	8.09	21.22
		年均新增(亿 m^2)	1.68	3.29
		年替代量(万 tce)	1067.55	2801.38
	年总替代量(万 tce)		3392.28	7236.15
参考情景	太阳能光热建筑应用	累计安装(亿 m^2)	34.37	65.76
		年均新增(亿 m^2)	4.92	7.01
		年替代量(万 tce)	2131.21	4076.92
	太阳能光伏建筑应用	累计安装(MWp)	7438.79	53581.47
		年均新增(MWp)	2549.22	16859.48
		年替代量(万 tce)	249.20	1794.98
	浅层地能建筑应用	累计安装(亿 m^2)	11.48	47.80
		年均新增(亿 m^2)	3.06	11.25
		年替代量(万 tce)	1515.02	6309.19
	年总替代量(万 tce)		3895.43	12181.09
强化情景	太阳能光热建筑应用	累计安装(亿 m^2)	39.35	81.66
		年均新增(亿 m^2)	6.40	9.54
		年替代量(万 tce)	2439.63	5062.78
	太阳能光伏建筑应用	累计安装(MWp)	10122.82	94031.11
		年均新增(MWp)	3842.73	32494.49
		年替代量(万 tce)	339.11	3150.04
	浅层地能建筑应用	累计安装(亿 m^2)	14.25	69.84
		年均新增(亿 m^2)	4.20	17.90
		年替代量(万 tce)	1881.29	9219.50
	年总替代量(万 tce)		4660.04	17432.32

注：详细预测结果数据见本附录的附 B。

附 A　情景相关事件细化及因素量化专家意见调查表

（一）调查目的和方法

调查目的：构建具有一定认可度的可再生能源建筑应用情景，使相关事件细化及因素量化。

调查方法：通过多名专家的背对背填写调查表，采用科学的计算方法，综合确定各项事件或因素的权数。

（二）问卷中涉及的事件或因素体系概览

问卷体系主要由三层指标构成：

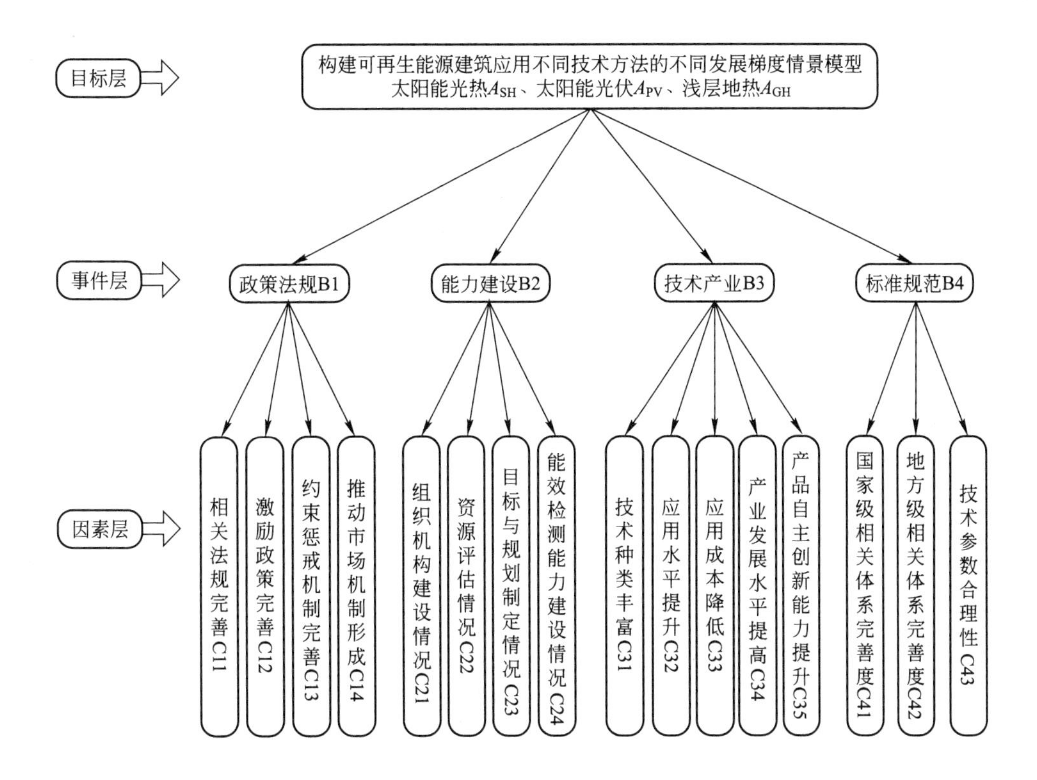

（三）正式评分调查

为尽量少占用您的宝贵时间，您可以就以下三个技术选择其中一项进行相关问卷调查：		
□太阳能光热	□太阳能光伏	□浅层地能
太阳能光热建筑应用技术主要指通过太阳能集热制备生活热水、采暖与空调、太阳能暖房以及太阳能炉灶等。	太阳能光伏建筑应用技术指在建筑领域应用的各种太阳能光伏发电技术。	浅层地能建筑应用技术主要指土壤源、地下水源、地表水源等地源热泵技术
请根据以上您所选择的技术类型，完成以下调查问卷内容：		

续表

【示例】如完成以下事件调查填写：

由目前到2020年间，针对所选技术类型，根据事件(B1)在未来发展中的作用情况，请在右图中合适的坐标位置以黑圆点的方式绘制出以下事件：

- ［B1］政策法规完善；

如考虑到对政策法规的完善有一定的难度，则确定横向坐标上为“较难”，再根据其对可再生能源建筑应用发展影响程度在［较重，重］区间，则可在右侧坐标上以黑圆点方式绘制出点［B1］，如示例所示。

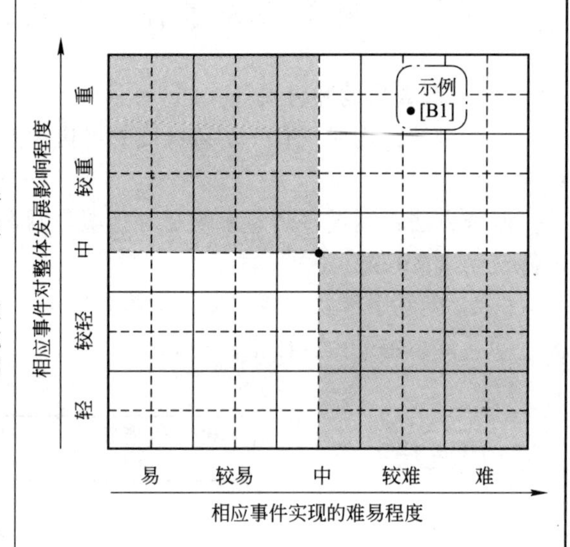

注释：B1 政策法规：指国家及各级地方政府出台的关于可再生能源建筑应用方面的相关政策与法律法规。

由目前到2020年间，针对所选技术类型，根据以下各事件(B1～B4)在未来发展中的作用情况，请在右图中合适的坐标位置以黑圆点的方式绘制出以下各事件：

- ［B1］政策法规完善；
- ［B2］能力建设成效；
- ［B3］技术产业提升；
- ［B4］标准规范完善。

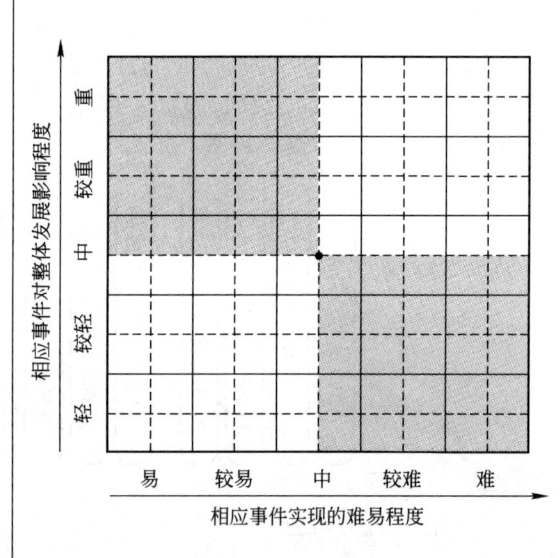

注释：

B1 政策法规：指国家及各级地方政府出台的关于可再生能源建筑应用方面的相关政策与法律法规；

B2 能力建设：指国家或地方负责可再生能源建筑应用推广工作的相关管理与服务机构的设立及对可再生资源评估与规划工作的开展；

B3 技术产业：指相关产品从产业源头生产加工到设计施工，再到后期运行维护整个过程中涉及的所有技术层面；

B4 标准规范：指为有效的指导和规范不同可再生能源技术在建筑中的应用与实施，涵盖设计、施工、验收、运行管理等各个环节制定的国家或地方标准规范体系。

续表

由目前到2020年间，针对所选技术类型，根据以下各因素（C11～C14）在“B1 政策法规完善”中的作用情况，请在右图中合适的坐标位置以黑圆点的方式绘制出如下各因素：

- ［C11］相关法规完善
- ［C12］激励政策完善；
- ［C13］约束惩戒机制完善；
- ［C14］推动市场机制形成。

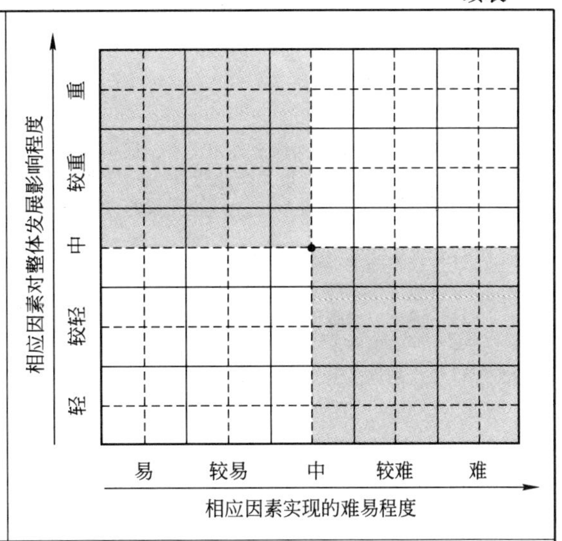

注释：

C11 相关法规完善：指国家在可再生能源建筑应用方面出台相关的法律或法规体系的进一步完善；

C12 激励政策完善：指国家或地方针对可再生能源建筑应用方面给予的相关政策激励措施体系进一步规范与完善；

C13 约束惩戒机制完善：指国家或地方对可再生能源建筑应用方面相关强制措施或惩戒机制的进一步规范与完善；

C14 推动市场机制形成：指国家或地方相关政策措施针对可再生能源建筑应用自发性市场形成的促进与推动。

由目前到2020年间，针对所选技术类型，根据以下各因素（C21～C24）在“B2 能力建设成效”中的作用情况，请在右图中合适的坐标位置以黑圆点的方式绘制出如下各因素：

- ［C21］组织机构建设情况；
- ［C22］资源评估情况；
- ［C23］目标与规划制定情况；
- ［C24］能效检测能力建设情况。

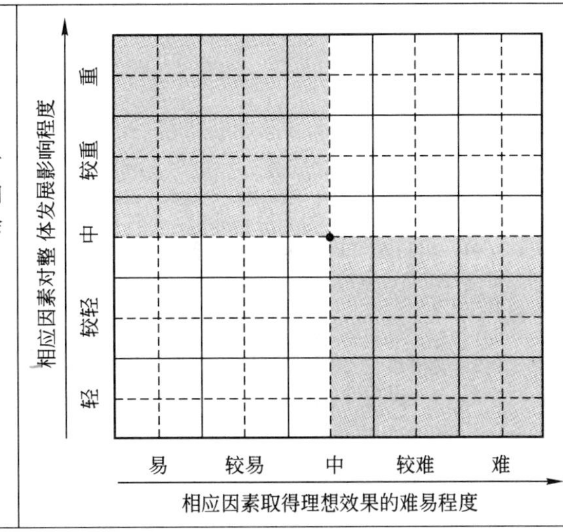

注释：

C21 组织机构建设情况：指国家或各级地方负责可再生能源建筑应用推广工作的相关管理与服务机构的设立以及相关工作的开展情况；

C22 资源评估情况：指国家或各地方相关部门对全国或当地开展的可再生资源数据搜集、调研评估、潜力分析等基础性工作；

C23 目标与规划制定情况：国家或地方政府针对当地可再生资源状况制定的一定时期内可再生能源建筑应用发展目标或专项发展规划；

C24 能效检测能力建设情况：国家级和省级建筑能效测评机构的建设，即，包括相关管理办法或规章制度的建设，检测资质及范围的确立，相关仪器和技术人员配置以及科研活动的开展及投入。

续表

由目前到2020年间，针对所选技术类型，根据以下各因素（C31～C35）在“B3 技术产业提升”中的作用情况，请在右图中合适的坐标位置以黑圆点的方式绘制出如下各因素：

- ［C31］技术种类丰富；
- ［C32］应用水平提升；
- ［C33］应用成本降低；
- ［C34］产业发展水平提高；
- ［C35］产品自主创新能力提升。

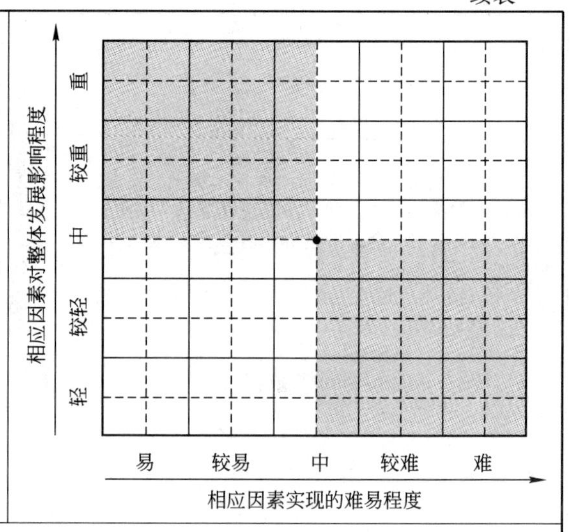

注释：

C31 技术种类丰富：指可再生能源在建筑中应用形式的拓展与丰富，如在太阳能光热方面对采暖与空调的重视与进一步发展，在可再生能源建筑应用中纳入工业余热及城市废热回收利用、空气源热泵等技术；

C32 应用水平提升：包括多个方面：(1)产品能效的提升，如太阳能集热器集热效率提高，太阳能光伏系统转换率提高，地源热泵系统COP等性能参数的提升等；(2)设计与施工水平的提升，如相关技术与建筑一体化程度的提高，更大程度发挥产品附加效能；(3)后期运行管理水平的提升，如运行管理模式优化以及相关人员水平提高；

C33 应用成本降低：包括从生产销售到设计施工以及后期运行维护全生命周期内的相关成本的降低；

C34 产业发展水平提高：指相关技术产品由原材料生产到成品加工整个产业过程发展水平的提高；

C35 产品自主创新能力提升：对相关产品在设计与生产环节中关键技术或核心方法的掌握程度的提升。

由目前到2020年间，针对所选技术类型，根据以下各因素（C41～C43）在“B4 标准规范完善”中的作用情况，请在右图中合适的坐标位置以黑圆点的方式绘制出如下各因素：

- ［C41］国家级相关体系完善度；
- ［C42］地方级相关体系完善度；
- ［C43］技术参数合理性。

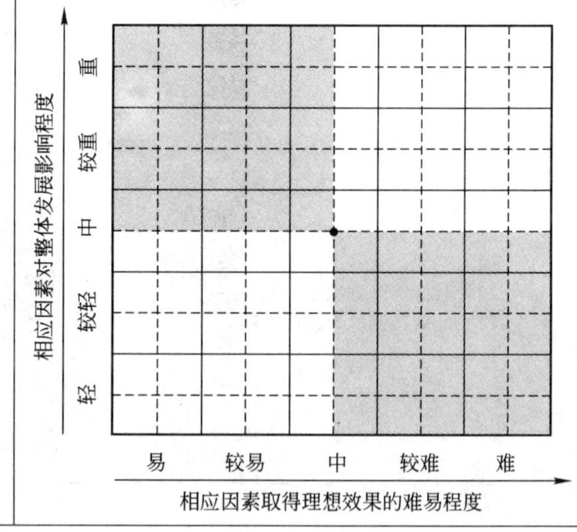

注释：

C41 国家级相关体系完善度：国家相关标准规范在可再生能源建筑应用领域设计、施工、验收标准、规程及工法、图集等方面有一定的完善度；

C42 地方级相关体系完善度：各级地方相关标准规范在可再生能源建筑应用领域设计、施工、验收标准、规程及工法、图集等方面有一定的完善度。

C43 技术参数合理性：国家或地方出台的相关标准或规范中所涉及的技术参数等的合理性；

附 B　三种情景方案预测结果

年份			2008 年	2009 年	2010 年	2011 年	2012 年	2013 年	2014 年	2015 年	2016 年	2017 年	2018 年	2019 年	2020 年
基准情景	太阳能光热建筑应用面积	累计安装(亿 m^2)	10.32	11.79	14.80	17.84	21.40	25.47	30.03	34.88	39.96	45.15	50.38	55.56	60.53
		年均新增(亿 m^2)	3.32	1.46	3.01	3.04	3.56	4.07	4.56	4.85	5.08	5.19	5.23	5.18	4.97
		年均增幅(%)	47.49	14.20	25.50	20.51	19.99	19.00	17.91	16.15	14.58	12.98	11.59	10.28	8.95
		年替代量(万 tce)	639.84	730.98	917.60	1105.80	1326.82	1578.92	1861.71	2162.34	2477.53	2799.22	3123.70	3444.91	3753.11
	太阳能光伏建筑装机容量	累计安装(MWp)	140.00	420.90	850.60	1223.08	1751.03	2486.28	3497.89	4847.55	6627.09	8934.02	11895.5	15653.0	20347.7
		年均新增(MWp)	40.00	280.90	429.70	372.48	527.95	735.25	1011.62	1349.66	1779.53	2306.93	2961.52	3757.47	4694.77
		年均增幅(%)	40.00	200.64	102.09	43.79	43.17	41.99	40.69	38.58	36.71	34.81	33.15	31.59	29.99
		年替代量(万 tce)	4.69	14.10	28.50	40.97	58.66	83.29	117.18	162.39	222.01	299.29	398.50	524.38	681.65
	浅层地能建筑应用面积	累计安装(亿 m^2)	1.02	1.39	2.27	2.97	3.87	5.01	6.41	8.09	10.06	12.35	14.97	17.93	21.22
		年均新增(亿 m^2)	0.22	0.36	0.88	0.70	0.90	1.13	1.41	1.68	1.98	2.29	2.62	2.96	3.29
		年均增幅(%)	28.32	35.40	63.30	30.90	30.33	29.26	28.07	26.16	24.45	22.72	21.21	19.79	18.34
		年替代量(万 tce)	134.64	183.48	299.64	392.22	511.17	660.72	846.20	1067.55	1328.57	1630.45	1976.26	2367.31	2801.38
	年总替代量(万 tce)		779.17	928.56	1245.74	1538.99	1896.64	2322.94	2825.10	3392.28	4028.11	4728.96	5498.46	6336.59	7236.15
参考情景	太阳能光热建筑应用面积	累计安装(亿 m^2)	10.32	11.79	14.80	17.75	21.16	25.05	29.46	34.37	39.80	45.70	52.04	58.75	65.76
		年均新增(亿 m^2)	3.32	1.46	3.01	2.95	3.41	3.90	4.40	4.92	5.42	5.90	6.34	6.71	7.01
		年均增幅(%)	47.49	14.20	25.50	19.92	19.20	18.41	17.58	16.70	15.78	14.83	13.87	12.89	11.93
		年替代量(万 tce)	639.84	730.98	917.60	1100.40	1311.64	1553.17	1826.23	2131.21	2467.53	2833.56	3226.51	3642.55	4076.92
	太阳能光伏建筑装机容量	累计安装(MWp)	140.00	420.90	850.60	1329.79	2066.37	3189.88	4889.57	7438.79	11227.9	16808.5	24951.2	36721.9	53581.4
		年均新增(MWp)	40.00	280.90	429.70	479.19	736.58	1123.51	1699.69	2549.22	3789.18	5580.61	8142.67	11770.7	16859.4
		年均增幅(%)	40.00	200.64	102.09	45.90	47.18	48.45	49.71	50.92	52.14	53.30	54.38	55.40	56.34
		年替代量(万 tce)	4.69	14.10	28.50	44.55	69.22	106.86	163.80	249.20	376.14	563.09	835.87	1230.19	1794.98

续表

年份			2008年	2009年	2010年	2011年	2012年	2013年	2014年	2015年	2016年	2017年	2018年	2019年	2020年
参考情景	浅层地能建筑应用面积	累计安装(亿 m^2)	1.02	1.39	2.27	3.18	4.43	6.13	8.42	11.48	15.53	20.83	27.71	36.55	47.80
		年均新增(亿 m^2)	0.22	0.36	0.88	0.91	1.25	1.70	2.29	3.06	4.05	5.30	6.88	8.84	11.25
		年均增幅(%)	28.32	35.40	63.30	40.11	39.26	38.35	37.37	36.35	35.27	34.16	33.04	31.90	30.77
		年替代量(万 tce)	134.64	183.48	299.64	419.82	584.65	808.86	1111.17	1515.02	2049.40	2749.57	3657.92	4824.77	6309.19
	年总替代量(万 tce)		779.17	928.56	1245.74	1564.77	1965.52	2468.89	3101.19	3895.43	4893.07	6146.21	7720.29	9697.50	12181.09
强化情景	太阳能光热建筑应用面积	累计安装(亿 m^2)	10.32	11.79	14.80	18.30	22.45	27.32	32.94	39.35	46.52	54.43	63.00	72.12	81.66
		年均新增(亿 m^2)	3.32	1.46	3.01	3.50	4.15	4.87	5.63	6.40	7.18	7.91	8.57	9.12	9.54
		年均增幅(%)	47.49	14.20	25.50	23.63	22.70	21.68	20.59	19.44	18.24	17.00	15.74	14.48	13.23
		年替代量(万 tce)	639.84	730.98	917.60	1134.43	1391.91	1693.72	2042.53	2439.63	2884.54	3374.81	3905.89	4471.28	5062.78
	太阳能光伏建筑装机容量	累计安装(MWp)	140.00	420.90	850.60	1419.15	2349.88	3858.84	6280.08	10122.8	16152.3	25502.8	39832.7	61536.6	94031.1
		年均新增(MWp)	40.00	280.90	429.70	568.55	930.72	1508.96	2421.24	3842.73	6029.52	9350.50	14329.9	21703.8	32494.4
		年均增幅(%)	40.00	200.64	102.09	66.84	65.58	64.21	62.75	61.19	59.56	57.89	56.19	54.49	52.81
		年替代量(万 tce)	4.69	14.10	28.50	47.54	78.72	129.27	210.38	339.11	541.10	854.35	1334.40	2061.48	3150.04
	浅层地能建筑应用面积	累计安装(亿 m^2)	1.02	1.39	2.27	3.33	4.86	7.02	10.05	14.25	20.01	27.80	38.21	51.94	69.84
		年均新增(亿 m^2)	0.22	0.36	0.88	1.06	1.52	2.16	3.03	4.20	5.76	7.79	10.41	13.73	17.90
		年均增幅(%)	28.32	35.40	63.30	46.81	45.70	44.50	43.21	41.84	40.41	38.93	37.44	35.94	34.46
		年替代量(万 tce)	134.64	183.48	299.64	439.91	640.96	926.19	1326.37	1881.29	2641.48	3669.91	5043.87	6856.67	9219.50
	年总替代量(万 tce)		779.17	928.56	1245.74	1621.87	2111.59	2749.18	3579.29	4660.04	6067.12	7899.07	10284.1	13389.4	17432.3

附录2　可再生能源建筑应用技术评价

2.1　太阳能光热系统运行分析

2.1.1　太阳能保证率

类似于热泵系统中的能效比，太阳能保证率是衡量太阳能光热系统的重要评价指标。太阳能保证率是太阳能热水系统中有太阳能集热系统提供的热量 Q_c 与系统可提供给用户的热量 Q_T 之比。

系统太阳能保证率公式用下式计算：

$$f=\frac{Q_c}{Q_T} \tag{1}$$

式中　f——系统太阳能保证率，无量纲。

在系统负荷一定的情况下，集热器面积 A 值不同，系统的 f 值也不同，则太阳能系统每年节省的资金也不同。在太阳能系统的设计中，首先需要计算出一系列不同集热器面积下的太阳能保证率 f，以得出不同系统每年节省的资金数，由此确定系统最经济的集热器面积和太阳能保证率 f。这样才能确定系统的蓄热以及其他设备的大小。所以说，太阳能保证率 f 的计算是太阳能系统设计中的一个关键问题。

影响太阳能保证率的因素有很多，最主要有以下几个方面：

1. 辐射量的分布

两个地区一天的太阳总辐射量相等，但各个小时的辐射量不同(见附图2-1)。当其他运行条件相同时，则一地区有效得热面积 *bgd* 加上面积 *bdef*；而另一地区的有效得热面积 *abdcfe*。显然前者大于后者，也就是说，辐射量的分布影响有效得热，进而影响系统的太阳能保证率 f。

2. 集热器运行的温度

集热器运行温度越高，热损失越大。附图2-2中，*ac* 线上移为 *a′c′* 线，而有效得热减少；集热器起始运行温度为 T_{min} 时，有效得热为实斜线加虚斜线的面积；集热器起始运行温度为 T_{min} 时，有效得热则只为虚斜线的面积。所以，其他条件相同时，集热器运行温度越高，太阳能保证率就越小。

3. 负荷分布

集热器运行期与所需负荷高峰期是否一致，影响蓄热量的大小和集热器进口流体温度变化，即影响有效得热和太阳能保证率 f 值。

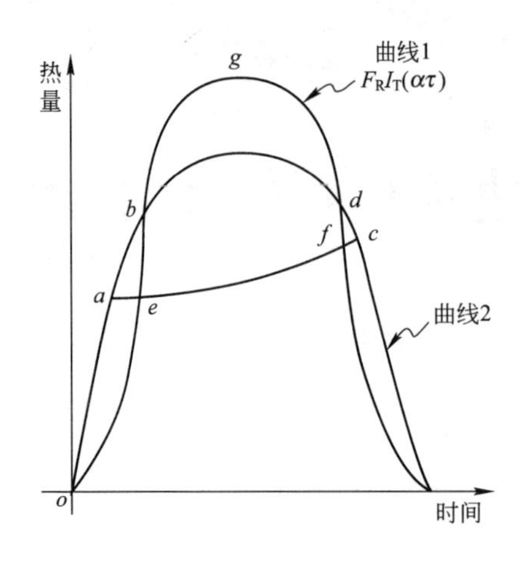

附图 2-1　辐射量对太阳能保证率 f 的影响分析

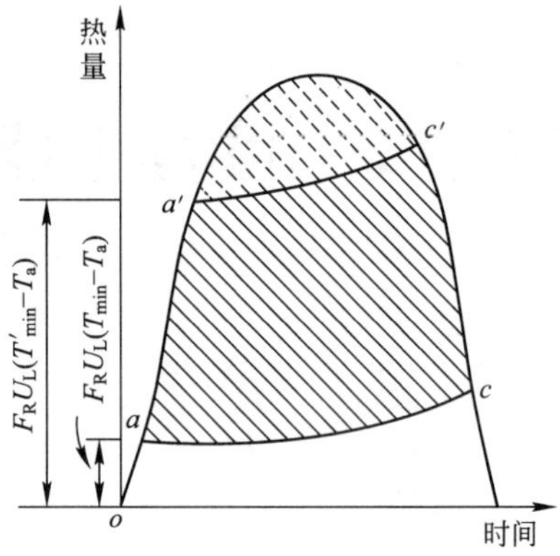

附图 2-2　集热器运行温度对太阳能保证率 f 影响分析

4. 集热器面积和蓄热箱体积

若有两个系统，所需热负荷和集热器起始运行温度 T_{min} 均相同。如果集热器面积和蓄热箱体积不同，在运行过程中，集热器流体进口温升程度不同，其有效得热和太阳能保证率就不同。集热器面积越大，蓄热箱体积越小，单位集热面积的有效得热和太阳能保证率越低。如附图 2-3 所示，因集热器面积和蓄热箱体积不同，两个系统在运行过程中集热器温升程度不同，则一个系统的有效得热为斜实线加斜虚线的面积，而另一个系统的有效得热只为斜实线部分，因而太阳能保证率 f 值也就不同。

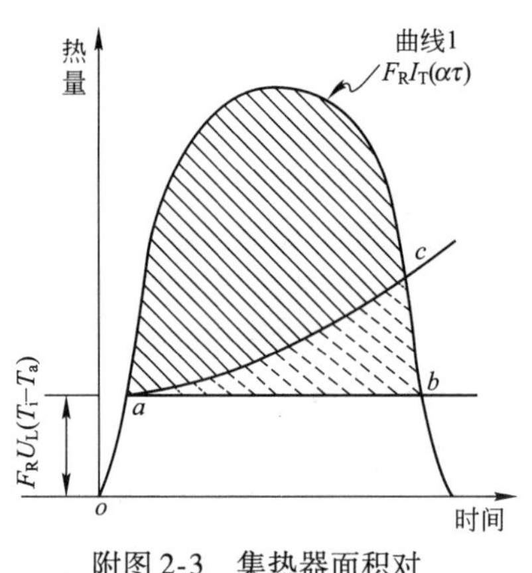

附图 2-3　集热器面积对太阳能保证率 f 影响分析

5. 系统其他部件的热损失

若系统中管道、蓄热箱等部件的热损失越大，有效得热的利用率越低，因而太阳能保证率 f 值越低。

6. 系统形式

若在集热器和蓄热箱之间加一个热交换器，当蓄热箱供应的流体温度相同时，这种系统比没有热交换器的系统的集热器运行温度高，故有效得热和太阳能保证率降低。此外，太阳能保证率也与系统的辅助热源投入方式有关。了解影响太阳能保证率 f 的因素后，有助于理解计算太阳能保证率 f 的各种方法的特点。

综上所述，影响太阳能保证率的因素大致可总结如附表 2-1 所示。

太阳能保证率影响因素分析　　**附表 2-1**

影响因素	影响过程	太阳能保证率 f 变化
辐射量的分布	—	—
集热器运行的温度	↑	降低
	↓	升高

续表

影响因素	影响过程	太阳能保证率f变化
集热器运行期与负荷分布	一致	升高
	不一致	降低
集热器面积和蓄热箱体积	$A\uparrow V\downarrow$	降低
	$A\downarrow V\uparrow$	升高
系统其他部件的热损失	↑	降低
	↓	升高
有无热交换器	有	降低
	无	升高

依据我国《可再生能源建筑应用示范项目测评导则》，太阳能保证率的计算方法主要有两种。

第一种是短期测试法，对项目的太阳能保证率进行评价，不得低于项目申请报告中提出的太阳能保证率。对全年太阳能保证率计算如下：

（1）当地日太阳辐照量小于8MJ/m^{2}的天数为x_1天；当地日太阳辐照量小于13MJ/m^{2}且大于或等于8MJ/m^{2}的天数为x_2天；当地日太阳辐照量小于18MJ/m^{2}且大于或等于13MJ/m^{2}的天数为x_3天；当地日太阳辐照量大于或等于18MJ/m^{2}的天数为x_4天；

（2）经测试，当地日太阳辐照量小于8MJ/m^{2}时的太阳能保证率为f_1；当地日太阳辐照量小于13MJ/m^{2}且大于或等于8MJ/m^{2}的太阳能保证率为f_2；当地日太阳辐照量小于18MJ/m^{2}且大于或等于13MJ/m^{2}的太阳能保证率为f_3；当地日太阳辐照量大于或等于18MJ/m^{2}的太阳能保证率为f_4；则全年的太阳能保证率全年f为：

$$f_{全年}=\frac{x_1f_1+x_2f_2+x_3f_3+x_4f_4}{x_1+x_2+x_3+x_4} \tag{2}$$

方法二：长期监测，实际测得一年周期内太阳辐照总量为$J_{全年}$，一年周期内太阳能热水系统需要的总能量$Q_{R全年}$，则全年的太阳能保证率$f_{全年}$为：

$$f_{全年}=\frac{J_{全年}}{Q_{R全年}} \tag{3}$$

对于我国可再生能源建筑应用光热技术示范项目全年太阳能保证率的测试，由于测试周期的限制，计算全年太阳能保证率时，都是按照短期测试法进行计算。通过测试复合条件的某些日的太阳能保证率，从而利用式(2)推导出全年太阳能保证率。

2.1.2 太阳能建筑一体化应用评价

太阳能与建筑一体化是将太阳能光热系统纳入建筑设计的内容，科学、合理、巧妙的建筑设计对太阳能建筑来说必不可少。对于太阳能光热系统，如果将大部分太阳能构件进行隐藏、遮挡、淡化，或是将太阳能外露部件与建筑立面进行有机结合，如太阳能部件设计成现代里面装饰构件、屋顶飘板、幕墙、阳台栏板、遮阳构件、雨棚、花架、装饰玻璃、建筑小品等，对太阳能建筑设计而言都十分重要。

太阳能光热系统与建筑一体化是指在建筑设计的初期阶段，将太阳能光热器系统纳入建筑设计的内容，成为建筑不可分割的组成部分，而不是附加的多余部分，统一设计、统一安装、与建筑物统一交付使用。

太阳能热水器通常是安装在建筑物的向阳面上。太阳能热水器能否与建筑物实现完美的结合，直接关系到建筑外观的和谐一致。热水系统与建筑一体化有如下的优越性：

(1) 建筑物使用功能与太阳能热水器的利用有机结合在一起，形成多功能的建筑构件，巧妙、高效地利用空间，使建筑可利用太阳能的部分——向阳面或屋顶得以充分利用。

(2) 同步规划设计，同步施工安装，节省太阳能热水系统的安装成本和建筑成本，一次安装到位，避免后期施工对生活用户造成的不便以及对建筑已有结构的损害。

(3) 综合使用材料，降低了总造价，减轻了建筑载荷。

(4) 综合考虑建筑结构和太阳能设备协调，构造合理，使太阳能热水系统与建筑融合为一体，不影响建筑的外观。

(5) 如果采用集中式系统，还有利于平衡负荷和提高设备的利用效率。

从太阳能光热应用示范项目来看，目前大部分光热利用项目设计时并未考虑与建筑一体化设计，只有28%的光热项目与建筑一体化设计。

示范项目在一体化设计中，集热器与建筑一体化形式多样，主要包括、屋顶构建、阳台护栏、屋顶支架、外墙、采光顶、外遮阳结构等，各种一体化形式以及所占比例见附图2-4。

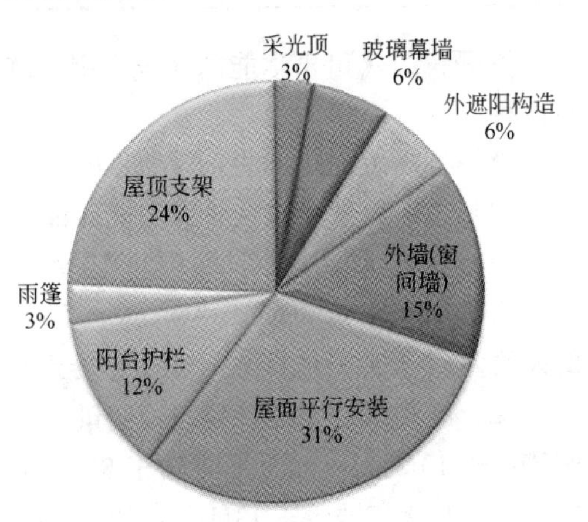

附图2-4　光热利用示范项目与建筑一体化形式及所占比例

2.2　地源热泵系统运行分析

地源热泵系统性能系数(以下简称系统COP)，是衡量地源热泵系统能效水平的一个重要指标，主要是指地源热泵系统制热量(或制冷量)与热泵系统总耗电量的比值，热泵系统总耗电量包括热泵主机、混合系统冷水机组、各级循环水泵的耗电量。

根据相关定义，热泵系统性能系数(COP)是指在额定工况(高温)和规定条件下，空调器进行热泵制热运行时，制热量与有效输入功率之比，其值用W/W表示。在实际的使用中，也会用COP来表示热泵的能效比，或者分别用COP_h和COP_c来表示热泵的制热性能系数和制冷性能系数，其定义式如下：

$$\text{机组能效比(性能系数)}=\frac{\text{机组制冷量(制热量)}}{\text{机组输入功率}}$$

$$\text{系统能效比(性能系数)}=\frac{\text{系统总制冷量(制热量)}}{\text{系统总耗电量}}$$

热泵机组性能与多种因素有关，但主要是与热泵工作的高低温热源有关。对土壤源热泵，冷却水温度不仅与当地土壤的温度和热物性有关，而且与地热换热器的配置有关。对水源热泵，热泵机组的性能主要与水源的温度有关。

与常规能源系统相比，地源热泵系统消耗较少的高品位的电能来实现能源从低品位到高品位的转移，由于一次能源到电能转化效率较低，如果系统能效比过低，则从一次能源考虑，地源热泵系统的节能效果可能还不如传统系统。以热泵机组在制热工况下而言，根据火力发电效率以及热泵系统的COP值，可以进行如附图2-5所示的推算。根据当前我国火力发电的效率水平为30%～35%，取中间值33%计算，则只要热泵机组COP值大于3，则可以认为从环境中获得额外的能量。如果发电效率提高则热泵效率相应提高。

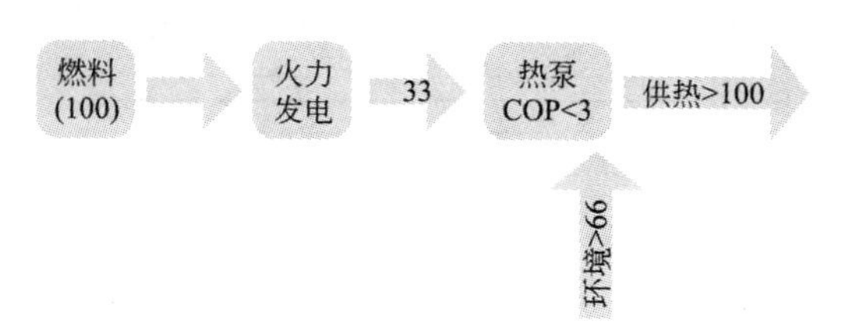

附图2-5　热泵系统对非可再生能源的利用效率

2.2.1　系统性能影响因素

1. 土壤源热泵系统

土壤源热泵是一种与土壤进行能量交换的空调系统，即把传统空调器的外侧换热器直接埋入地下，使其与土壤进行热交换，或通过中间介质作为热载体，并使中间介质在封闭环路中通过大地循环流动，从而实现与大地进行热交换的目的。

土壤源热泵系统由土壤热交换系统，热泵机组和末端系统三大部分组成。土壤源热泵系统土壤热交换环路采用埋管(即埋置地下换热器)的方式来实现，埋管方式多种多样，目前普遍采用的有垂直埋管和水平埋管两种基本的配置形式。附图2-6、附图2-7分别为垂直埋管和水平埋管土壤源热泵系统供热原理图。

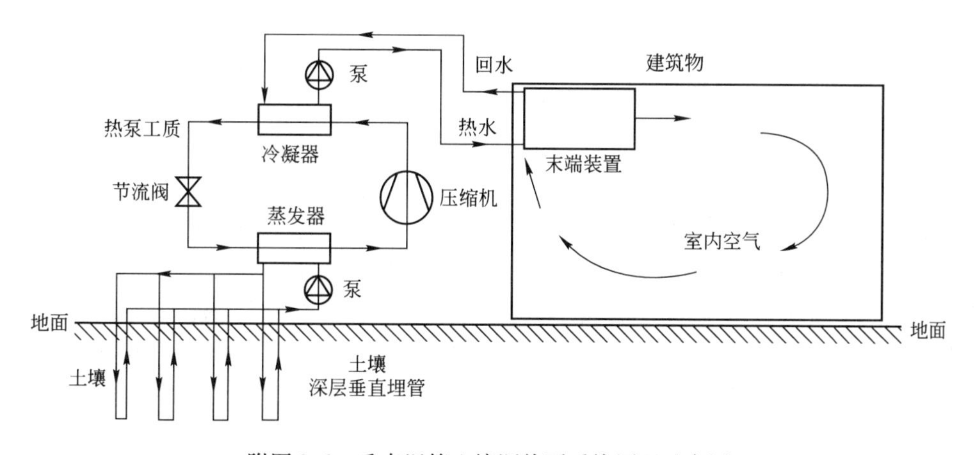

附图2-6　垂直埋管土壤源热泵系统原理示意图

土壤源热泵系统的性能系数受土壤、岩土、原始地温、日照强度、回填材料、埋管形式、循环流量、管间距、管材等因素的影响。

(1) 土壤温度

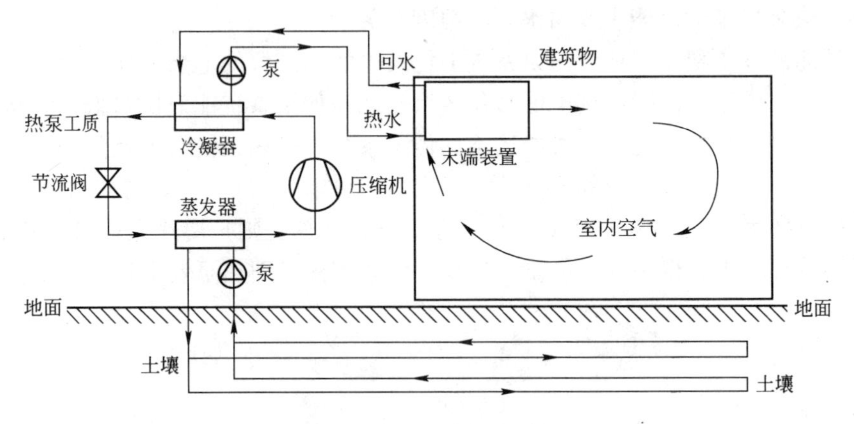

附图 2-7　水平埋管土壤源热泵系统原理示意图

不同的纬度和地区，以及不同的地下岩土材料，其相应的地下温度场也有差异。而地下温度场及地下岩石温度又与热泵的冷凝蒸发温度和地下换热器的物理尺寸密切相关。对大地土壤温度情况的了解是很重要的，大地温度接近全年的地表面平均温度。根据测定，10m 深的土壤温度接近于该地区全年平均气温，并且不受季节的影响。在 0.3m 深处偏离平均温度为 ±15℃，在 3m 深处为 ±5℃，而在 6m 深处为 ±1.5℃，温差波动在较深的地方消失。根据资料记载，平均地下温度在 60m 深度以下视为恒定。土壤越深，对热泵运行越有利。

（2）埋管形式

对于地源热泵的埋管形式一般可分为水平埋管和垂直埋管。由于水平埋管通常是浅层埋管，因此相对于垂直埋管而言，换热能力小，但初投资少。在实际运用中，垂直埋管式多于水平埋管。

对于水平埋管，按照埋设方式可分为单层埋管和多层埋管两种类型，按照管型的不同又可分为直管和螺旋管两种。由于大地表层的温度分布曲线在夏季是随深度的增加而降低，因此多层埋管形式下层管段处于一个较低的温度场，传热条件优于单层管，也即换热效果要比单层管好。单层最佳深度为 0.8～1.0m，双层管为 1.2～1.9m，所以在实际运用中，单层和多层可互相搭配。为强化传热，水平埋管可采用螺旋管，其性能系数要优于直管型。

对于垂直埋管，主要有单 U 型、双 U 型和套管型，套管型地埋管地源热泵热水系统能效比高于单 U 型和双 U 型系统，双 U 型高于单 U 型。套管型、双 U 型、单 U 型地埋管地源热泵热水系统节能效果依次下降。套管型地埋管的外管为镀锌钢管，导热性较高的埋管材料，单位井深换热量较高，提高了系统能效比，单 U 型埋管的单位管长换热量比双 U 型高，但单 U 型埋管的单位井深换热量比双 U 型的低，在实际工作中需考虑经济等因素来选择埋管方式。

（3）管间距

在 U 型管的埋设中很重要的是要考虑 U 型管之间以及 U 型管本身进出管之间温度场的相互影响。工程上对于 20mm 和 15mm 的小管径，间距取为 3m 左右，而对于 25～32mm 的大管径，间距保持在 5～7m 为宜。一般来说，在相同情况下，管径越大，换热能力越强，水平温度场影响距离越大，因此，水平间距也应要大些。

（4）地埋管内流体循环流量

地下换热器的介质循环流量越大，单位埋管换热量越大，能效比也越大，但过大的循环流量，必然导致埋管系统运行能耗的增加；而循环流量过低，可能会发生结冰现象。因此，适宜的运行参数要通过分析系统的各个组成部分的性能而确定。

（5）回填材料

有效的回填材料可以防止土壤冻结、收缩、板结等因素对埋管换热器传热效果造成影响，提高埋管换热器的传热能力，同时也可有效防止地下污染物对埋管的不利影响，因此选择适当的回填材料对地源热泵的性能起重要的作用。目前应用的回填材料主要有沙土混合物、水泥灰浆、火山灰黏土、钻孔岩浆、铁屑砂混合物等。有关实验表明，回填物导热系数增加可改善热传导性能，但是随着回填物导热系数进一步增加，导热的增加率却递减。含有骨料的水泥类回填材料比膨润土材料在很多方面具有优势，更适合于填充地层与 U 型管之间的空隙。回填材料中使用大颗粒的骨料也是提高其导热系数的一个有效方法。

（6）土壤含水率

土壤的含水率是影响传热能力的重要因素，但水取代土壤微粒之间的空气后，它减小微粒之间的接触热阻提高了传热能力。土壤的含水量在大于某一值时，土壤导热系统是恒定的，称为临界含湿量；低于此值时，导热系数下降。在夏季制冷时，热交换器向土壤传热，热交换器周围土壤中的水受热被驱除。如果土壤处于临界含湿量时，由于水的减少使土壤的传热系数下降，恶性循环，又使土壤的水分更多地被驱除。土壤含水率的下降，土壤吸热能力衰减的幅度比土壤放热能力衰减的幅度相对较大。所以在干燥高温地区采用地耦管要考虑到土壤的热不稳定性。在实际运行中，可以通过人工加水的办法来改善土壤的含水率。

（7）地下水的流动

地下水的渗流对加强大地的热传递有明显的效果。实际上，大地的地质构造很复杂，存在着松散的黏土层、砂层、沉积岩层、空气和水层等。由于地球构造运动，各岩层又出现褶皱、倾斜、断裂现象。降雨渗入土质层，在重力作用下，向更深层运动，最后停留在不透水层。地下水在空隙中流动以形成渗流，水的流动不但能进行传导传热并且又能进行对流传热。若地下水渗流流速大于 8mm/h 时，就可按水的传热来计算。

（8）冬夏两季室内的冷热负荷不平衡

土壤源热泵技术是以土壤为蓄能介质的季节性蓄能与浅层地热能利用系统，其地下长周期热累积效应将影响系统的 COP。在冬夏冷热负荷不平衡地区，如寒冷地区，因冬季热负荷远大于夏季冷负荷，热泵系统冬季从土壤的吸热量大于夏季的排热量，系统长期运行必然导致土壤温度场逐年下降，使热泵机组的供热性能降低；在夏热冬暖地区，夏季冷负荷大于冬季热负荷，使得热泵机组夏季向土壤的排热量大于冬季从土壤的吸热量，会造成土壤平均温度场逐年升高，使热泵机组的供冷性能降低。由于地下埋管换热器的吸、排热及土壤温度场的衰减是一个长周期变化过程，在不同冬夏负荷分布地区，地下埋管换热系统的长周期运行特性直接影响热泵系统运行的经济性、节能性与可靠性，对地源热泵系统应用的区域适应性具有重要意义。

2. 地下水源热泵系统

地下水源热泵系统是地源热泵系统的一种形式，它利用地下水体储存的热能，分别在冬季作为热泵供暖的热源和夏季空调的冷源，通过地下水源热泵系统为建筑供热或供冷。地下水源热泵系统由地下水换热系统、水源热泵机组系统、建筑物内空调系统组成，如附图 2-8 所示。

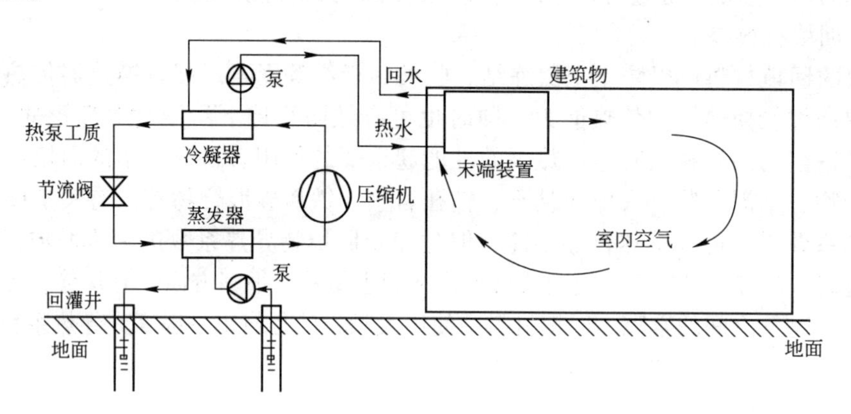

附图 2-8　地下水源热泵系统原理示意图

地下水源热泵空调系统的性能受水温、水量、水文地质条件、回灌技术、热源井的井位与井间距等因素的影响。

（1）水温

热泵机组性能与地下水温度是密切相关的。地下水温度变化对热泵机组 COP 值的变化起着重要的作用。在负荷侧进水温度和进出水温差不变的条件下，随着深井回水温度升高，热泵机组 COP 值逐渐升高。同时，当深井供回水温度和负荷侧进出水温度不变的情况下，热泵机组 COP 值随着机组运行负荷的增加而增加。所以水源热泵系统应用于实际工程，当地地下水回水温度低于 7℃时，必须采用一些措施增加深井回水温度，如增加深井水流量，这样可以保证热泵机组更高效地运行。

（2）水量

对于地下水水源来说，能否采用水源热泵系统关键是工程区地下水的持续出水量能否满足水源热泵系统最大吸热量或最大释热量的要求，并完全回灌到原地层中。若水量不足，或难以完全回灌到原地层中，随着使用年限的增加，系统 COP 将有明显下降趋势。

（3）水文地质条件

水文地质条件虽然没有直接影响到地下水源热泵系统的 COP，但是选择含水层渗透性能较强，地下水富水性好，水质也较为优良的地区，可保证地下水地源热泵统较大的需水量，有利于实现地下水的完全回灌，对水源热泵机组或换热器的腐蚀性较小，是地下水地源热泵系统应用适宜性较好区。

（4）回灌技术

采用地下水地源热泵系统的前提条件是，只利用地下水的热能，而不能对地下水资源及其环境造成任何损失与破坏。从理论上讲，地下水的回灌能力与抽水能力大致相同，出水量大的热源井其回灌量也大；但实际上回灌常比抽水困难，这主要是因为回灌和抽水的物理条件有区别。抽出的地下水不能完全回灌到原地层不仅仅会影响到热泵系统的 COP，还会破坏当地的地质结构，引起坍塌，凹陷一类的现象。

（5）热源井的井位与井间距

热源井的井位和井间距的布置主要受系统需水规模、工程场区的水文地质条件、热源井的抽/灌模式、成井工艺、回灌方法和操作程序等因素影响。井位的布置重点要注意避免地表污水通过热源井污染地下水，同时也要注意与建筑物、电线、电缆等的距离，并考虑工程项目区的美观。因此在实际工程中，一般将热源井布置在项目区的四周，并尽量避免抽水井和回灌井集中布置。另外，必须合理设计井间距，井间距太小会使抽水井与回灌井之间发生"热短路"，抽水井之间发生"抢水"，从而影响到整个系统的 COP。

3. 地表水源热泵系统

地表水源热泵系统利用建筑物附近的水库水、湖水、江(河)水和海水中的冷量或热量为建筑供冷供热。地表水源热泵系统由地表水换热系统、热泵机组和末端系统三大部分组成，其原理图如附图 2-9 所示。

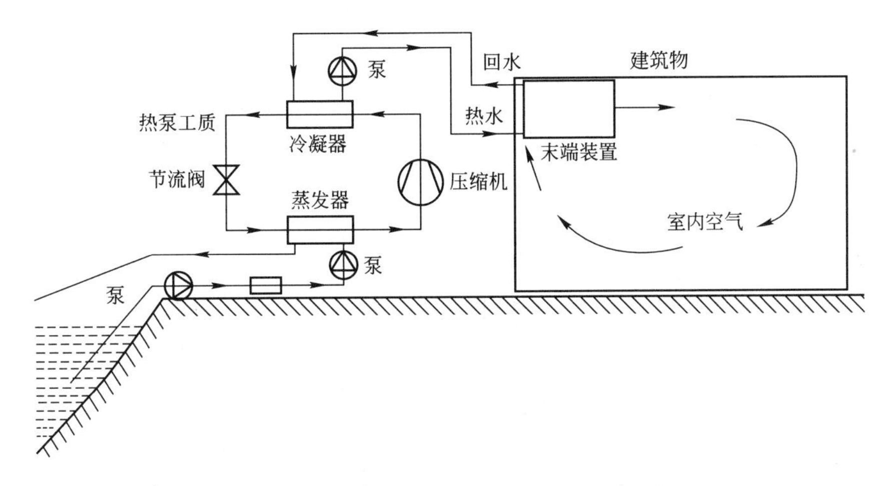

附图 2-9　地表水源热泵系统原理示意图

地表水热泵系统比较容易受地区的限制。不同纬度和海拔的地区地表水的温度会有很大的不同。地表水的水温能够直接影响到热泵系统供冷和供热的能效比。除此之外，还应考虑到水源水质、水深、水体面积等因素的限制。

（1）水温

地表水温度较为稳定，冬季比室外气温高，夏季比室外气温低，可以说是一种比较好的热泵低位热源。地表水温度会受到气象条件变化的影响，气温降低或升高较多时，热泵的性能系数也会有一定的降低，其性能系数会随季节波动。北方寒冷地区冬季湖水大都结冰，水温低，而且来自建筑物的热负荷较大，冬季供暖期长，使得底层水温下降较快，闭式系统冬季运行时进液温度偏低，冬季运行效率低。夏热冬暖地区夏季地表水温高，供冷时间长，机组进液温度偏高，夏季运行效率低。夏热冬冷地区的地表水水温适中，冷热负荷以及需要供冷供热的时间都适中，与土壤源热泵相比，闭式地表水源热泵的初投资较低，施工方便。

在夏热冬冷地区有地表水源可以利用的场合下，这种系统的性能系数与土壤源热泵系统接近，有着比风冷热泵更好的效率和运行稳定性。综合而言，如果需要供冷供热两用的话，这种系统适合于在夏热冬冷地区应用。

（2）水质

有些水源含有泥沙、有机物与胶体悬浮物，使水变得浑浊。水源含砂量高对机组和管阀门会造成磨损，含砂量和浑浊度高的水用于地下水回灌会造成含水层堵塞，用于水源热泵系统的水源，含砂量应小于二十万分之一，浑浊度应小于20mg/L。开式系统对水质有较高的要求，否则换热器容易产生结垢、腐蚀、微生物滋长等现象，降低设备使用年限。同时，水体的含沙量和浊度相较清水大大增加，对污垢热阻的产生有较大的影响，进而会降低系统COP。与开式系统相比，闭式系统内部结垢的可能性大为降低，但是盘管的外表面受地表水水质的影响往往会结垢，使外表面换热系数降低，影响系统的COP。

（3）水深

水深增加后，到达底层的太阳辐射量减少，底层水温也有所降低。尤其在热负荷和太阳辐射相对较小的供冷初期，进液温度和底层水温降低的程度越明显。可见，深水湖对于以供冷为主的系统是有利的。但水深对制热性能的影响则完全相反，在热负荷较小和太阳辐射量相对较大的供热初期，6m水深时的进液温度和底层水温比4m水深时高。在12月中旬以后，进液温度和底层水温反而比4m水深时低；随着时间的推移，这种差距还有加大的趋势。增加水体深度能明显地提高机组的制冷性能，但对系统的制热性能不利。在大多数时间内，水深增加后的机组制热性能反而更低。深水湖更加适合于以供冷为主的建筑，或者只用于夏季供冷。

（4）水体面积

增加水体面积对系统制冷性能的影响比较小。其原因在于：虽然水面散热量增加，但水体容积的增加使得水温降低很少，进液温度也只有较少的降低。加大水体面积对提高机组制冷性能的作用有限，但对提高机组制热性能的作用较为明显。

4. 污水源热泵系统

污水源热泵以污水作为低温热源。城市污水不仅满足热源的温度要求，而且水量充足，是比较理想的低温热源，有很大的发展空间。城市污水冬暖夏凉，受气候影响小，水温变化幅度小。与河水水温和空气温度相比，城市污水水温冬季较高，夏季较低，是比较理想的热源和冷源。城市污水水温较恒定，因此污水源热泵系统的机组运行稳定可靠，使用寿命长。

污水源热泵系统的组成与地表水源热泵系统基本相同，只是水源和水源换热系统不同而已，即由污水源换热系统、热泵机组和末端系统三大部分组成。

与其他热源相比，污水源热泵系统中水质是真正影响系统能效比甚至系统是否能够正常运行的关键。

由于原生污水中含有大量的塑料袋、树叶等杂物，很容易造成设备与管路的腐蚀、结垢与堵塞，使系统换热系数降低，影响系统正常运行。利用传统的过滤手段与机械格栅尽管能够处理这些杂物，但涉及占地、清理、杂物运输及周边的环境污染问题，造成实际无法操作。并且其处理成本也要远高于热泵从水中取热与取冷的价值，这无疑给城市原生污水源热泵系统在规模的运用上加大了困难。

2.2.2 实例分析

1. 源侧与空调侧水泵耗功

对北京地区两个地表源热泵项目进行对比分析，其夏季工况机组参数如附表 2-2 所示。

北京地区某两个项目夏季工况机组性能对比　　附表 2-2

项目	夏季机组额定能效比	夏季机组实际能效比	夏季机组部分负荷率(热量)	夏季机组负载率(功率)
项目 A	6.59	4.87	0.73	0.99
项目 B	4.26	4.94	0.60	0.52

针对夏季工况，比较两个项目的机组额定能效比和测试期机组实际能效比。

项目 A：热泵机组额定 COP 为 6.59，但在夏季测试期间，机组实际 COP 只有 4.87，与其他项目相比，对该项目的数据进行分析发现，该项目所使用热泵机组在夏季测试期的部分负荷率为 73%，属于相对较高的水平，然而在机组实际制冷量比额定制冷量降低了 27% 的同时，其实际输入功率只比额定值降低了 1%，由于压缩机输入功率的下降速度远小于机组制冷量的下降速度，导致该机组在部分负荷率下的 COP 与额定 COP 相差较大。

项目 B：机组 COP 仅为 4.26，在夏季测试期间部分负荷率为 60%，但由于机组变频性能较好，在部分负荷下，压缩机实际输入功率仅为额定功率的 52%，压缩机输入功率的下降速度大于机组制冷量的下降速度，导致该项目测试期机组能效比达到了 4.94，高于额定值。

可见，在热泵机组的选择上，一方面要考虑机组额定 COP 的高低，还要考虑其变频性能对机组 COP 的影响。而部分负荷率的对机组的影响也应结合变频性能来考虑，对于变频性能较差的机组，即使在较高的部分负荷率下运行，也无法达到额定 COP 值，而在部分负荷率较低时，变频性能良好的机组仍能达到较高的 COP 值。

比较两个项目测试期实际的机组能效比和系统能效比，如附表 2-3 所示。

北京地区某两个项目夏季工况系统相关性能参数对比　　附表 2-3

项目	夏季机组能效比	夏季系统能效比	夏季源侧水泵输配系数	夏季空调侧水泵输配系数
项目 A	4.87	3.77	24.84	49.67
项目 B	4.94	2.65	10.32	11.99

两个项目在夏季测试期机组能效比比较接近，而系统能效比分别为 3.77 和 2.65，通过分析两个项目中水泵的能耗发现，项目 A 源侧和空调侧水泵的输配系数(单位耗电量下所能输配的冷热量)分别为 24.84 和 49.67，而项目 B 源侧和空调侧水泵的输配系数分别为 10.23 和 11.99，项目 B 的水泵输配系数过低，说明相对于热泵系统的制冷量，水泵消耗了过多的功，导致系统的能效比较低，影响节能效果。

进一步分析热泵机组额定制冷量与水泵额定功率，得到设计工况下源侧与空调侧水泵的输配系数，如附表 2-4 所示。

北京地区某两个项目夏季工况源侧与空调侧水泵输配系数对比　　附表 2-4

项目	夏季源侧水泵输配系数	设计工况夏季源侧水泵输配系数	夏季空调侧水泵输配系数	设计工况夏季空调侧水泵输配系数
项目 A	24.84	32.43	49.67	64.86
项目 B	10.32	7.01	11.99	17.52

比较实际工况与设计工况下水泵的输配系数，可以看到，项目 A 在设计工况下的源侧和空调侧水泵输配系数均较高，因此在实际运行时也能够获得较高的输配系数，但比较空调侧水泵输配系数的实际值与设计值发现，空调侧水泵输配系数在设计值为 64.86 的情况下，实际工况下只达到了 49.67，与设计工况存在较大差距，可能是水泵没有采取变频措施或者变频性能较差，从这方面看，项目 A 的系统能效比仍有较大的提高空间。

项目 B 在设计工况下源侧和空调侧水泵输配系数分别为 7.01 和 17.52，说明在该项目在设计阶段水泵选型偏大，影响了节能效果。而另一方面，比较该项目水泵输配系数的实际值与设计值，源侧水泵输配系数在实际运行中达到 10.32，高于设计工况下的 7.01，空调侧水泵输配系数的实际值与设计值相差不大，说明水泵变频性能较好，实际系统能效比与设计工况接近。

2. 埋管形式

对于地源热泵的埋管形式一般可分为水平埋管和垂直埋管。由于水平埋管通常是浅层埋管，因此相对于垂直埋管而言，换热能力小，但初投资少。在实际运用中，垂直埋管式多于水平埋管。

对于垂直埋管，主要有单 U 型、双 U 型和套管型，套管型地埋管地源热泵热水系统能效比高于单 U 型和双 U 型系统，双 U 型高于单 U 型。套管型地埋管的外管为镀锌钢管，导热性较高的埋管材料，单位井深换热量较高，提高了系统能效比。

所检测的土壤源热泵项目中，填写了地埋管形式的共 29 个项目，其中垂直单 U 式 5 个，垂直双 U 式 23 个；水平埋管 1 个。则对系统 COP 的影响对比如附表 2-5 所示。

埋管方式对系统 COP 影响对比　　附表 2-5

	冬季机组 COP	冬季系统 COP	夏季机组 COP	夏季系统 COP
水平	3.76	3.08	3.64	2.89
单 U	3.89	2.55	4.79	3.12
双 U	3.99	2.95	4.75	3.27

由于检测报告中获得的项目信息不够全面，所取得的样本量较小，尤其是使用水平埋管形式的只有一个样本，但经过分析对比，仍有一定的参考价值。

比较水平埋管、垂直单 U 型、垂直双 U 型三种不同埋管形式土壤源热泵系统，对于夏季的系统能效比均值，双 U 型高于单 U 型高于水平式；对于冬季系统能效比，双 U 型高于单 U 型，而水平埋管式则高于单 U 型，与理论分析存在差异，这可能是由于样本量过少，只有一个，而该项目位于湖南省，属于夏热冬冷地区，地质条件与气候条件都利于土壤源热泵的使用。

3. 地源侧温度

在机组实际运行中，地源侧的温度变化会对热泵机组的 COP 值有一定的影响。在制冷工况下，从地源侧流出的水进入机组的冷凝器，当冷凝温度升高时，冷凝压力升高，制冷剂的循环量下降，机组的制冷量下降，理论压缩功增大，制冷性能系数下降。同理，当冷凝温度下降时，机组的制冷量升高，压缩功下降，制冷性能系数增大。在制热工况下，当蒸发温度升高时，蒸发压力升高，制冷剂的循环量上升，制热量增大，理论压缩功下降，机组的制热性能系数增大；同理，当蒸发温度下降时，机组的制热量下降，性能系数降低。

不同技术类型的地源热泵系统的能效比均值和源侧进水温度的平均值，如附表 2-6 所示。

地源侧温度对不同冷热源形式的热泵系统的影响　　附表 2-6

技术类型	系统能效比（夏季）	机组能效比（夏季）	夏季测试期源侧进口温度（℃）	系统能效比（冬季）	机组能效比（冬季）	冬季测试期源侧供水温度（℃）
地下水源热泵	3.24	4.85	16.88	3.15	4.24	17.08
土壤源热泵	3.53	4.82	21.76	3.05	4.11	12.40
地表水源热泵	3.17	4.46	26.40	3.03	4.11	8.97
污水源热泵	3.19	4.35	26.51	3.21	4.36	20.94

比较不同技术类型地源热泵的源侧供水温度，夏季源侧供水温度由低到高分别为地下水源热泵、土壤源热泵、地表水源热泵和污水源热泵；冬季源侧供水温度由低到高分别为地表水源热泵、土壤源热泵、地下水源热泵、污水源热泵。

其中夏季源侧供水温度最高的是污水源热泵系统，最低的是地下水源热泵系统；冬季源侧供水温度最高的是污水源热泵，最低的是地表水源。其中冬夏季温度相差最大的是地表水源，其次是土壤源，污水源冬夏季温度相差较小且均高于其他水源和土壤源温度，这是由不同水源和土壤特性引起的。而地下水源冬夏季温度最接近，且冬季温度略高于夏季，对地下水源检测项目进行分析发现，个别项目在冬季使用了地热水供热，源侧温度均在 30℃以上，导致地下水源热泵冬季的源侧平均供水温度较高，其能效比也有所提高。

比较不同技术类型地源热泵的机组和系统能效比，夏季机组能效比由高到低分别为地下水源热泵、土壤源热泵、地表水源热泵和污水源热泵，对比源侧供水温度，可以看到热泵机组能效比与源侧供水温度的规律保持一致，在制冷工况下，源侧温度越低，机组的性能系数越高；夏季系统能效比的规律与机组能效比基本保持一致，其中地下水源热泵系统能效比略低，这是由于地下水源热泵系统的地源侧水泵需要更大的流量和扬程，增加了系统能耗，降低了系统能效比。冬季机组能效比由高到低分别为污水源热泵、地下水源热泵、土壤源热泵、地表水源热泵，对比源侧供水温度，可以看到热泵机组能效比与源侧供水温度的规律保持一致，在制热工况下，源侧温度越高，机组的性能系数越高；冬季系统能效比的规律与机组能效比保持一致。

由以上数据可以看到，不同技术类型热泵系统的地源侧供水温度有明显差异，机组与系统能效比受源侧温度影响较大。相较其他地源温度，地下水源温度在夏季较低而冬季较高，地下水源热泵系统的 COP 在冬夏两季也都处于较高水平，运行比较稳定。

2.3 太阳能光伏系统运行分析

2.3.1 系统效率

太阳能光伏发电系统是利用光伏电池板直接将太阳辐射能转化为电能的系统，主要由太阳能电池板、控制器、电力电子变换器以及负载等部件构成。

光伏发电系统效率是指在没有能量损失的情况下，系统实际发电量与组件标称容量的发电量之比。在测量标准条件下(25℃、AM1.5)，标称容量1kWp的组件，接收到1kWh/m^{2}太阳辐射能时的理论发电量为1kWh。光伏发电系统效率由光伏阵列效率、逆变器效率、交流并网效率组成。

1. 光伏阵列效率 γ_1

光伏阵列在1kW/m^{2}太阳辐射强度下，实际直流输出功率与标称功率之比称为光伏阵列效率。影响光伏阵列效率的因素主要有以下几个方面。

(1) 太阳辐射损失

组件表面积灰遮挡等其他影响因素以及不可利用的低、弱太阳辐射损失。对于弱光性较好的非晶硅薄膜组件，太阳辐射损失较小。一般为3%~4%。

光伏组件上的局部阴影会引起输出功率的明显减少，某些组件比其他组件更易受阴影影响，有时仅一个单电池上的小阴影就产生很大影响。单电池被完全遮挡时，光伏组件可减少输出75%。

(2) 直流线路损失

从光伏组阵列的安装位置到控制室传输线的压降损失。一般为3%~4%。

(3) 温度损失

光伏组件温度较高时，工作效率下降。随着太阳能电池温度的升高，开路电压减小，电池的功率下降。测量标准条件下，太阳能电池温度每升高1℃，则功率减少0.35%。

2. 逆变器效率 η_2

光伏逆变器是太阳能并网发电系统中关键的电子组件，其主要功能是将收集到的可变直流电压输入转变为无干扰的交流正弦波输出。光伏并网逆变器由两个部分组成，最大功率点跟踪(MPPT)和直流—交流变换部分。

MPPT效率包括静态和动态MPPT效率，是指一段时间内，逆变器从太阳能电池组件获得的直流电能与理论上太阳能电池组件工作在最大功率点输出电能的比值。在实际测量中，只能得到各参数的瞬时值，因此通过多次测量计算平均值的方法，得到逆变器的效率参数。MPPT效率的数学表达式为：

$$\eta_{\mathrm{MPPT}}=\frac{P_{\mathrm{dc}}}{P_{\mathrm{MPPT}}}$$

式中 η_{MPPT}——最大功率点跟踪效率；

P_{dc}——逆变器直流输入端子输入的功率；

P_{MPPT}——太阳能电池理论上提供的最大功率点功率。

转换效率是指一段时间内逆变器交流输出端输出的电能与直流输入端输入的电能的比

值，其数学表达式为：

$$\eta_{conv}=\frac{P_{ac}}{P_{dc}}$$

式中 η_{conv}——直流—交流转换效率；

P_{ac}——逆变器交流输入端子输入的功率；

P_{dc}——逆变器直流输入端子输入的功率。

逆变器总效率为一段时间内逆变器交流输出端输出的电能，与理论上太阳能电池组件工作在最大功率点输出的电能的比值，从定义可知：

$$\eta_2=\eta_{MPPT}\times\eta_{conv}=\frac{P_{ac}}{P_{MPPT}}$$

3. 交流并网效率 η_3

交流并网效率是指从逆变器输出至高压电网的传输效率，其中主要是升压变压器的效率，其数学表达式为：

$$\eta_3=\frac{p_2+p_{c1}+p_{c2}}{p_1}\times100\%$$

式中 p_1——变压器输入功率；

p_2——变压器输出功率；

p_{c1}——变压器铁损；

p_{c2}——变压器铜损。

4. 光伏系统总效率 η

光伏系统总效率为：

$$\eta=\eta_1\times\eta_2\times\eta_3$$

2.3.2 一体化附加效应量化分析

随着光伏组件与建筑一体化水平不断提高，一些新的附加功能也日渐体现出来。附加效应主要从替代建筑材料与隔热、保温两个方面体现。评价光伏建筑一体化系统时，需要对高集成度组件的附加效应进行量化分析。

光伏组件可替代原有建筑材料，节约的建筑材料费用为相同功能、规格的建筑材料的成本。

$$C_{rep}=C_{mat}$$

式中 C_{rep}——替代建筑材料节约的费用；

C_{mat}——替代的建筑材料成本。

光伏组件可影响墙体保温、采光、遮阳、隔热，有助于节约建筑能耗，其节约电费的数学表达式为：

$$C_{cl}=1.163\times10^{-3}\times CL\times T\times U$$

式中 C_{cl}——降低室内冷负荷节约的费用；

CL——年节约的冷负荷；

T——当地电价；

L——系统寿命，约 20～30 年。

针对光伏与建筑结合形式，有不同的附加效应节约费用计算方法，如附表2-7所示。

附加效应节约费用计算方法 **附表2-7**

附加效应	一体化形式	节约费用(C_{sav})
节料	光伏瓦 光伏砖 光伏采光顶 光伏雨棚 光伏栏板 光伏幕墙 光伏遮阳板	$C_{sav}=C_{rep}$
节能	屋顶平行支架 墙面支架 光伏幕墙 光伏遮阳板	$C_{sav}=C_{cl}$

附录3 太阳能热水器强制安装政策地区适宜性和政策适宜性研究

近年来，可再生能源在世界范围内得到迅速发展，可再生能源已成为实现能源多样化、应对气候变化和实现可持续发展的重要替代能源，可再生能源的发展得到国内外的广泛关注。太阳能光热建筑应用是可再生能源的最重要的应用方式之一，也是目前国内外技术研究和政策支持的重点。

3.1 对现有强制安装政策的思考

随着《中华人民共和国可再生能源法》的颁布，财政部、建设部《关于推进可再生能源在建筑中应用的实施意见》的出台，各地方政府从实际出发，审时度势，提出了指导地方实施太阳能建筑一体化的具体政策和规划，并出台了地方政府文件。为推广太阳能在建筑中的应用，制定了具体的发展目标和实施的措施。这些文件的发布体现了地方政府推进太阳能利用的信心和决心，内容则体现了各地区太阳能系统技术、产业生产和与建筑结合技术发展的实际水平，有很强的示范意义，符合用科学发展观统领建筑节能、统领太阳能与建筑结合应用事业的要求。

近年来，许多省、市相继发布了太阳能光热强制安装激励政策。强制性政策的制定需要认真考虑强制性要求的可实施性。就太阳能热水系统的强制安装政策来说，我国的太阳能资源整体来说较为丰富，但国土面积大、气候情况差异大，地区经济发展水平差异大是我国的具体国情，各省、市应依据自身的实际情况和基础进行论证，充分考虑在哪些地区适宜开展强制安装。某些西部地区日照强烈、能量充足，但是由于历史、地理原因，造成太阳能资源与当地的经济发展不相适应；而如华东地区部分省市虽然地处太阳能资源Ⅲ类地区，但地方政府实施推广太阳能热水系统与建筑一体化的积极性很高，当地经济发展水平较好且具有较好的产业基础，因此可以制定实施强制安装政策。

另外，哪些类型的建筑应纳入到强制安装的范围，也同样需要进行全面的考虑。各地方现有的政策中多明确规定对12层及以下的民用建筑实施强制安装，包括住宅建筑以及宾馆、餐厅等公共建筑，对12层以上的民用建筑实行鼓励安装。“12层”的标准是否对各个地区都适用，还需结合已有的经验，要考虑太阳能资源、气候条件、常规能源供应情况等各方面的因素进行进一步的论证。

对于部分减免和全部减免强制安装太阳能热水系统的条件，许多国家都有明确的规定，各地已有文件中就不具备太阳能热水器安装条件的提出“建设单位应当在报建时向政府主管部门申请认定，政府主管部门认定不具备太阳能集热条件的，应当予以公示”，还应针对各地气候、资源等情况，结合具体建筑的具体信息进行分别考虑。

虽然我国具备了实施太阳能热水器强制安装的基本条件，但对于我国这样一个幅员广阔的国家，在全国范围不能以一个数据标准“一刀切”地制定强制安装政策。需要考虑太阳能资源、气候条件、常规能源供应情况、当地经济水平、太阳能行业发展等各方面的因素，仔细研究确定哪些地区和建筑适宜实施强制安装政策，哪些地区和建筑不宜实施强制安装政策。

3.2 地区适宜性评价指标体系的建立

评价体系由一系列指标构成，它能够综合反映研究对象各个方面的综合情况。建立科学、合理的太阳能热水器强制安装地区适宜性评价指标体系，可以准确衡量各地区实施太阳能热水器强制安装的区域适宜性程度。针对我国太阳能光热建筑应用现状，在学习基础理论和相关概念并参照前人研究成果的基础上，建立符合我国实际的太阳能热水器强制安装地区适宜性评价指标体系。

根据我国太阳能热水系统的应用现状和和特点，经过系统的分析和筛选，选择了具有典型代表意义的重要性评价指标作为分析对象，最后形成了太阳能热水器强制安装地区适宜性评价指标体系。该指标体系由目标层、准则层和指标层三个层级构成。其中，目标层为太阳能热水器强制安装地区适宜性(A1)；准则层包括太阳能资源适宜性(B1)、经济适宜性(B2)、行业适宜性(B3)、社会适宜性(B4)、政策适宜性(B5)；指标层包括年平均气温、年平均日照时数、年总辐射等共20个具体指标，指标详细内容见附图3-1。

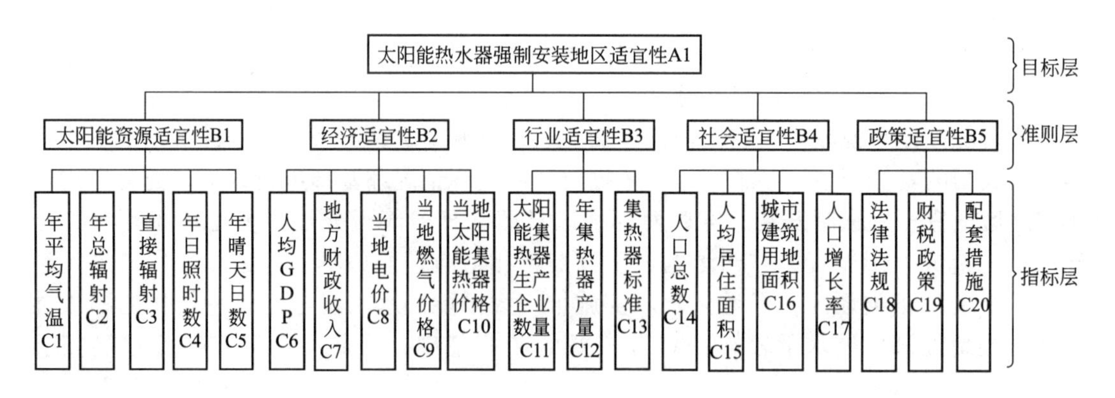

附图3-1 太阳能热水器强制安装地区适宜性评价指标体层次结构

3.3 强制安装政策的地区适宜性分析

根据地区适应性评价指标体系，最终建立的太阳能热水器强制安装地区适宜性评价指标体系包含20个指标，将这20个指标分别记为X_1、X_2、……、X_{20}。

各城市气象数据来自《中国太阳辐射资料》，取各地1971~2000年的30年标准气候值；其余数据均来源于各城市统计年鉴。

运用统计软件对20个指标进行主成分分析，计算出相关系数矩阵及其特征值、各主成分的贡献率、累积贡献率，以累计贡献率大于85%的原则选择主成分。由附表3-1可知，前3个主成分的累积贡献率达到92.46%(>85%)，表明前3个主成分已经代表了全部因子92.46%的综合信息，其余主成分所起的作用很小。因此，选择前3个主成分作为影响太阳能热水器强制安装的重要因子，分别用F_1、F_2、F_3表示。

主成分的特征值、贡献率和累积贡献率表　　附表3-1

主成分(因子)	特征值(可解释的方差)	贡献率(%)	累计百分率(%)
F_1	10.426	52.13	52.13
F_2	5.010	25.05	77.18
F_3	3.056	15.28	92.46

为了便于对主成分进行解释，对因子负载进行最大方差正交旋转(Rotated Component Matrixa)，得旋转后的因子负载矩阵，见附表3-2。第一主成分F_1(占总方差的52%)与年总辐射(X_2)、直接辐射(X_3)、年日照时数(X_4)强相关，可看作是太阳能资源因子；第二个主成分F_2(约占总方差的25%)与人均GDP(X_6)和当地电价(X_8)强相关，可看作是经济因子；而第三主成分F_3(约占总方差的15%)与人口总数(X_{16})和集热器年产量(X_{12})强相关，可看作是发展潜力因子。上述3个主成分累计方差贡献率达到92.46%，可以很好地反映原指标所包含的几乎所有信息，而且这三个综合指标互相间不相关，相对于原有指标的逐一分析来说，综合指标的分析效率大大提高，兼顾了科学性与全面性。

正交旋转后的因子负载矩阵　　附表3-2

指标	F_1	F_2	F_3
X_1	0.7950	-0.1347	-0.2714
X_2	0.9511	0.5361	0.0241
X_3	0.9520	-0.1347	-0.2137
X_4	0.9996	0.0621	0.5896
X_5	0.8377	-0.1509	-0.2683
X_6	0.2672	0.9988	0.0390
X_7	0.1164	0.5495	0.0596
X_8	0.7234	-0.9202	-0.2137
X_9	0.4335	-0.7612	-0.2200
X_{10}	0.5794	0.5495	-0.2506
X_{11}	0.5794	-0.3002	0.6644
X_{12}	-0.0746	0.5667	-0.9313
X_{13}	0.1164	-0.1136	-0.3091

续表

指标	F_1	F_2	F_3
X_{14}	0.0043	0.5121	-0.9182
X_{15}	0.0925	0.4470	0.7637
X_{16}	0.1311	0.1402	0.5895
X_{17}	0.3429	0.0089	0.8195
X_{18}	-0.2472	0.0905	-0.2753
X_{19}	0.0385	-0.0517	-0.3723
X_{20}	0.0106	-0.1334	-0.0601

用最大方差(Varimax)旋转后得到的因子模型的因子得分，及主成分贡献率为权重进行加权汇总，构造适宜性差异综合评价函数为：

$$F = a_i F_i + a_i F_i + a_i F_i (i=1, 2, 3)$$

式中 F_i——第 i 个主成分得分；

a_i——其 F_i 的方差贡献率。

据此计算出国内不同太阳能资源分区不同城市的各主成分得分，再根据每个主成分的方差贡献率，计算每个城市的综合得分并进行排序，得出不同城市的太阳能热水器强制安装适宜性排名，见附表 3-3。综合得分为负值，表明该城市强制安装政策的适宜性低于平均水平(综合值为0)；综合得分为正值，表明该城市强制安装政策的适宜性高于平均水平，适宜实施强制安装政策。

根据计算的结果可以看出，北京的综合评价值最大，为 3.4381，最适宜实施强制安装政策；贵阳的综合评价值最小，为 -3.0498，相对其他城市最不适宜实施强制安装政策。从附表 3-3 可看出，位于Ⅰ区、Ⅱ区的城市排名均较靠前，主要得益于拥有丰富的太阳能资源，使用太阳能热水具有很好经济效益，适宜推广开展太阳能热水与建筑一体化的强制安装政策。位于Ⅲ区的城市，虽太阳能资源不及前两区丰富，但由于这一区的经济发展水平较高，人口密集，对生活热水的需求量较大，也较适宜开展强制性安装政策，而位于Ⅳ区的城市太阳能资源利用受到一定限制，综合排名较为靠后，因此不推荐进行强制安装，可采取鼓励的方式在适宜的建筑上安装太阳能热水系统。

强制安装地区适宜性评价主成分得分及综合评价排序表　　附表 3-3

太阳能资源分区	城市	F_1	F_2	F_3	F	城市排名
Ⅰ	拉萨	3.825	-0.585	1.570	2.0873	2
	格尔木	1.650	-0.645	0.115	0.7161	9
Ⅱ	敦煌	1.050	-0.045	0.195	0.5659	12
	银川	2.400	-1.665	-0.075	0.8226	7
	西宁	0.075	0.270	0.105	0.1228	16

续表

太阳能资源分区	城市	F_1	F_2	F_3	F	城市排名
Ⅱ	喀什	1. 900	-1. 245	-0. 035	0. 6733	10
	大同	0. 525	0. 750	0. 355	0. 5158	13
	景洪	-1. 975	2. 970	0. 595	-0. 1947	17
Ⅲ	海口	-0. 825	-0. 345	-0. 280	-0. 5593	21
	太原	2. 525	0. 075	0. 530	1. 4161	5
	兰州	-1. 500	0. 330	-0. 190	-0. 7283	23
	昆明	1. 625	-0. 585	0. 130	0. 7204	8
	北京	4. 575	3. 030	1. 925	3. 4381	1
	天津	2. 300	1. 395	0. 925	1. 6898	3
	沈阳	2. 275	-0. 180	0. 395	1. 2012	6
	乌鲁木齐	2. 125	-2. 355	-0. 360	0. 4628	14
	长春	-2. 075	1. 755	0. 170	-0. 6161	22
	南昌	-0. 675	-0. 360	-0. 255	-0. 4810	20
	上海	1. 300	-1. 200	-0. 140	0. 3557	15
	西安	-0. 900	0. 825	0. 095	-0. 2480	18
	济南	3. 125	-0. 375	0. 500	1. 6115	4
Ⅳ	武汉	-1. 275	1. 275	0. 170	-0. 3193	19
	合肥	-1. 925	-0. 105	-0. 420	-1. 0940	26
	杭州	-2. 425	1. 260	-0. 065	-0. 9585	24
	广州	2. 375	-2. 145	-0. 240	0. 6641	11
	长沙	-1. 350	-0. 735	-0. 515	-0. 9666	25
	桂林	-3. 225	0. 510	-0. 475	-1. 6260	28
	成都	-2. 650	-0. 120	-0. 570	-1. 4986	27
	贵阳	-4. 150	-2. 520	-1. 670	-3. 0498	30
	重庆	-3. 975	0. 435	-0. 650	-2. 0625	29

工业建筑的热水需求与工艺过程密切相关，没有明确的规律，而民用建筑的热水用量和使用时间都是有规律的，因此，太阳能热水系统强制安装政策的对象是新建民用建筑。我国既有建筑水平参差不齐，没有为太阳能热水系统做预留，因此，不适宜于纳入强制安装的范围内。

考虑到不同类型建筑的热水需求量、使用时间、太阳能热水系统的所有者和使用者等因素，以下五类建筑适宜于太阳能热水器强制安装政策：

（1）住宅、别墅；

（2）酒店、宾馆；

（3）宿舍、招待所、普通旅馆；

（4）医院住院部；

（5）公共浴室、洗浴中心、体育馆、健身中心。

前四类建筑的热水使用时间相同(均为24小时)，热水需求量大。最后一类建筑的热水需求量较大，热水使用时间基本相同(12小时)。

国外太阳能热水系统强制安装政策中要求：太阳能在户用热水系统的最低保证率必须达到30%～70%。而我国幅员广阔，各地的太阳能资源、气候条件、建筑类型以及用能习惯都有很大的差异。因此，需要依据太阳能资源情况、建筑的热水消耗量和辅助能源系统的种类、经济性等因素，分别研究测算强制安装政策适宜地区、适宜建筑的最低太阳能保证率。

太阳能保证率f定义为来自太阳的有效得热Q_u与系统所需热负荷L之比，即：

$$f=\frac{Q_u}{L}=1-\frac{Q_a}{L}$$

其中，有效得热Q_u由太阳能资源、集热器性能、集热器面积确定；而集热器面积直接影响到太阳能热水系统的经济性。

从辅助热源Q_a的角度，太阳能保证率f也可定义为：

$$f=1-\frac{Q_a}{L}$$

因此，在确定最低太阳能保证率时主要考虑太阳能资源、建筑热水负荷特点、经济性和辅助热源的影响。对于不同地区不同类型建筑，确定其最低太阳能保证率的步骤如下：

（1）通过TRNSYS计算得到太阳能保证率f与集热器面积A的函数关系，考虑集热器安装面积为规定值时对应的太阳能保证率，从技术方面确定一个最低太阳能保证率；

（2）针对辅助热源为电力和非电力两种情况，考虑投资回收期为规定年限时对应的太阳能保证率，从经济方面确定最低太阳能保证率。

案例分析：

取上述两个方面的最小值作为最低太阳能保证率的推荐值。选择住宅建筑和公共建筑作为分析对象，针对四个太阳能资源区的代表城市，以一年为周期用TRNSYS软件进行计算，从而得到全年太阳能保证率f与集热器面积A的函数关系(附图3-2中曲线)。针对不同建筑及其热水负荷的特点，对集热器面积进行限定(附图3-2中A_x)，从技术方面确定一个最低太阳能保证率(附图3-2中f_{min})。

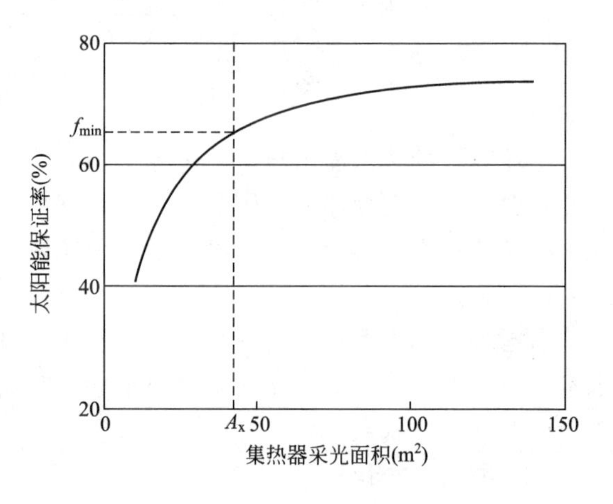

附图3-2　太阳能保证率与集热器面积示意图

不同地区、不同楼层住宅建筑的太阳能保证率测算结果见附表3-4。对于Ⅰ区和Ⅱ区，6～24层的住宅楼，其太阳能保值率随层数的增加而略有增加；而32层住宅楼的保证率明显下降，说明屋顶集热器面积不够。对于整个Ⅲ区和部分Ⅳ区城市，高于24层的住宅楼，其太阳能保证率有明显下降，且楼层越高下降越多。对于Ⅳ区的部分城市，高于18层的住宅楼，其太阳能保证率有明显下降，且楼层越高下降越多。

不同地区住宅太阳能保证率（技术方面） **附表 3-4**

太阳能资源分区	城市	太阳能保证率（%）					别墅太阳能保证率（%）	水平面年总辐照量 [MJ/(m² · a)]
		6层	12层	18层	24层	32层		
		3.65m³/天	14.4m³/天	21.6m³/天	28.8m³/天	36m³/天		
Ⅰ	拉萨	73.2	75.0	76.5	77.2	62.5	87.2	7774.92
	格尔木	70.8	73.1	74.4	75.0	60.8	82.7	6989.6
Ⅱ	敦煌	66.5	69.3	71.2	71.7	58.1	80.9	6403.66
	银川	62.7	65.7	67.3	68.2	55.2	76.3	6041.7
	西宁	61.8	65.0	66.7	67.5	54.7	76.8	6115.32
	喀什	61.2	64.3	66.5	67.3	54.5	74.1	5812.29
	大同	60.1	63.5	65.4	66.3	53.7	73.2	5782.41
	景洪	58.6	62.1	64.2	65.0	52.7	71.9	5558.47
Ⅲ	海口	50.0	52.6	53.8	44.1	35.0	68.5	4848.16
	太原	51.9	54.3	55.4	45.4	36.0	69.1	5297.34
	兰州	50.9	53.6	54.9	45.0	35.7	69.2	5262.64
	昆明	50.2	53.2	54.5	44.7	35.4	68.7	5336.51
	北京	49.7	52.8	54.0	44.3	35.1	68.3	5310.48
	天津	52.2	54.4	55.6	45.6	36.1	69.4	5268.47
	沈阳	42.3	44.9	45.7	37.5	29.7	66.8	5034.53
	乌鲁木齐	46.7	49.5	50.5	41.4	32.8	67.0	5078.39
	长春	41.4	43.9	44.6	36.6	29.0	66.3	4953.72
	南昌	40.9	43.5	44.3	36.3	28.8	65.9	4323.35
	上海	46.2	48.9	49.9	40.9	32.4	67.1	4657.52
	西安	45.7	48.5	49.4	40.5	32.1	66.7	4662.18
	济南	47.7	50.3	51.3	42.1	33.3	68.1	5125.75
Ⅳ	武汉	38.0	40.0	40.8	33.5	26.5	63.7	4193.01
	合肥	38.4	40.4	41.3	33.9	26.8	63.5	4171.6
	杭州	37.5	39.5	40.2	33.0	26.1	63.1	4136.13
	广州	40.1	42.4	43.3	35.5	28.1	64.2	4103.59
	长沙	37.9	40.1	33.3	26.9	20.9	63.4	3987.86
	桂林	38.8	40.9	33.9	27.4	21.3	63.7	3988.17
	成都	36.3	38.4	31.9	25.7	20.0	61.4	3554.74
	贵阳	36.9	38.9	32.3	26.1	20.2	61.8	3793.24
	重庆	35.7	37.5	31.1	25.1	19.5	60.3	3179.67

不同地区宿舍、招待所、普通旅馆的太阳能保证率测算结果见附表3-5。对于Ⅰ区、Ⅱ区、Ⅲ区和Ⅳ区的部分城市，3～12层的宿舍楼，其太阳能保证率随层数的增加而略有增加；而15层宿舍楼的保证率明显下降，说明屋顶集热器面积不够。对于Ⅳ区的部分城市，高于12层的宿舍楼，其太阳能保证率有明显下降，且楼层越高下降越多。

不同地区宿舍、招待所、普通旅馆太阳能保证率(技术方面)　　附表3-5

太阳能资源分区	城市	太阳能保证率(%)					水平面年总辐照量[MJ/(m^2·a)]
		3层	6层	9层	12层	15层	
		7.2m^3/天	14.4m^3/天	21.6m^3/天	28.8m^3/天	36m^3/天	
Ⅰ	拉萨	73.7	75.4	76.6	77.3	62.6	7774.92
	格尔木	71.6	73.4	74.4	75.0	60.7	6989.6
Ⅱ	敦煌	67.4	69.7	71.2	71.8	58.1	6403.66
	银川	63.7	66.1	67.3	68.2	55.3	6041.7
	西宁	62.9	65.4	66.7	67.5	54.7	6115.32
	喀什	62.3	64.7	66.5	67.3	54.5	5812.29
	大同	61.3	63.8	65.4	66.3	53.7	5782.41
	景洪	59.9	62.5	64.1	65.0	52.6	5558.47
Ⅲ	海口	51.3	52.7	53.7	54.5	44.2	4848.16
	太原	53.1	54.4	55.4	56.2	45.5	5297.34
	兰州	52.3	53.7	54.8	55.7	45.1	5262.64
	昆明	51.7	53.3	54.4	55.3	44.8	5336.51
	北京	51.3	52.9	53.9	54.7	44.3	5310.48
	天津	53.3	54.5	55.5	56.3	45.6	5268.47
	沈阳	43.6	45.0	45.6	46.5	37.6	5034.53
	乌鲁木齐	48.1	49.7	50.4	51.2	41.4	5078.39
	长春	42.7	44.0	44.5	45.4	36.8	4953.72
	南昌	42.2	43.6	44.2	45.1	36.6	4323.35
	上海	47.6	49.1	50.0	50.8	41.1	4657.52
	西安	47.1	48.7	49.5	50.2	40.7	4662.18
	济南	49.0	50.4	51.3	52.1	42.2	5125.75
Ⅳ	武汉	39.0	40.1	40.8	41.4	33.6	4193.01
	合肥	39.4	40.4	41.2	41.8	33.9	4171.6
	杭州	38.5	39.6	40.2	40.8	33.1	4136.13
	广州	41.3	42.4	43.3	44.9	36.4	4103.59
	长沙	39.0	40.1	41.1	33.3	25.9	3987.86
	桂林	39.9	40.8	41.9	33.9	26.4	3988.17
	成都	37.4	38.5	39.5	32.0	24.9	3554.74
	贵阳	37.9	38.9	39.9	32.3	25.1	3793.24
	重庆	36.6	37.4	38.3	31.0	24.1	3179.67

不同地区宾馆、酒店的太阳能保证率测算结果见附表 3-6。

不同地区宾馆、酒店太阳能保证率（技术方面）　　**附表 3-6**

太阳能资源分区	城市	太阳能保证率（%）					水平面年总辐照量 [MJ/(m^2·a)]
		$10m^3$	$20m^3$	$30m^3$	$40m^3$	$>50m^3$	
Ⅰ	拉萨	74.0	75.9	77.4	78.3	79.1	7774.92
	格尔木	71.9	73.8	75.1	76.0	76.8	6989.6
Ⅱ	敦煌	67.9	69.7	71.8	72.7	73.5	6403.66
	银川	64.2	66.9	68.3	69.2	70.0	6041.7
	西宁	63.5	66.0	67.4	68.4	69.2	6115.32
	喀什	62.9	65.7	67.0	67.9	68.7	5812.29
	大同	62.0	64.7	66.1	66.9	67.7	5782.41
	景洪	60.6	63.2	64.5	65.6	66.5	5558.47
Ⅲ	海口	51.8	53.6	54.6	55.5	56.3	4848.16
	太原	53.5	55.4	56.3	57.2	58.0	5297.34
	兰州	52.7	54.6	55.9	56.7	57.5	5262.64
	昆明	52.2	54.1	55.5	56.4	57.2	5336.51
	北京	51.8	53.6	55.0	55.9	56.8	5310.48
	天津	53.7	55.3	56.6	57.6	58.4	5268.47
	沈阳	44.1	45.6	46.6	47.5	48.4	5034.53
	乌鲁木齐	48.6	50.2	51.3	52.3	53.2	5078.39
	长春	43.1	44.6	45.5	46.4	47.3	4953.72
	南昌	42.7	44.1	45.2	45.9	46.9	4323.3
	上海	48.0	49.8	50.9	51.8	52.7	4657.52
	西安	47.6	49.3	50.4	51.3	52.2	4662.18
	济南	49.5	51.2	52.3	53.3	54.2	5125.75
Ⅳ	武汉	39.4	40.8	41.6	42.6	43.6	4193.01
	合肥	39.8	41.2	42.0	43.0	44.0	4171.6
	杭州	38.9	40.3	41.1	42.1	43.2	4136.13
	广州	41.7	43.1	44.0	44.9	45.9	4103.59
	长沙	39.4	40.8	41.7	42.7	43.7	3987.86
	桂林	40.2	41.6	42.4	43.4	44.4	3988.17
	成都	37.8	39.1	40.0	41.1	42.2	3554.74
	贵阳	38.3	39.6	40.5	41.5	42.6	3793.24
	重庆	36.8	38.1	39.0	40.1	42.3	3179.67

不同地区医院的太阳能保证率测算结果见附表 3-7。对于Ⅰ区和Ⅱ区，3～12 层的住院楼，其太阳能保证率随层数的增加而略有增加；而 15 层住院楼的保证率明显下降，说明屋顶集热器面积不够。对于整个Ⅲ区和部分Ⅳ区城市，高于 12 层的住院楼，其太阳能

保证率有明显下降，且楼层越高下降越多。对于Ⅳ区的部分城市，高于9层的住院楼，其太阳能保证率有明显下降，且楼层越高下降越多。

不同地区医院太阳能保证率（技术方面） 附表 3-7

太阳能资源分区	城市	太阳能保证率(%)					水平面年总辐照量 [MJ/(m² · a)]
		3层	6层	9层	12层	>12层	
		12.6m³/天	25.2m³/天	36.9m³/天	50.4m³/天	63m³/天	
Ⅰ	拉萨	74.1	76.9	78.0	78.7	63.8	7774.92
	格尔木	72.1	74.7	75.7	76.3	61.8	6989.6
Ⅱ	敦煌	68.2	71.5	72.5	73.0	59.1	6403.66
	银川	64.6	67.7	68.8	69.3	56.1	6041.7
	西宁	63.8	67.1	68.1	68.6	55.5	6115.32
	喀什	63.2	66.9	67.9	68.2	55.3	5812.29
	大同	62.3	65.8	66.9	67.2	54.4	5782.41
	景洪	60.9	64.6	65.5	65.9	53.3	5558.47
Ⅲ	海口	51.8	54.1	54.9	45.0	35.7	4848.16
	太原	53.6	55.8	56.6	46.4	36.8	5297.34
	兰州	52.8	55.3	56.1	46.0	36.5	5262.64
	昆明	52.3	54.9	55.7	45.7	36.2	5336.51
	北京	51.9	54.3	55.2	45.2	35.9	5310.48
	天津	53.7	55.9	56.8	46.6	36.9	5268.47
	沈阳	44.1	46.0	46.8	38.3	30.4	5034.53
	乌鲁木齐	48.7	50.8	51.5	42.3	33.5	5078.39
	长春	43.1	45.0	45.6	37.4	29.7	4953.72
	南昌	42.7	44.7	45.3	37.1	29.4	4323.35
	上海	48.1	50.4	51.0	41.8	33.2	4657.52
	西安	47.7	49.9	50.5	41.4	32.8	4662.18
	济南	49.5	51.7	52.5	43.0	34.1	5125.75
Ⅳ	武汉	39.5	41.1	41.6	34.1	27.0	4193.01
	合肥	39.8	41.4	41.9	34.4	27.3	4171.6
	杭州	39.0	40.5	40.9	33.6	26.6	4136.13
	广州	41.7	44.1	45.1	37.0	29.3	4103.59
	长沙	39.5	41.6	34.5	27.5	20.8	3987.86
	桂林	40.2	42.2	35.0	27.9	21.1	3988.17
	成都	37.8	39.7	33.0	26.2	19.9	3554.74
	贵阳	38.3	40.3	33.4	26.6	20.2	3793.24
	重庆	36.9	38.4	31.9	25.3	19.2	3179.67

不同地区公共浴室、洗浴中心、体育馆、健身中心的太阳能保证率测算结果见附表3-8。

不同地区公共浴室、洗浴中心、体育馆、健身中心太阳能保证率(技术方面)　　附表 3-8

太阳能资源分区	城市	太阳能保证率(%)					水平面年总辐照量[MJ/(m^2·a)]
		$3m^3$	$6m^3$	$9m^3$	$12m^3$	$>15m^3$	
Ⅰ	拉萨	72.4	75.0	77.1	77.7	78.1	7774.92
	格尔木	70.5	72.2	74.2	74.6	75.0	6989.6
Ⅱ	敦煌	65.1	67.7	70.8	72.0	73.2	6403.66
	银川	63.5	66.0	69.0	70.3	71.4	6041.7
	西宁	63.0	65.6	68.6	69.8	70.9	6115.32
	喀什	61.5	64.2	67.0	68.3	69.3	5812.29
	大同	60.1	62.7	65.5	66.6	67.7	5782.41
	景洪	58.9	61.4	64.1	65.3	66.3	5558.47
Ⅲ	海口	51.7	55.4	58.9	60.6	62.0	4848.16
	太原	53.2	56.9	60.6	62.3	63.8	5297.34
	兰州	52.5	56.3	59.8	61.5	63.0	5262.64
	昆明	52.1	55.8	59.4	61.0	62.5	5336.51
	北京	51.8	55.4	59.0	60.6	62.1	5310.48
	天津	53.3	57.1	60.7	62.4	63.9	5268.47
	沈阳	45.8	49.0	52.1	53.5	54.8	5034.53
	乌鲁木齐	49.2	52.6	55.9	57.5	58.9	5078.39
	长春	45.0	48.1	51.1	52.6	53.8	4953.72
	南昌	44.6	47.7	50.7	52.2	53.4	4323.35
	上海	48.7	52.1	55.4	56.9	58.3	4657.52
	西安	48.3	51.7	55.0	56.5	57.9	4662.18
	济南	49.9	53.3	56.7	58.3	59.7	5125.75
Ⅳ	武汉	39.7	42.2	44.8	46.8	47.6	4193.01
	合肥	40.0	42.6	45.1	47.1	47.9	4171.6
	杭州	39.3	41.8	44.3	46.3	47.1	4136.13
	广州	41.6	44.3	46.9	49.0	49.8	4103.59
	长沙	39.7	42.2	44.8	46.8	47.6	3987.86
	桂林	40.4	42.9	45.5	47.5	48.3	3988.17
	成都	38.4	40.8	43.2	45.2	45.9	3554.74
	贵阳	38.8	41.2	43.7	45.6	46.4	3793.24
	重庆	37.6	40.0	42.4	44.2	45.0	3179.67

由于太阳能的不稳定性，在太阳能热水系统中一般都需设置常规加热装置，因此，太阳能热水系统的初投资要高于常规热水系统，但因在系统运行的过程中使用了无偿的太阳能，节约了常规能源，所以，安装了太阳能热水系统的用户可以通过因节能而减少的运行费用获得收益回报，并用以补偿增加的初投资，这就是太阳能热水系统节能效益的反映。

太阳能热水系统的经济效益通常用增投资回收年限(也称增投资回收期)来表示。太阳能热水系统的增投资应在一定的年限内用系统的节能费用补偿回收，该年限即称之为增投资回收年限。根据计算方法的不同，可分为静态投资回收期和动态投资回收期。两种算法的差别在于静态回收期没有考虑资金折现系数的影响，但计算简便，而动态回收年限考虑了折现系数的影响，更加准确。动态回收期的计算方法如下：

当太阳能热水系统运行 n 年后节省的总资金与系统增加的初投资相等时，下式成立：

$$PI(\Delta Q_{save} \cdot C_c - A_d \cdot DJ) = A_d$$

则此时的总累积年份 n 定义为系统的动态回收期 N，按下式计算：

$$N = \frac{\ln\left[1 - PI(d-e)\right]}{\ln\left(\frac{1+e}{1+d}\right)} \quad d \neq e$$

$$N = PI(1+d) \quad d = e$$

其中，$PI = A_d/(\Delta Q_{save} \cdot C_c - A_d \cdot DJ)$

式中 ΔQ_{save}——太阳能热水系统的年节能量，MJ；

C_c——系统评估当年的常规能源热价，元/MJ；

DJ——每年用于与太阳能热水系统有关的维修费用，包括太阳能集热器、集热系统管道维护和保温等费用占总增投资的百分率，一般取1%；

A_d——太阳能热水系统总增投资，元；

d——设定的折现率；

e——年燃料价格上涨率。

ΔQ_{save}和A_d与太阳能保证率f直接相关，因此，对于某一具体建筑而言其太阳能热水系统的动态投资回收期N是太阳能保证率f的单值函数，如附图3-3所示。

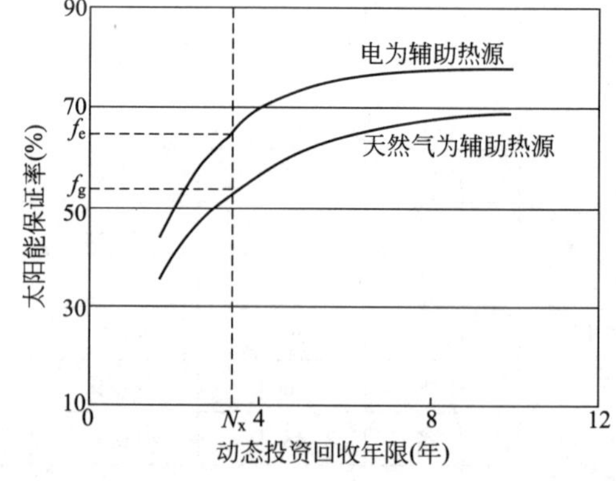

附图3-3 太阳能保证率与投资回收年限示意图

针对四个太阳能资源区的代表城市，选择住宅建筑和公共建筑作为分析对象，分别计算不同太阳能保证率对应的动态投资回收年限，从而得到太阳能保证率f与动态投资回收年限N的函数关系。针对不同地区和建筑的特点，对动态投资回收年限进行限定(附图3-3中N_x)，从经济方面确定最低太阳能保证率(附图3-3中f_e是电作为辅助热源时的最低太阳能保证率，f_g是天然气作为辅助热源时的最低太阳能保证率)。

太阳能热水系统的辅助能源为电时，对不同地区不同类型的建筑进行动态投资回收年限计算。计算所使用的电价主要是通过互联网可以查询到的最近的当地价格，其中在网上没有查到的部分城市，按其所在省的省会城市的价格进行计算。

天然气价格中，部分城市没有天然气管网的，用其液化石油气价格等热值换算得天然气价格，液化气热值为11000大卡/kg，天然气热值为8700大卡/m³。

附录4　高海拔地区农牧民被动式太阳能房应用技术经济分析

4.1　研究目的及意义

本着切实解决农牧民住房保障和冬季采暖需求的原则，笔者先后对青海省黄南藏族自治州所辖的尖扎、泽库两县的农牧民居住点、中小学校舍、“阳光暖房”样板房等进行实地察看，摸清农牧民实际需求；同时深入农户和牧区，详细了解了农牧民的生活方式、生活用能来源以及生产生活给生态环境造成的影响等。通过实地调研，结合青海藏区自然资源条件和社会经济条件，对藏区农牧民能源消费特点和太阳能建筑应用现状进行分析，为该地区被动式太阳能暖房的方案设计和技术路径选取提供重要依据。

通过扶持和推进青海藏区农牧区太阳能暖房建设工作，进一步改善农牧民生活条件，推动牧民定居和生态移民工程的建设，同时进一步探索被动式太阳能房在全国其他太阳能资源适宜地区的研究和应用。推进青海藏区被动太阳能暖房的建设，加快“阳光工程”的实施，逐步引导广大牧民从游牧生活转向定居生活，有利于牧民安居工程的顺利实施。在当前经济形势下，加快青海藏区太阳能建筑的规模化应用，将拉动相关墙体材料、太阳能等产业的发展，有助于刺激内需和扩大投资，推动青海藏区乃至整个青海省经济的快速发展。

4.2　技　术　分　析

首先对目前国内外常见的建筑动态能耗模拟软件的特点及适用范围进行分析，确定了适合本课题研究的动态能耗模拟软件 EnergyPlus，然后对直接受益式、附加阳光间式和组合式三种被动式太阳能暖房设计方案进行动态逐时模拟，通过对暖房采暖期室内温度、最冷月室内温度、最冷天室内温度等评价指标的动态模拟，从而直观显示出上述三种被动太阳能房全年的温度变化特征。

同时着重考虑围护结构、冷风渗透等因素对被动太阳能暖房性能的影响，将围护结构没有采取保温措施的被动太阳能房作为基准建筑，与设计建筑室内温度变化进行比较，分析了围护结构和冷风渗透系数等因素对被动太阳能暖房室内温度的影响。

在模拟过程中，将围护结构不做保温措施的被动太阳能暖房定义为基准建筑。基准建筑外墙采用 240mm 厚实心黏土砖；隔墙采用 120mm 厚实心黏土砖；外窗采用金属单玻窗；屋面采用 300mm 的预制混凝土楼板；地面为 200mm 厚泥土。冷风渗透系数设置为 1.5 次/h。

将围护结构做了保温措施的被动太阳能暖房定义为设计建筑。设计建筑外墙：370mm厚实心砖墙，内贴50mm厚聚苯板保温，传热系数为0.61W/(m^2·K)；屋面：轻型彩钢板，100mm厚聚苯板保温，传热系数为0.4W/(m^2·K)；外窗：双层中空玻璃，6mm玻璃+13mm空气腔+6mm玻璃，传热系数2.71W/(m^2·K)，采用内遮阳，遮阳材料为深色织物，遮阳系数为0.65，遮阳时间为18：00至第二天早上8：00(夜间主要用于隔热保温考虑)；地面：120mm厚土坯。

基准建筑和设计建筑每户平均4人，密度为0.1人/m^2，散热量为134W/人，散湿量为123g/(人·h)，人员在室率随时间变化；每户照明功率设为7W/m^2，辐射率为0.42；由于缺少尖扎、泽库的气象数据，考虑到其地理位置接近西宁地区，因此整个模拟中采用西宁的气象数据。

本节重点介绍附加阳光间式被动太阳能暖房模拟分析过程，其他两种被动式太阳能暖房的模拟分析过程与其相同，在此不逐一详述。

对基准建筑和设计建筑在采暖期内室内最低、最高及平均温度和最冷天室内温度的变化请过分别进行模拟，模拟结果如附图4-1～附图4-4所示。

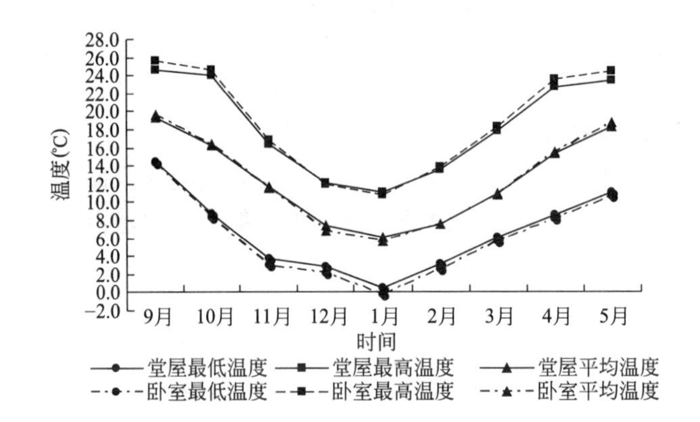

附图4-1　采暖期内基准建筑室内最低、最高及平均温度对比

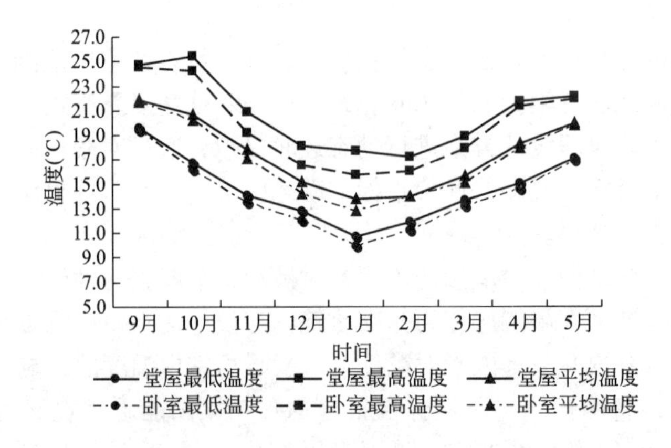

附图4-2　采暖期内设计建筑室内最低、最高及平均温度对比

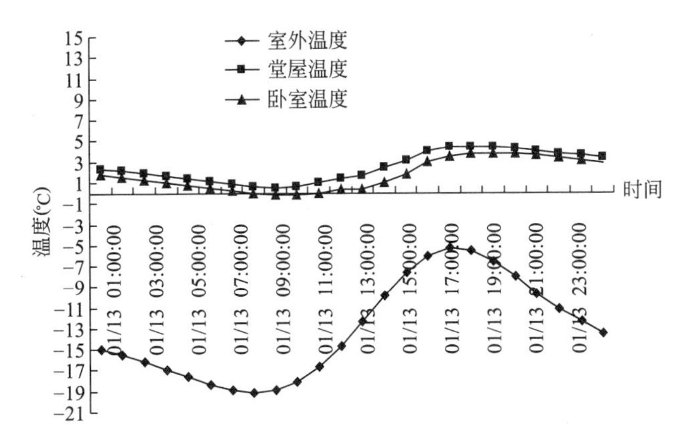

附图 4-3　最冷天基准建筑室内最低、最高及平均温度

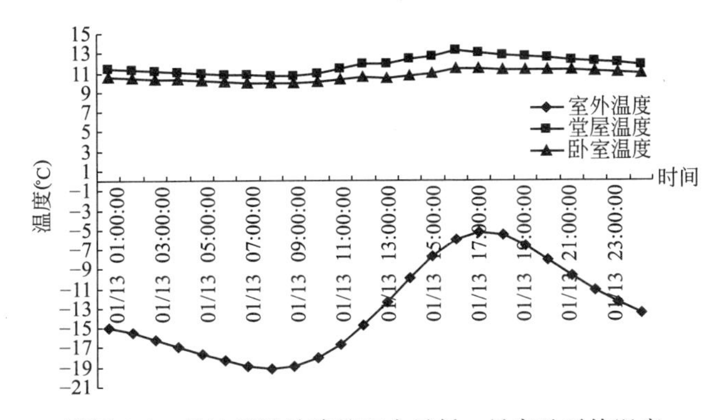

附图 4-4　最冷天设计建筑室内最低、最高及平均温度

由附图 4-1 ~ 附图 4-2 可知，基准建筑供暖期室内卧室最低温度为 -0.2℃，室内平均温度为 12.5℃；设计建筑供暖期室内卧室最低温度为 9.9℃，室内平均温度为 16.9℃，基准建筑与设计建筑室内平均温度相差近 5℃。

由附图 4-3 ~ 附图 4-4 可知，基准建筑最冷天室内卧室最低温度为 -0.2℃，室内平均温度为 1.7℃；设计建筑最冷天室内卧室最低温度为 9.9℃，室内平均温度为 10.8℃，基准建筑与设计建筑室内平均温度相差 9.1℃。其他方案的模拟结果见附表 4-1。

基准建筑与设计建筑卧室温度比较　　**附表 4-1**

方案 / 卧室温度	直接受益式		附加阳光间式		组合式(集热蓄热墙)	
	基准	设计	基准	设计	基准	设计
采暖期室内最低温度(℃)	-1.0	9.0	-0.2	9.9	-0.8	8.9
采暖期室内最高温度(℃)	24.4	26.0	25.7	24.5	25.4	25.1
采暖期平均室内温度(℃)	11.9	16.7	12.5	16.9	12.1	16.8
最冷月室内平均温度(℃)	5.2	12.7	5.6	12.8	5.4	12.6
最冷月室内最高温度(℃)	11.2	18.4	10.9	15.7	11.8	16.2
最冷月室内最低温度(℃)	-1.0	9.0	-0.2	9.9	-0.8	8.9
最冷天室内平均温度(℃)	1.5	10.8	1.7	10.8	1.6	10.3
最冷天室内最高温度(℃)	3.7	13.5	3.8	11.5	4.3	11.8
最冷天室内最低温度(℃)	-1.0	9.0	-0.2	9.9	-0.8	8.9

通过对基准建筑和设计建筑的模拟结果的比较分析，可以得出以下结论：

(1) 附加阳光间形式的室内温度波动幅度最小、采暖季最低温度和平均温度比其他两种形式高，从室内采暖热舒适性的角度来讲，该方案的性能最优。

(2) 设计建筑的室内最低温度在 7.5 ~ 11℃之间，基准建筑在 -1.2 ~ 0.5℃之间；设计建筑的最冷月平均温度在 12 ~ 14℃之间，基准建筑在 5 ~ 6℃之间；可见围护结构保温性能对太阳房室内温度的影响很大。

把冷风渗透系数为 0.7 的三种方案，设定太阳房的最低温度为 14℃，在围护结构不做保温和做保温两种情况下，通过 Energy Plus 模拟得出太阳房在采暖期间(10 月 15 日到次年 4 月 15 日)的太阳能总净得热量和辅助加热量，对该数据进行整理分析发现：

(1) 以上三种被动太阳能暖房如果不做保温，需要 2 ~ 3 万 MJ 的辅助加热量才能保证室内温度不低于 14℃，它们的 SHF(太阳能供暖率：房间为维持一定设计基础温度所需热量中太阳能所占的百分比)值只有 60% 左右；而如果做了保温，它们的只需要 0.19 ~ 0.97 万 MJ 的辅助加热量即可保证室内的温度不低于 14℃，同时 SHF 值达到 90% 左右；可见围护结构做与不做保温对被动太阳能暖房性能影响很大。

(2) 以上三种被动太阳能暖房的设计方案中，附加阳光间的采暖季太阳能得热量最大，同时其辅助加热量也是最小的，在本书的三种设计方案中，该种太阳房节能效果最好。

(3) 设计建筑即采取保温措施的太阳房太阳能得热量有微度增加，主要是因为墙体保温等措施增加了墙体的蓄热能力，增加了进入室内太阳能热量的利用率。

(4) 通过模拟发现，组合式被动太阳能暖房的节能优势不明显，蓄热效果不是十分理想。

4.3 经 济 性 分 析

参照青海省建筑安装工程预算定额以及相关配套文件，根据青海省黄南藏族自治州当地材料价格，对直接受益式、集热蓄热式、附加阳光间以及组合式被动式太阳房设计方案的造价进行计算，分析了被动式太阳能暖房的经济、生态和环保效益。

围护结构采取保温措施的被动太阳能暖房节能效益明显。在三种设计方案中附加阳光间式被动太阳能暖房的节能率最高，其次为直接受益式。以采暖期室内温度维持在 14℃为基准，附加阳光间所需辅助加热量很少。

按照青海省当地提供的数据，围护结构实施保温措施的造价约占总造价的 20%。以建造 60m^2 的附加阳光间形式被动太阳能暖房为例，年节能受益约 4500 元，其围护结构保温措施的增量投入为 12850 元，约 3 年可收回增量成本。直接受益式和组合式的投资回收期更短，因此从经济成本分析来看，提高被动太阳能暖房的保温性能是十分可行的。

从附表 4-2 可知，采用被动式太阳能暖房与一般的农牧民住房相比较，每年可节约 6.7 ~ 8.4 吨标准煤。按 1 吨标准煤等热值转化为 2 吨秸秆的热量计算，每年可节省 13.4 ~ 16.8 吨秸秆，按照 1 亩地大约产 500kg 秸秆，相当于 26.8 ~ 33.6 亩地的秸秆产量。从调研情况可以了解到，青海藏区农牧民的传统用能方式为秸秆、薪柴、牛粪等，对当地生态环境破坏严重。加快被动式太阳能暖房在该地区的应用和推广，对于调整农牧民生活用能结构，减少传统能源的消耗，保护当地的生态环境具有重大现实意义。

被动太阳能房节能量 **附表 4-2**

	太阳能房年节标煤量 G(kg)	折合秸秆量(kg)	CO_2 减排量(kg)
直接受益式	8395.9	16791.8	21997.26
附加阳光间	6655.3	13310.6	17436.89
组合式	7167.2	14334.4	18778.06

青海藏区位于我国高寒地区，气候环境较恶劣，广大农牧民仍然生活在贫困线上，在农牧民住宅中推广和应用太阳能，对改造农牧民生活质量意义重大。目前青海省已逐步开展了试点工作，并得到广大农牧民的拥护和欢迎，结合牧民定居工程及三江源生态环境的保护工作的有力推进，在保障性住房和危房改造中推广应用太阳能等可再生能源，具有重要的指导和示范意义。

4.4 分析与结论

通过对青海藏区资源条件、能源消费特点以及农牧民住宅中太阳能利用现状的分析，指出了青海藏区利用被动式太阳能进行建筑采暖具有重要的战略与实际意义。

针对目前青海藏区被动太阳能建筑应用中所存在问题，确定适合青海藏区的被动太阳能暖房建筑和热工设计方案，并对其技术特点、性能参数、经济效益等进行研究分析，得出以下结论：

(1) 青海藏区采用附加阳光间形式被动太阳能暖房进行建筑采暖，效果最佳。

(2) 围护结构保温性能和冷风渗透系数对被动式太阳能暖房室内温度影响较大。

(3) 从经济成本角度来看，青海藏区推广和应用被动式太阳能暖房是十分可行的。

(4) 青海藏区被动式太阳能暖房的实施应遵循“多方案试点、逐步推进”的方式，从完善组织管理、建立技术支撑体系、加强配套能力建设等方面考虑，保证该项工作顺利开展。

(5) 建议青海省从设立建筑节能专项资金、贷款贴息、政府节能采购、建筑能效激励以及引入清洁能源发展机制等方面考虑，加快研究推进太阳能建筑应用的激励政策，创新资金来源渠道，促进建筑节能工作深入开展。

结合牧民定居工程和农区危房改造工作的推进，对青海省实施被动式太阳能暖房提出了合理化建议：

(1) 在定居点的选取上，充分考虑藏区农牧民居住相对分散，农区、牧民、半农半牧区生活方式迥异的特点，遵循“靠近城市、相对集中”的原则；在技术方案的选取上，充分考虑农牧民的生活习惯和实际需求，采取“多方案试点、逐步推进”的方式。同时还对青海省被动式太阳能暖房实施中的管理措施、资金筹措方式、技术保障、配套能力建设等方面提出建议，以保证该项工作得以顺利实施。

(2) 建议青海省加快编制《青海省可再生能源建筑应用总体规划》的进度，明确未来五年到十年农牧区被动式太阳能暖房建设面积，初步解决藏区农牧民的住房保障，形成当地的技术支撑体系。

(3) 建议选取尖扎、泽库、玉树及果洛四个地方作为首批被动式太阳能暖房建造试点。可以按照“示范带动，逐步推进”的方式，尖扎以农区危房改造为主，泽库、玉树和果洛以牧民定居为主，统一规划，合理布局。

（4）对于收入相对较高的农区和半农区，优先推广附加阳光间形式的被动太阳能暖房技术；对高海拔牧区，优先推广直接受益式被动太阳能暖房，部分条件较好的地区可以采用附加阳光间形式的被动太阳能暖房。建议在实施和应用过程中，对被太阳能暖房围护结构的保温措施、移动遮阳、保温技术进行宣贯，引导农牧民正确选择、合理使用。

（5）建议青海省住房和城乡建设厅在现有监管机构的基础上，成立相应的领导机构和办事机构，解决和协调实施中出现的问题，加强对项目日常建设的管理。

（6）建议青海省从完善技术标准、提高设计和测评能力、加大技术研发和人才培养等方面采取相关措施。

结合牧民定居工程和农区危房改造工作的推进，对青海省推进太阳能建筑应用激励政策提出了合理化建议：

（1）青海省应将建筑节能列入地方财政预算中，根据每年建筑节能工作计划，在财政年度预算中支出，统一划拨到建筑节能专项资金中，作为专项资金的稳定来源。

（2）在可再生能源建筑应用初期对于开发此类建筑的开发商给予一定利率和期限的优惠贷款，在市场逐步发育成熟，有相当数量的可再生能源建筑应用工程供给后，可考虑与现今各地方中低收入家庭的购房贷款贴息政策相结合，将政策逐步转向购买此种类型建筑的消费者。

（3）通过完善节能环保产品政府强制采购制度，对部分节能效果达到要求的产品实行强制采购，优先安排采购自主创新、节能环保产品的预算，对于自主创新技术含量高、技术规格和价格难以确定的服务项目采购，采取非公开招标方式进行采购，将政府采购支持作用渗透到具体采购活动当中。放宽自主创新产品、节能环保产品生产、经营企业进入政府采购市场的准入条件，采购评审中给予此类企业一定比例加分。

（4）依据国家相关政策法规和技术标准，对青海省藏区太阳能暖房工程可以考虑基于能效的激励政策。

（5）被动太阳能暖房的实施，引入清洁能源发展机制，以被动太阳能暖房的减排量作为考核指标，争取补助资金，创新管理模式，从而培育当地建筑节能服务体系，全面推进建筑节能工作开展。

本研究对在高海拔农牧区加快“阳光工程”的实施，加快推广太阳能建筑应用，以及在全国推广太阳能等可再生能源建筑应用，具有重要指导和示范意义。

附录5　可再生能源建筑应用监测体系构建

5.1　构建监测体系的必要性

为贯彻落实《中华人民共和国可再生能源法》和《国务院关于加强节能工作的规定》，推进可再生能源在建筑领域的规模化应用，住房和城乡建设部联合财政部在全国范围内开展可再生能源建筑应用示范。为了掌握住房和城乡建设部、财政部组织实施的可再生能源建筑应用示范项目的实际运行效果，指导示范项目的运行管理，为我国可再生能源建筑规模化应用提供基础数据支撑和经验储备，加快可再生能源建筑应用的推广，带动相关技术进步，从而构建可再生能源建筑应用监测系统。

该监测系统平台是以国家级可再生能源建筑应用示范项目作为数据源，充分利用地理信息系统技术、计算机网络技术、数据库技术、数据挖掘技术为手段，以项目基本采集数据为基础，对示范项目的运行数据进行实时采集、准确传输、科学处理、有效储存，再次实施数据的二次挖掘开发，嵌入其他相关各类信息，形成多用户，分级监管的高度协调化、信息交流网络化和信息分析智能化系统，为各级住房城乡建设部门提供项目监管、数据积累、分析评价，为国家可再生能源建筑应用长期发展的技术经济政策的制订、管理与决策提供及时、科学、准确的依据。

5.2　监测系统架构

可再生能源建筑应用示范监测系统基于B/S结构，主要用于存储、处理、展示和分析各示范项目的可再生能源系统运行情况，管理各类示范项目、示范城市和县，为部级、省级管理人员、业务人员、研究人员、系统管理员、建筑业主和社会公众提供有关可再生能源建筑应用的各类信息服务。

监测系统依据标准化、规范化的原则，具有开放性、安全性、可扩展性、可维护性的特点。系统适用于住房和城乡建设部、财政部已审批的可再生能源建筑应用示范项目、太阳能光电建筑应用示范项目以及可再生能源建筑应用城市和农村地区示范中包含的建设项目。

可再生能源建筑应用示范项目数据监测系统，分为项目采集端和数据中心端，项目采集端主要是安装相关计量设备，将数据传输到数据采集设备，数据采集设备通过网络将数据传输到数据中心(即监测系统平台)，监测系统平台对数据进行分析计算、汇总、存储、显示等。从框架上看，分为数据采集层、数据传输层和数据中心层。系统架构图和示意图见附图5-1和附图5-2。

监测系统的功能从逻辑上可划分为数据及消息管理、分析展示、信息服务和后台管理

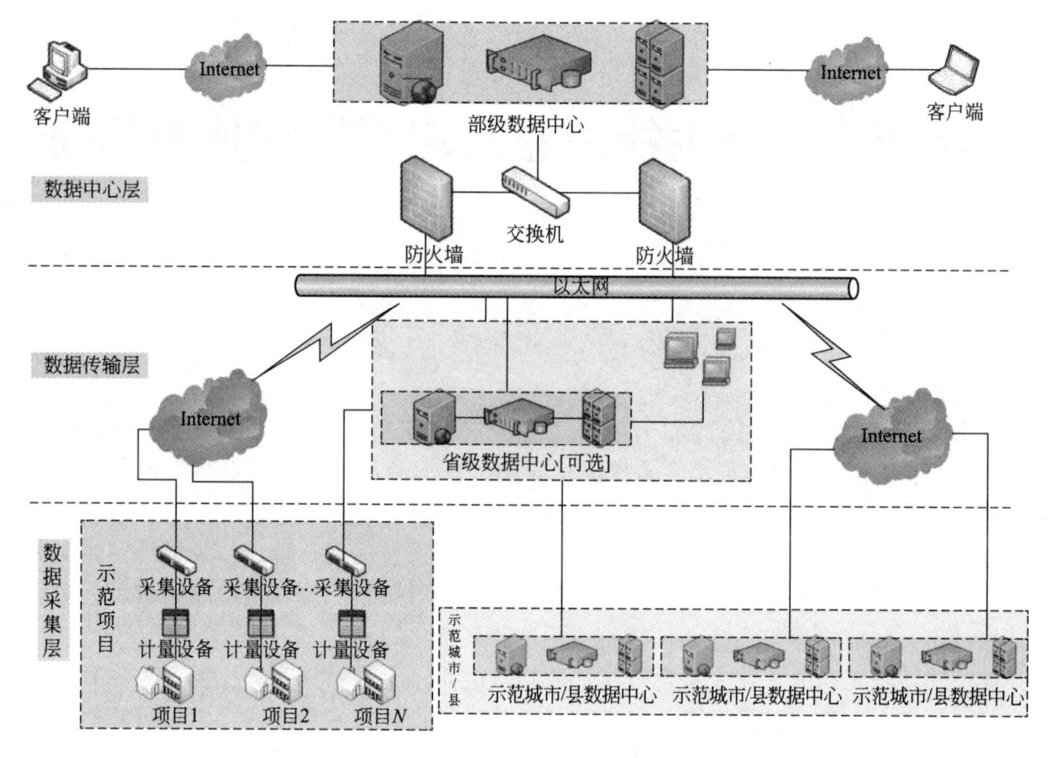

附图 5-1　系统架构图

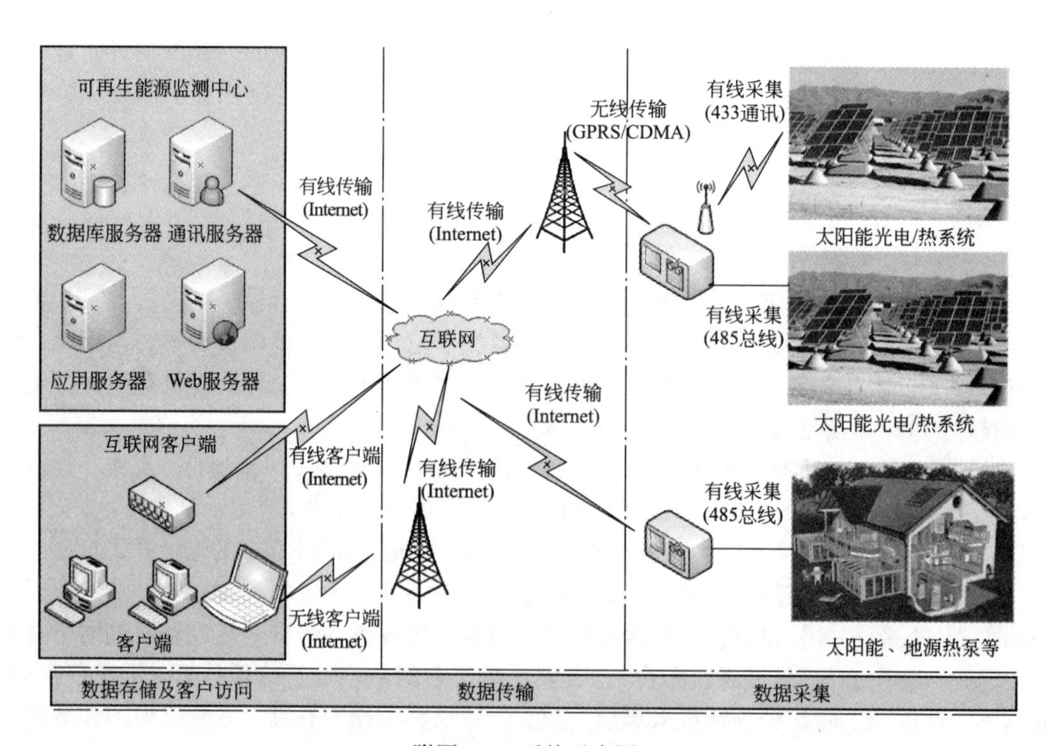

附图 5-2　系统示意图

等大类，每类下有一或多个子系统。将软件系统划分成各个相对独立的子系统，尽量减少各个子系统之间的耦合度，可以灵活地调整各子系统的功能，彼此独立运行，方便后续的维护工作，增强系统的一致性、扩展性和兼容性。

数据采集子系统对网络上传的数据进行来路校验，接收从数据采集器发送来的合法数据，能够处理大量的并发请求，针对接收的数据能够进行异步处理，一方面针对原始数据包进行存储，另一方面将接收到的数据路由到数据处理子系统进行处理，能支持数据采集器的续传。

数据处理子系统是该系统软件中十分重要的子系统，它对数据采集子系统接收的数据包进行校验和解析，规范化采集时间，根据数据采集子系统接收的数据按计算方法进行计算处理，得出需要的计算指标，并将原始的监测指标数据和计算指标数据保存到数据库中。

数据分析展示子系统是对经过数据处理后的监测指标数据和计算指标数据进行分析汇总和整合，通过静态表格或者动态图表方式将数据展示出来，为系统运行、信息服务和制定政策提供信息服务。

信息维护子系统主要是针对软件系统需要的所有数据和建筑物概况等基础信息、时间同步信息和用户权限信息等进行录入和维护。

本监测系统应具备良好的开放性和扩展性，可与已建成的相关系统进行功能对接或数据交换，不断吸收计算机软硬件技术、电子监测技术、无线数据传输技术等先进技术的最新发展成果，提高系统的准确性和实用性。对于监测建筑较多的城市和省份，需设立省级或市级数据中心时本系统能够支持扩展。

此外，通过访问控制、数据安全控制、网络安全控制以满足监测系统安全性需求。

5.3 监测系统功能

该系统的应用软件具备以下功能(见附图 5-3)：

(1) 申报评审

申报单位登录该系统进行在线填写申报书/表，地方建设、财政主管部门进行审核，审核通过后，进入项目库；各级建设、财政主管部门能够对本地申报项目进行浏览、审核等；住房和城乡建设部、财政部能够对所有申报项目进行分类排序、汇总，以及对项目信息浏览、审核、输出等，并根据不同关键词提供相应的单一或组合查询。

系统能够按照有关要求指派专家进行评审，评审结束后系统对各组评分表进行汇总、计算(平均分)、打印输出、查询等，并通过设置不同评审时段来保证评审的保密性。

(2) 项目管理

系统能够实现对项目信息变更、工程进度和资金使用情况的更新等内容，并对内容进行管理、备案。省级建设、财政通过系统报送中期、年度实施报告；示范项目单位通过系统按月报送工程进展实施报告，并上报形象进度图片；示范城市和县按季度报送工作进展实施报告，并上报相关资料、图片等。

项目检测完成后，在系统内上报项目的测评报告与检测完成情况；系统对示范项目、示范城市和示范县的工作进展、项目完成情况等进行汇总和分析，实现各示范省市可再生能源建筑应用情况进行横向和纵向比较。

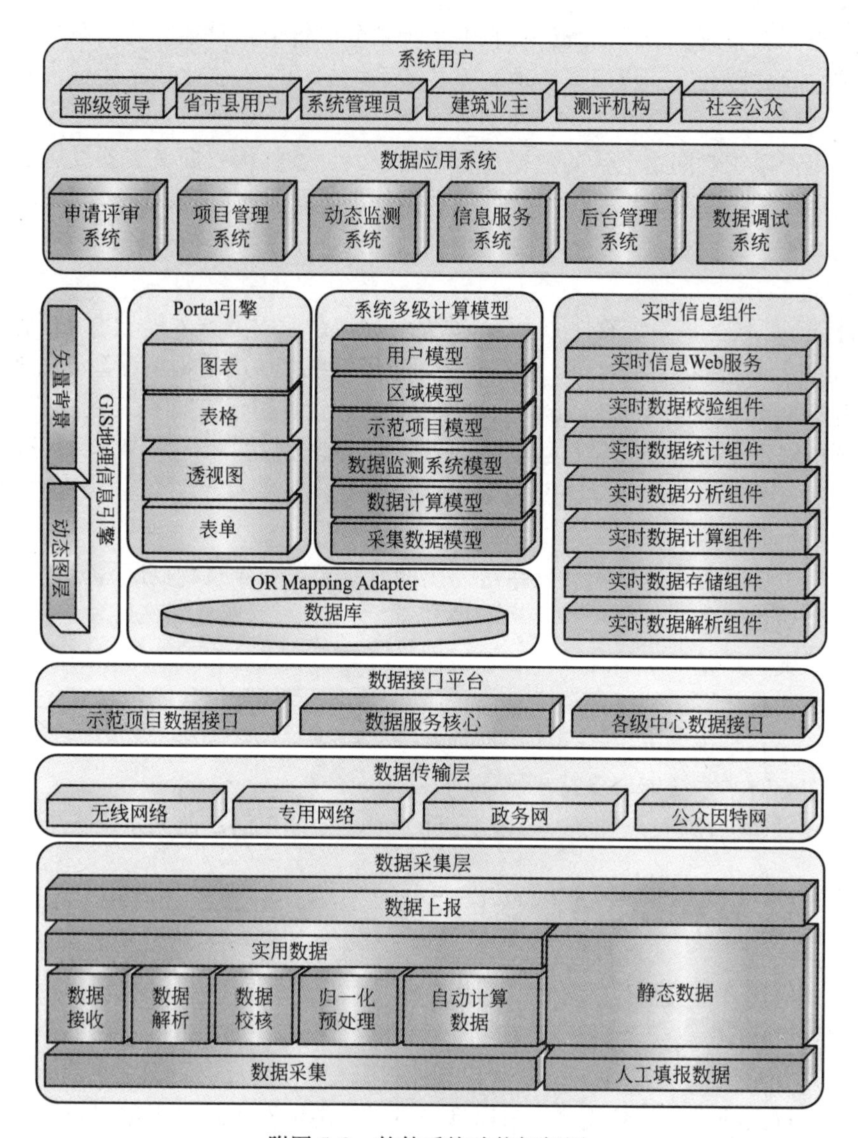

附图 5-3　软件系统功能框架图

（3）动态监测

系统接收并处理数据，监测数据的合法性，对不同的采集频率、计量单位等进行归一化处理，保存到数据库。系统基于数据采集、数据处理和计算模型，对监测系统的实时数据、系统指标和评估指标等进行分析，对各示范省市可再生能源建筑应用示范效果进行横向比较和纵向分析。

（4）信息服务

系统根据不同登录权限，访问相对应的服务和数据内容，实现信息交流、政策发布或指令下达等功能；社会大众可以通过信息服务系统了解可再生能源项目的发展、使用情况，提高整个社会对可再生能源利用的认知程度。

（5）管理维护

管理维护主要是针对示范项目及监测对象的基本信息，监测平台所需的数据字典，项目监测支路及监测仪表安装等专业配置信息，时间同步信息和用户权限信息等进行录入和维护。

5.4 监测指标体系

确定不同类型的可再生能源系统的监测指标需要遵循一定的原则，在这些原则的基础上选择合适的监测参数作为监测系统的指标体系。监测指标的确定原则包括：(1)指标可获得性好。不同类型的可再生能源系统所涉及的参数指标繁多，在确定监测系统指标时首先要根据不同技术类型的特点，选择可获得性好的监测系统指标；(2)宜简不宜繁。建立一个远程监测指标系统是个庞大而复杂的工程，不同的参数指标需要投入不同的人力物力。在满足监测需求的前提下，优先选择监测方法、设备需求简单的指标系统；(3)可远程传输。监测指标要能够实现远程传输；(4)必须监测原则。为了能更好地评价所监测的可再生能源系统的效率状况，有一些指标是必须要进行监测的，如光伏的发电效率、发电量等。根据以上的原则，确定可再生能源系统的监测指标如附表 5-1。

可再生能源建筑应用系统监测指标体系 **附表 5-1**

系统类型	监测内容	计算指标
太阳能热水系统	室外温度 太阳总辐射量 集热系统进口温度 集热系统出口温度 集热系统循环流量 辅助热源耗能量	1）性能计算参数： 集热系统得热量、集热系统效率、太阳能日保证率、太阳能年保证率 2）评估计算参数： 全年常规能源替代量、费效比(元/kWh)、二氧化碳减排量(t)、二氧化硫减排量(t)、粉尘减排量(t)、节约运行费用(元)
太阳能供热采暖系统	室外温度 太阳总辐射量 集热系统进口温度 集热系统出口温度 集热系统循环流量 辅助热源耗能量	1）性能计算参数： 集热系统得热量、集热系统效率、太阳能日保证率、太阳能年保证率 2）评估计算参数： 全年常规能源替代量、费效比(元/kWh)、二氧化碳减排量(t)、二氧化硫减排量(t)、粉尘减排量(t)、节约运行费用(元)
太阳能供热制冷系统	室外温度 太阳总辐射量 集热系统进口温度 集热系统出口温度 集热系统循环流量 系统耗电量 机组用户侧进水温度 机组用户侧出水温度 机组用户侧循环流量 机组输入功率 辅助热源耗能量	1）性能计算参数： 集热系统得热量、集热系统效率、太阳能日保证率、太阳能年保证率、太阳能制冷 COP 2）评估计算参数： 全年常规能源替代量、费效比(元/kWh)、二氧化碳减排量(t)、二氧化硫减排量(t)、粉尘减排量(t)、节约运行费用(元)
太阳能光伏系统	室外温度 太阳总辐射量 光伏组件背板表面温度 发电量	1）性能计算参数： 系统光电转换效率 2）评估计算参数： 全年常规能源替代量、费效比(元/kWh)、二氧化碳减排量(t)、二氧化硫减排量(t)、粉尘减排量(t)、节约运行费用(元)

续表

系统类型	监测内容	计算指标
地源热泵系统	室外温度 系统热源侧进口水温 系统热源侧出口水温 系统用户侧进口水温 系统用户侧出口水温 系统热源侧流量 系统用户侧流量 系统耗电量 机组热源侧进口水温 机组热源侧出口水温 机组用户侧进口水温 机组用户侧出口水温 机组热源侧流量 机组用户侧流量 机组输入功率 辅助热源耗能量	1）性能计算参数： 机组供热性能系数、机组供冷性能系数、系统供热性能系数、系统供冷性能系数 2）评估计算参数： 常规能源替代量(吨标准煤)、费效比(元/kWh)、二氧化碳减排量(t)、二氧化硫减排量(t)、粉尘减排量(t)、节约运行费用(元)

5.5 监测系统设计

1. 太阳能热水系统

(1) 室外温度。在太阳能热水系统附近设计1个室外温度传感器(需有防辐射罩)，当有多个太阳能热水系统时，选择1个典型系统设计1个室外温度传感器。

(2) 太阳总辐射。平行于太阳能集热器设计1个太阳总辐射传感器，当一个系统的多个采光面或者倾角(倾角之差大于10°)设计有太阳能集热器时，则平行于每个采光面或者倾角的太阳能集热器均需设计1个太阳总辐射传感器。

(3) 集热系统进出口温度。在集热系统的进出管路上各设计1个水温度传感器。

(4) 集热系统循环流量。在集热系统的进水管或出水管路上设计1个水流量传感器。

(5) 辅助热源。当系统采用电热锅炉、电加热器、空气源热泵机组等作为辅助热源时，在系统辅助热源的配电输入端布置电能表，电能表的数量根据系统辅助热源的配电系统情况确定。

(6) 数据采集装置。每个项目原则上只设计1个数据采集装置，当项目的计量监测设备分散设置时，需根据实际情况设计数据采集装置。数据采集装置至少应具有采集包括温度传感器、总辐射传感器、流量传感器和功率传感器等信号的功能。数据采集装置通道数应根据项目具体监测要求确定，应至少预留2个数据采集通道。

太阳能热水系统的监测方案如附图5-4所示。

2. 太阳能光伏系统

(1) 室外温度。在太阳能光伏系统附近设计1个室外温度传感器(应有防辐射罩)，当有多个太阳能光伏系统时，选择1个典型系统设计1个室外温度传感器。

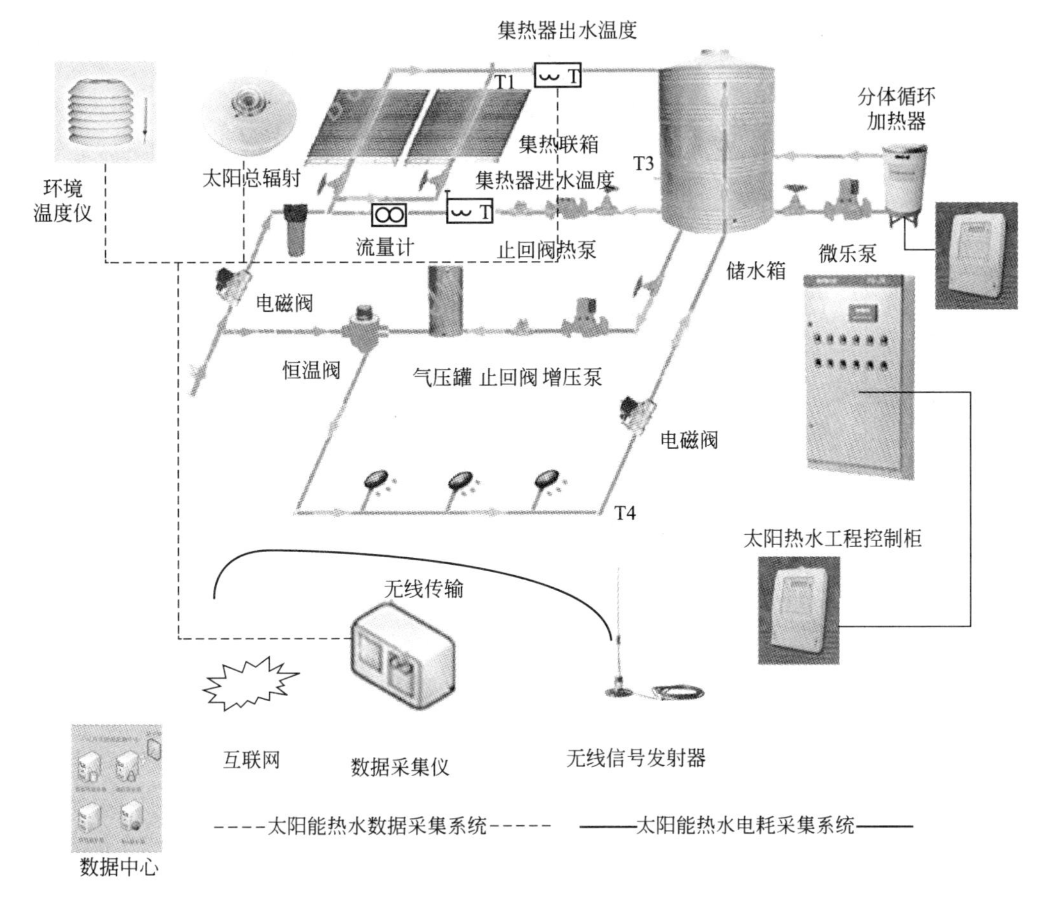

附图 5-4　太阳能光热系统监测方案示意图

（2）太阳总辐射。平行于太阳能光伏组件设计 1 个太阳总辐射传感器，当一个系统多个采光面或者倾角（倾角之差大于 10°）设计有太阳能光伏组件时，则平行于每个采光面或者倾角的太阳能光伏组件均需布置 1 个太阳总辐射传感器。

（3）太阳能光伏组件背板表面温度。在太阳能光伏系统设计 1 个组件表面温度传感器，当有多种类型的光伏组件时，每种类型的组件均设计 1 个表面温度传感器。

（4）发电量。在太阳能光伏系统的低压配电房进线柜设计 1 个普通电能表，当太阳能光伏系统有多个进线柜时，每个进线柜均需布置 1 个普通电能表。

（5）数据采集装置。每个示范项目原则上只设计 1 个数据采集装置，当项目的计量监测设备分散设置时，需根据实际情况设计数据采集装置。数据采集装置至少应具有采集包括温度传感器、总辐射传感器和功率传感器等信号的功能。数据采集装置通道数应根据项目具体监测要求确定，应至少预留 2 个数据采集通道。

太阳能光伏项目的监测方案，如附图 5-5 所示。

3. 地源热泵系统

（1）室外温度。在地源热泵系统机房附近设计 1 个室外温度传感器（应有防辐射罩），当有多个地源热泵系统机房时，选择 1 个典型机房设计 1 个室外温度传感器。

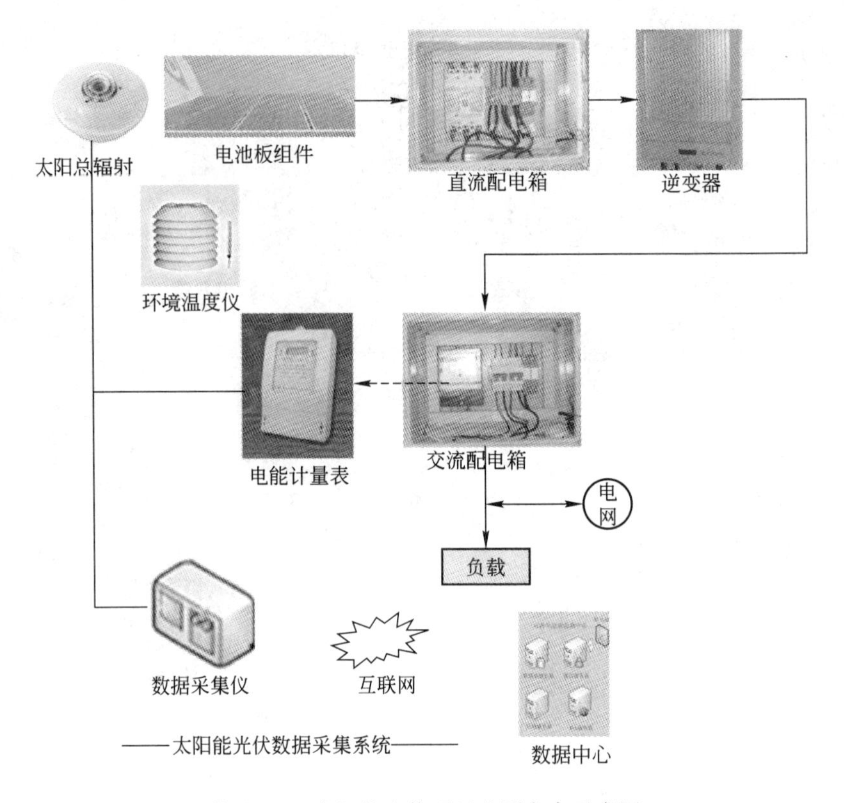

附图 5-5　太阳能光伏项目监测方案示意图

（2）系统热源侧、系统用户侧进出水温度。在地源热泵系统的热源侧和用户侧总进出水管各设计一个水温度传感器。

（3）系统热源侧、系统用户侧循环水流量。在地源热泵系统的热源侧和用户侧总进出水管各设计一个循环水流量传感器。

（4）系统耗电量。在地源热泵系统的配电系统设计有独立的配电回路时，在总配电回路输入端设计 1 个普通电能表。当地源热泵系统的配电回路分散设计时，需要根据配电系统的实际情况确定普通电能表的设计数量。

（5）机组热源侧、机组用户侧进出水温度。在地源热泵机组的热源侧和用户侧进出水管各设计一个水温度传感器。

（6）机组热源侧、机组用户侧循环水流量。在地源热泵机组的热源侧和用户侧进出水管各设计一个循环水流量传感器。

（7）机组输入功率。在所监测的地源热泵机组配电输入端设计一个功率传感器或者普通电能表。

（8）数据采集装置。每个示范项目原则上只设计 1 个数据采集装置，当项目的计量监测设备分散设置时，需根据实际情况设计数据采集装置。数据采集装置至少应具有采集包括温度传感器、流量传感器和功率传感器等信号的功能。数据采集装置通道数应根据项目具体监测要求确定，应至少预留 2 个数据采集通道。

地源热泵系统的监测方案，如附图 5-6 所示。

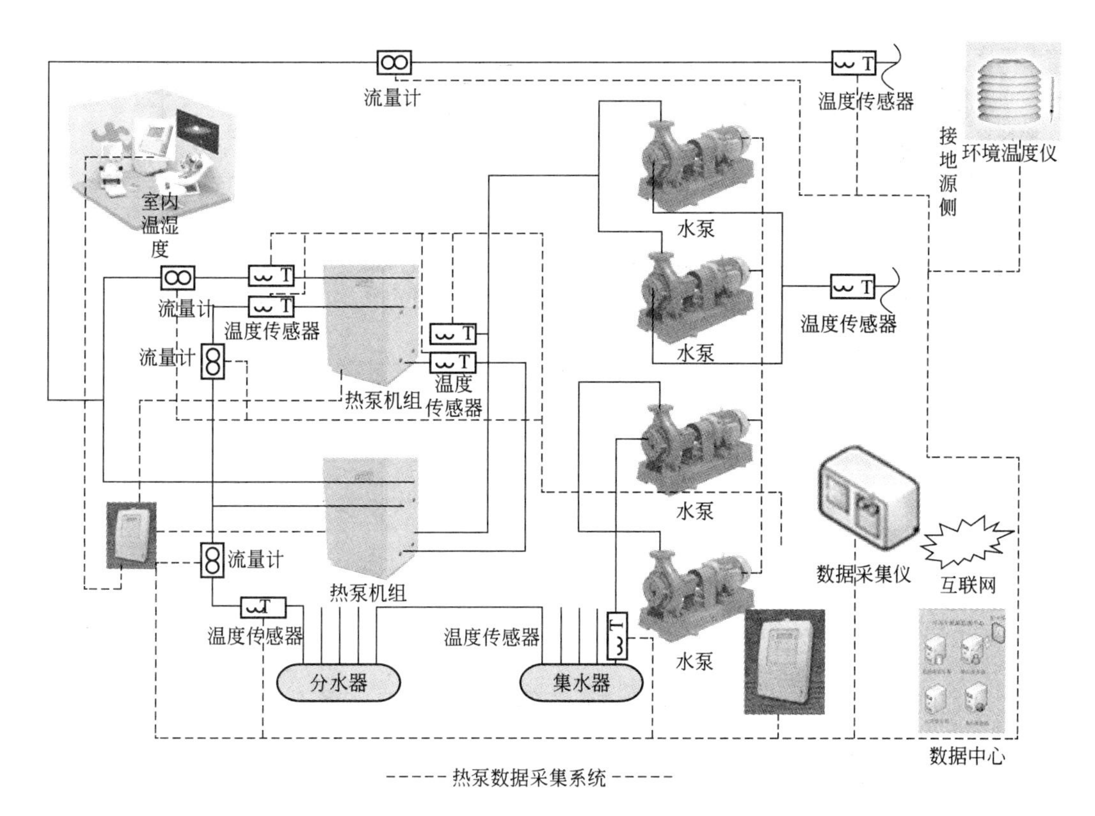

附图 5-6　热泵系统监测方案示意图

5.6 系　统　界　面

开发完成的监测系统的界面，如附图 5-7 ~ 附图 5-9 所示。

附图 5-7　监测系统功能界面图

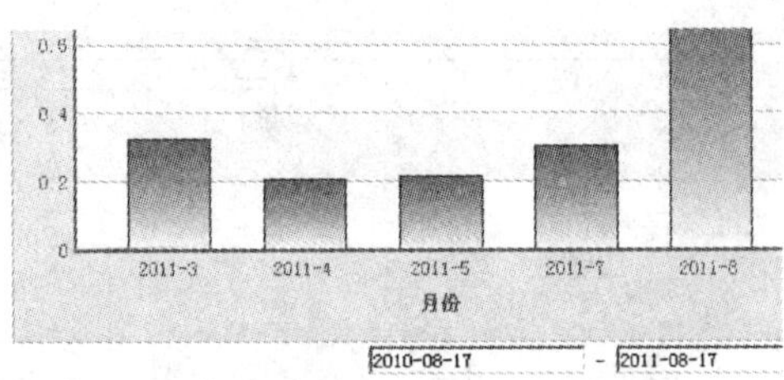

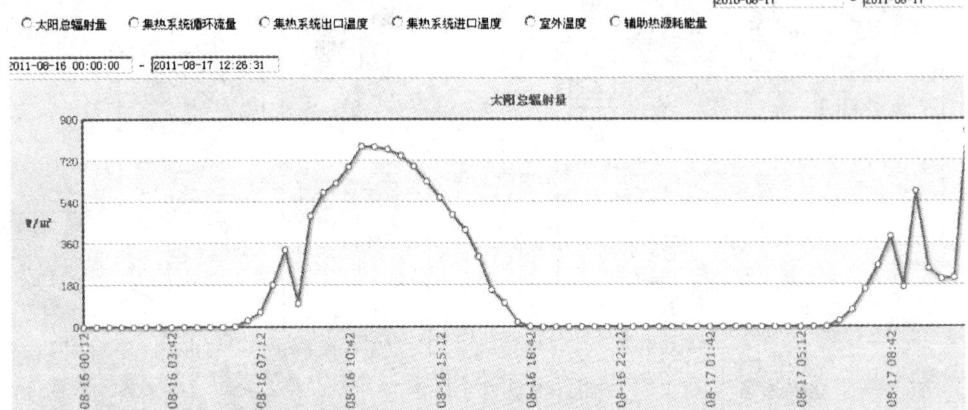

附图 5-8　某科技工业园太阳能热水监测界面图

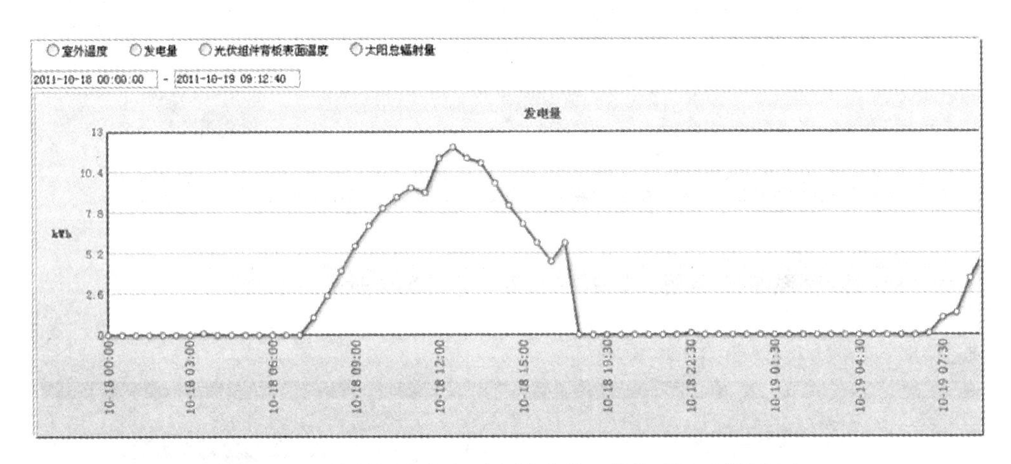

附图 5-9　某科技综合大厦光伏建筑一体化项目监测界面

参 考 文 献

[1] 郝斌，林泽，马秀琴. 建筑节能与清洁发展机制. 北京：中国建筑工业出版社，2010.

[2] 江亿. 对我国建筑节能的思考. 北京：中国建筑工业出版社，2012.

[3] 涂逢祥. 坚持中国特色建筑节能发展道路. 北京：中国建筑工业出版社，2010.

[4] 刘令湘. 可再生能源在建筑中的应用集成. 北京：中国建筑工业出版社，2012.

[5] 王仲颖，任东明，高虎. 可再生能源规模化发展战略与支持政策研究. 北京：中国经济出版社，2012.

[6] 张志军，曹露春. 可再生能源与建筑节能技术. 北京：中国电力出版社，2012.

[7] 薛一冰，何文晶，王崇杰. 可再生能源建筑应用技术. 北京：中国建筑工业出版社，2012.

[8] 王仲颖，任东明，高虎. 中国可再生能源产业发展报告 2011. 北京：北京化学工业出版社，2011.

[9] 武涌. 我国推动建筑可再生能源利用的举措. 工程建设与设计，2006，(12)：11-15.

[10] 梁俊强. 大力推进可再生资源在建筑中的规模化应用. 建设科技，2009，(6)：20-23.

[11] 中华人民共和国国家发展和改革委员会能源局. 可再生能源中长期发展规划，2008.

[12] 李现辉，郝斌，刘幼农等. 可再生能源建筑应用财政补贴政策分析. 建筑节能，2008，36(11)：69-72.

[13] 清华大学建筑节能研究中心. 中国建筑节能年度发展研究报告 2007—2012. 北京：中国建筑工业出版社，2007-2012.

[14] 马文生，郝斌，刘幼农等. 可再生能源建筑应用激励政策探讨. 建设科技，2010，(12)：12-16.

[15] 徐伟. 中国地源热泵发展研究报告. 北京：中国建筑工业出版社，2008.

[16] 徐伟，郑瑞澄，路宾. 中国太阳能建筑应用发展研究报告. 北京：中国建筑工业出版社. 2009.

[17] 李现辉，郝斌. 太阳能光伏建筑一体化工程设计与案例. 北京：中国建筑工业出版社，2012.

[18] 龙惟定，白玮，范蕊. 低碳城市的区域建筑能源规划. 北京：中国建筑工业出版社. 2010.

[19] 王博. 基于市场机制的可再生能源发展政策的均衡分析硕士论文. 西北大学，2010.

[20] 谭阳波. 中长期预测方法及其应用研究硕士论文. 中南大学，2007.

[21] 谢乃明，刘思峰. 离散 GM(1，1)模型与灰色预测模型建模机理. 系统工程理论与实践，2005，25(1)：93-99.

[22] 刘珊，李德英，姚春妮等. 地源热泵系统的工程应用现状与运行情况分析. 中国建筑学会建筑热能与传动分会第十六届学术交流大会论文集，2009：214-216.

[23] 岳珍，赖茂生. 国外“情景分析”方法的进展. 情报杂志，2006，25(7)：59-60，64.

[24] 曾忠禄，张冬梅. 不确定环境下解读未来的方法：情景分析法. 情报杂志，2005，24(5)：14-16.

[25] 郭梁雨，郝斌. 可再生能源建筑应用示范项目检测与评估指标体系探讨. 建筑节能，2009.1

[26] 刘俊杰，李树林，范浩杰等. 情景分析法应用于能源需求与碳排放预测. 节能技术，2012，

30(1)：70-75.

[27] 郝斌，林泽．建筑节能领域应用清洁发展机制研究．暖通空调，2009，39(11).

[28] 刘贞，张希良，高虎等．可再生能源发展情景设计及评价研究．中国人口·资源与环境，2011，21(7)：28-32.

[29] 李虹，董亮，段红霞等．中国可再生能源发展综合评价与结构优化研究．资源科学，2011，33(3)：431-440.

[30] 郝斌，刘幼农，程杰．建筑能效测评标识制度方案选择分析．暖通空调，2009，39(10)：9-12.

[31] 韩芳．我国可再生能源发展现状和前景展望．可再生能源，2010，28(4)：137-140.

[32] 夏春海，朱颖心，林波荣等．建筑可再生能源利用评价方法．太阳能学报，2007，28(6)：676-681.

[33] 孙金颖，刘长滨．推动可再生能源在建筑中规模化应用的经济政策研究．建筑科学，2008，24(4)：1-4，81.

[34] 张英魁，张正梅．可再生能源建筑应用技术及其发展前景．现代城市研究，2010，(2)：35-39.

[35] 李现辉，郝斌，刘幼农．可再生能源建筑应用财政补贴政策分析．建筑节能，2008，11：69-71

[36] 吴红山．太阳能的应用现状及发展前景．科技信息(学术版)，2008，(7)：72，74.

[37] 郝斌，姚春妮，刘幼农，李现辉，郭梁雨．可再生能源建筑应用示范项目检测与监测技术要点．建设科技，2009，16：34-36.

[38] 施韬，沈佳燕，蒋金洋等．光伏建筑一体化研究及应用现状．新型建筑材料，2011，38(11)：38-41.

[39] 肖潇，李德英．太阳能光伏建筑一体化应用现状及发展趋势．节能，2010，29(2)：12-18.

[40] 朱伟钢，林燕梅，周蕾等．太阳能光伏发电在中国的应用．现代电力，2007，24(5)：19-23.

[41] 倪易洲，温利峰．国内外太阳能光伏应用现状与产业发展策略研究．第十二届中国科协年会论文集，2010：1-7.

[42] 郝斌，李现辉．光电建筑一体化的思考．建设科技，2009，20：19-22.

[43] 周锦辉．太阳能建筑一体化强制性应用的激励政策研究硕士论文．重庆大学，2009.

[44] 黄奕沄，陈光明，张玲等．地源热泵研究与应用现状．制冷空调与电力机械，2003，24(1)：6-10.

[45] 马秀琴，郝斌，林泽等．建筑节能清洁发展机制(CDM)项目案例研究．全国建筑环境与设备第三届技术交流大会，暖通空调增刊，2009，10.

[46] 裴侠风．地源热泵技术的应用现状及展望．制冷与空调，2004，18(3)：76-78.

[47] 郭梁雨，郝斌，刘幼农．地源热泵示范项目数据监测系统的构建分析和应用．暖通空调，2011，1.

[48] 张霓，刘立才，王建慧等．北京市地源热泵发展特点及发展潜力．北京水务，2011，(5)：26-28.

[49] 林泽，郝斌．PCDM在建筑节能领域应用分析研究．暖通空调增刊，2010.

[50] 胡丽君，李念平，尹峰等．长沙市可再生能源建筑应用研究．全国暖通空调制冷2010年学术年会论文集，2010：2139-2145.

[51] 马最良，杨自强，姚杨等．空气源热泵冷热水机组在寒冷地区应用的分析．暖通空调，2001，31(3)：28-31.

[52] 马最良，姚杨，赵丽莹等．污水源热泵系统的应用前景．中国给水排水，2003，19(7)：

41-43.

[53] 周文忠，李建兴，涂光备等. 污水源热泵系统和污水冷热能利用前景分析. 暖通空调，2004，34(8)：25-29.

[54] 郭梁雨，郝斌，田智华，刘俊跃.《可再生能源建筑应用示范项目数据监测系统技术导则(试行)》要点解读. 建设科技，2010，12.

[55] 滕世兴，邵宗义，王玉峰等. 工业余热的回收利用情况调研. 2009 中国北京国际供热节能技术高层论坛论文集，2009：89-93.

[56] 于薇. 某污水源热泵供热空调系统技术研究及经济分析硕士论文. 天津大学，2009.

[57] 马文生，郝斌. 光伏建筑一体化相关问题的探讨. 可再生能源，2011，01.

[58] 李现辉，郝斌，任远. 太阳能光伏建筑一体化(BIPV)应用研究及发展. 建设科技，2012，17.

[59] 侯国青等，并网光伏发电上网浅析. 太阳能，2012(2).

[60] 李俊峰，王斯成等. 中国光伏发展报告. 北京：中国环境科学出版社，2011.

[61] 刘铁男. 中国能源发展报告 2011. 北京：经济科学出版社，2011.

[62] 樊纲，马蔚华. 中国能源安全：现状与战略选择. 北京：中国经济出版社，2012.

[63] 林伯强. 中国能源思危. 北京：科学出版社，2012.

[64] 国务院新闻办公室. 中国的能源政策，2012，10.

[65] 国务院新闻办公室. 中国的能源状况与政策，2007，10.

[66] Bin, Hao; Hui, Xie; Fei, Ma. Airborne dispersion modelling based on artificial neural networks, Proceedings of the 2009 WRI Global Congress on Intelligent Systems, GCIS 2009, 363-367.

[67] Chunni Yao, Bin Hao, Building-integrated Renewable Energy Policy Analysis in China. Vol. 16. suppl. 1, Journal of central South university of Technology, 2009, 209-213.

[68] Liu Shan, Cheng Jie, Hao Bin, Liu Younong. The Implementation of China's Building Energy Efficiency Evaluation and Labeling and the Enlightenment [C]. 2012 International Conference on Future Energy, Environment, and Materials, Energy Procedia 16(2012): 687-692.

[69] Hui Xie, Chen Zhang, Bin Hao, Shan Liu, Kunkun Zou. Review of solar obligations in China [J]. Renewable and Sustainable Energy Reviews 16 (2012): 113-122.

[70] Liangyu Guo, Bin Hao, Younong Liu. Research and Application of the remote data monitoring for GSHP(Ground Source Heat Pump) Based on MODBUS and TCP/IP protocol [C]. The International Workshop on Mechanic Automation and Control Engineering (IWMACE2011), 2011. 5

[71] Radu Rugescu. Application of Solar Energy [M]. Croatia: InTech, 2013: 70-96;

[72] Peter Wurfel. Physics of Solar Cells [M]. Berlin: WILEY-VCH Verlag GmbH & Co. KGaA, 2005: 155-172;

[73] Reccab M. Ochieng. Solar Collectors and Panels, Theory and Applications [M]. Croatia: Sciyo, 2010: 31-54;

[74] Azni Zain Ahmed. Energy Conservation [M]. Croatia: InTech, 2012: 149-170;

[75] Stephen J. Fonash. Solar Cell Device Physics [M]. Burlington: Elsevier Inc., 2010: 22-35;